普通高等教育“十四五”人工智能类系列教材

数据库系统的智能应用

马 楠◎主 编

中国铁道出版社有限公司
CHINA RAILWAY PUBLISHING HOUSE CO., LTD.

内 容 简 介

本书以理论讲解和实际应用相结合的编写理念，介绍了数据、信息、知识、智能之间的关系，主要包括数据库系统的基础篇、使用篇、智能管理篇和智能应用篇，较全面地介绍了数据库基本概念和体系结构、数据库前沿技术发展、关系数据库理论、数据库管理系统配置、各种常用数据库对象的创建和管理、存储过程、自定义函数和触发器的程序设计、智能安全管理机制、数据库备份和恢复策略、基于云管理的数据库系统应用开发，并给出了详细的实例讲解及运行结果。

本书以基于云管理的无人驾驶园区智能交互系统为例，介绍其数据库系统设计与开发过程，并贯穿全书始终。同时紧密围绕智能时代特点，介绍了数据库相关领域的前沿技术发展，如大数据技术、云数据库、搜索引擎技术等，内容翔实、可操作性强，并配有PPT和学习案例等资源，便于学习者巩固知识。

本书适合作为计算机科学与技术、软件工程、智能科学与技术、人工智能等相关专业本科生、研究生的数据库类课程的教材，也可供相关技术人员学习参考。

图书在版编目（CIP）数据

数据库系统的智能应用 / 马楠主编. —北京：中国铁道出版社有限公司，2022.12
普通高等教育“十四五”人工智能类系列教材
ISBN 978-7-113-29096-2

Ⅰ.①数… Ⅱ.①马… Ⅲ.①数据库系统-高等学校-教材
Ⅳ.①TP311.13

中国版本图书馆CIP数据核字（2022）第071381号

书　　名：数据库系统的智能应用
作　　者：马　楠

策　　划：刘丽丽　　　　**编辑部电话：**（010）51873202
责任编辑：刘丽丽
封面设计：高博越
责任校对：安海燕
责任印制：樊启鹏

出版发行：中国铁道出版社有限公司（100054，北京市西城区右安门西街8号）
网　　址：http://www.tdpress.com/51eds/
印　　刷：北京联兴盛业印刷股份有限公司
版　　次：2022年12月第1版　2022年12月第1次印刷
开　　本：787 mm×1 092 mm 1/16　**印张：**18.25　**字数：**412千
书　　号：ISBN 978-7-113-29096-2
定　　价：65.00元

序　言

数据库系统曾经是计算机科学不可或缺的分支，今天，数据库系统又成为智能科学不可或缺的分支。

无论是传统的计算机智能，还是新一代人工智能，承载着大数据和知识图谱的数据库系统，作为智能系统的记忆分系统，在生活、医疗、教育、金融、安全、制造、无人驾驶、机器人对话、语言翻译等诸多领域，体现出比计算智能更为重要的记忆智能。记忆优先计算、记忆约束计算、多记忆边界可以实现各智其智、智智与共的新一代人工智能的时空架构，确保数据和知识的有效组织、管理、更新和提取调用，这正是当今新一代人工智能要研究的重要前沿问题之一。

数字化为人类进入智能时代奠定了基础，人类在认知的过程中，积累数据的过程最终引发知识的跃升，所以要提高数据收集、处理与分析的能力，从而提升人类对客观世界的认知程度和洞察力，有效地发现新知识，创造新价值。本书以智能时代的数据库系统理论、使用、管理、应用为纲进行讲解。作为人工智能的最普遍、最典型的应用场景，无人驾驶云数据库分析与开发在书中作为教学案例贯穿始终，这是本书的一大特色。对于数据库系统操作、智能化管理及设计，书中设计了大量实验，使读者能够更快地了解并掌握。相信有志于从事数字化管理、智能数据分析与研究的读者，通过本书的学习一定会有所收获。

本书仍有进一步提升的空间。如果继续以搜索引擎为记忆提取的切入点，更多地把数据库引向知识库的组织与管理，可望作出更大的贡献！

李德毅

2022 年 10 月 26 日

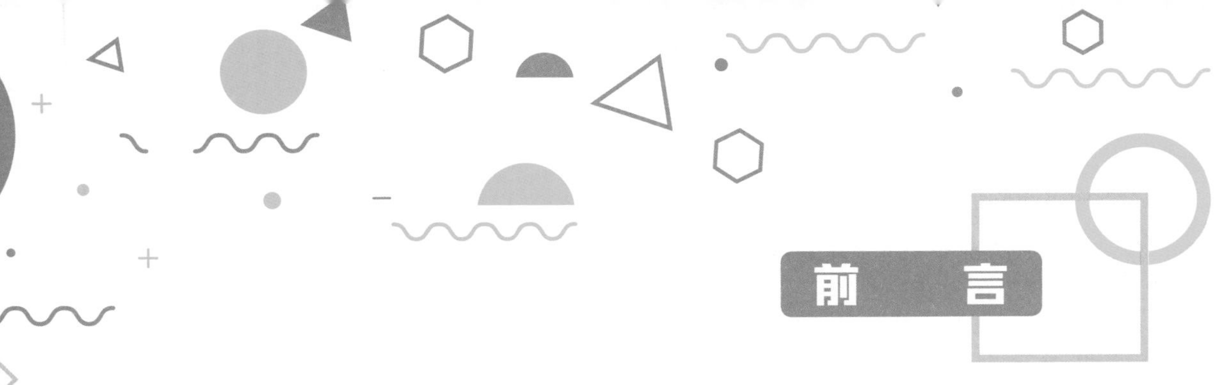

前　言

随着智能时代到来，对海量数据的存储、云管理与智能化信息处理变得越来越重要，人们希望能有效地组织、管理、存储和使用这些数据信息，并对其进行有效的分析和数据挖掘，合理呈现数据内容，从而创造新的价值。随着各高校计算机科学与技术、软件工程等专业教学改革以及人工智能等专业的申报获批，对数据库系统的使用和智能化管理被列入重要的专业课程教学内容。本书主要涵盖四篇，分别为数据库系统基础篇、数据库系统使用篇、数据库系统智能管理篇和数据库系统智能应用篇，系统介绍了数据库的基本概念和知识、前沿技术发展，以 Microsoft SQL Server 为例进行系统配置、各种常用数据库对象的创建和管理、数据库程序设计、智能化安全设置、备份与恢复策略、基于 MVC 的云管理数据库系统设计与开发过程。编者以主持开发的基于云管理的无人驾驶园区智能交互系统中数据库分析、设计和开发为例，将科研项目的实际应用转变为教学案例，在各章节进行详细讲解，给出了详尽的实例及操作过程，我们编写本书，希望能满足广大师生学习工科数据库类课程时对专业理论结合实际工程项目技术的需求。

本书内容

第一篇，数据库系统基础篇：主要介绍数据库系统的基本概念、数据和数据模型、关系数据库的特点和理论、数据库体系结构、前沿技术发展、关系数据库理论等。

第二篇，数据库系统使用篇：以 Microsoft SQL Server 为例，介绍数据库的结构特点及安装配置过程、数据库使用与管理、数据类型、数据表使用与管理、索引的创新、数据完整性约束、Transact-SQL 简单查询与高级查询、视图的创建与应用意义。

第三篇，数据库系统智能管理篇：介绍数据库系统存储过程、自定义函数和触发器的程序设计、智能安全管理机制、身份验证模式、角色的使用及权限管理、数据库备份设备的创建、备份和恢复操作、备份恢复综合策略设计。

第四篇，数据库系统智能应用篇：主要介绍云数据的发展和特点、基于 MVC 架构的应用系统设计，以基于云管理的无人驾驶园区智能交互系统为例介绍云数据库系统设计与开发过程。

本书特色

本书内容充实，层次清晰，既有大量应用实例分析，又有丰富的操作插图，具有如下特点：

（1）紧密围绕智能时代特点，介绍数据库相关领域的前沿技术发展，涉及大数据技术、云数据库、搜索引擎技术等。

（2）以基于关系型数据库领域的软件——微软家族的 SQL Server 为数据库开发及应用环境，可满足各种类型的用户和不同软件供应商的要求。

（3）采用 Python、Django 开发框架进行应用系统的开发。

（4）理论内容参考了国内外大量数据库系统经典书籍，知识点翔实。

（5）实践部分以实验实例的方式进行设计，具有上手操作容易、深入浅出的特点。

（6）教学内容紧密结合实际应用，以基于云管理的无人驾驶园区智能交互系统的数据库设计与应用为教学案例贯穿始终，介绍了数据库系统的开发、管理及其应用设计的全过程。

教学建议

本书的教学学时分配建议如下：

篇	章　节	学时分配	
		讲课	实验
第 1 篇　数据库系统基础篇	第 1 章　数据库系统概述	2	
	第 2 章　关系数据库	2	
	第 3 章　关系数据库理论	2	2
第 2 篇　数据库系统使用篇	第 4 章　Microsoft SQL Server 概述	2	2
	第 5 章　数据库使用与管理	2	2
	第 6 章　数据表使用与管理	4	2
	第 7 章　Transact-SQL 查询	4	4
	第 8 章　视图	2	2
第 3 篇　数据库系统智能管理篇	第 9 章　数据库系统程序设计	4	4
	第 10 章　数据库系统安全管理	4	2
	第 11 章　数据库系统备份与恢复	4	2
第 4 篇　数据库系统智能应用篇	第 12 章　云端数据库智能应用与管理	6	4
学时合计		38	26

本书各章均配有习题，大部分章节配有较翔实的实验指导，帮助读者在学习完本章内容再进行复习，并通过各实验环节进行实践，加深理解。本书适合作为高等院校计算机科学与技术、软件工程、智能科学与技术、人工智能等工科专业本科生、研究生的数据库应用课程教材，也可作为从事智能系统分析、云数据库设计与开发等相关技术人员的专业参考书。

本书由北京工业大学马楠教授任主编，并负责全书的主审、定稿，北京联合大学商新娜副教授任副主编。第 1、2 章由马楠编写；第 3~8、10 章由马楠、商新娜、吴祉璇、刘畅、穆尧、陈光、徐成、汪成共同编写；第 9、11、12 章由马楠、吴祉璇共同编写。张欢、徐歆恺、张冰峰、陈阳、关蕊等负责部分文字整理等工作。

本书的编写得到了中国工程院院士、中国人工智能学会名誉理事长李德毅院士，中国工程院院士、中国人工智能学会理事长、清华大学信息学院院长戴琼海院士的悉心指导和帮助，在此表示最衷心的谢意，同时感谢中国铁道出版社有限公司提供了大力支持。

本书部分内容得到国家自然科学基金面上项目“无人车多视视频信息获取与定位关键技术”（项目编号：61871038）和北京市自然科学基金面上项目“面向无人驾驶的复杂场景行为识别”（项目编号：4222025）的资助。

感谢为此书付出辛苦的老师和同学们。由于数据库技术在智能时代不断发展，书中难免存在不妥之处，恳请广大读者批评指正。

编　者

2022 年 10 月

目　录

第1篇　数据库系统基础篇

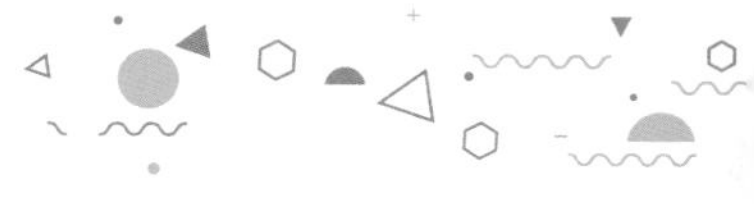

第 2 篇 数据库系统使用篇

第 3 篇 数据库系统智能管理篇

第 4 篇　数据库系统智能应用篇

第1篇

数据库系统基础篇

本篇主要介绍数据库系统的基本概念、数据和数据模型、数据库体系结构、前沿技术发展、关系数据库的特点和理论。

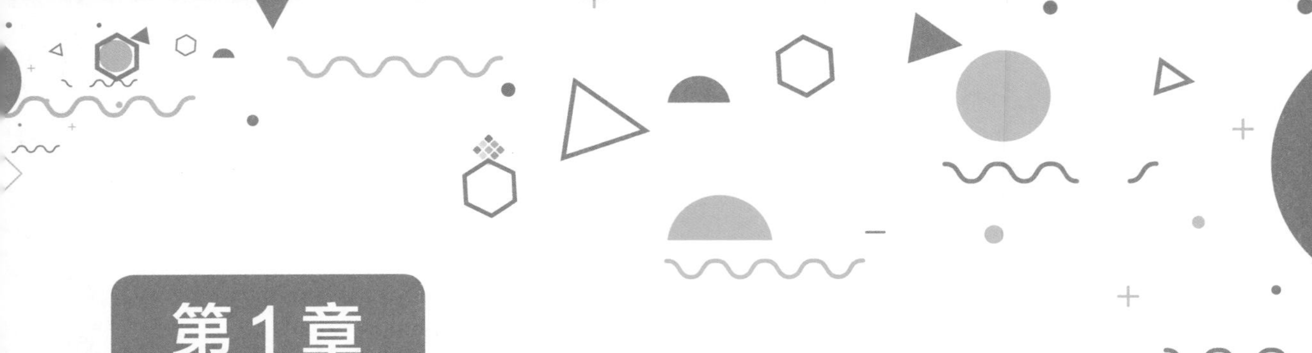

第1章 数据库系统概述

随着智能时代的到来，云计算、物联网、大数据和人工智能等新技术推动了工业、农业、教育、服务业等众多行业及产业的数字化变革，数据成为重要的生产要素，并逐渐形成以“数据+智能”为中心的新型业务，使数据库技术在智能时代的发展成为关键因素。数据库具有数据结构化、冗余度低、独立性高、易于扩充和程序开发等优点，且几乎所有的应用系统都是基于数据库进行存储、管理以及进行智能化分析。此外，为了便于对成倍增长的数据进行存储，越来越多的数据库已实现云管理，方便使用者更便捷地访问数据、管理数据。

本章主要介绍数据的基本概念、数据管理的发展、数据模型、数据库系统、数据库体系结构和相关前沿技术，为读者学习后续章节打下良好基础。

学习目标

- 了解数据管理的发展。
- 掌握数据和数据模型的概念。
- 掌握数据库系统及其体系结构。
- 了解数据库的前沿技术。

1.1 数据和数据管理

1.1.1 数据和信息

数据（Data）是载荷或记录信息的按一定规则排列组合的物理符号，其表现形式可以是文字、图片、音频等。

信息是关于世界、人和事的描述，比数据更加抽象。信息既可以是人类创造的，如通话记录，也可以是天然存在的客观事实，如地球质量。它是关于现实世界事物的存在方式或运动状态反映的综合，具体说是一种被加工为特定形式的数据，而且对当前和将来的决策具有明显或实际的价值。

信息源于物质和能量，它不可能脱离物质而存在。信息的传递需要物质载体。信息的获取和传递要消耗能量，如信息可以通过报纸、电台、电视、计算机网络进行传递。信息

是可以被感知的，人类对客观事物的感知，可以通过感觉器官，也可以通过各种仪器仪表和传感器等。不同的信息源有不同的感知形式，如报纸上刊登的信息通过视觉器官感知，电台中广播的信息通过听觉器官感知。信息是可存储、加工、传递和再生的。动物用大脑存储信息，称为记忆。计算机存储器、录音、录像等技术的发展，进一步扩大了信息存储的范围。借助计算机，还可对收集到的信息进行取舍整理。

数据和信息之间是有联系的。数据是信息的具体表现形式，其最大的作用就是承载信息，但并不是所有的数据都承载了有用的信息，有用的数据和无用的数据通常混合在一起，因此，数据经过加工处理之后就成为信息。信息可以简单地理解为有用的数据，它的存储和传输需要经过数字化。从信息论的观点来看，描述信源的数据是信息和数据冗余之和，即：数据=信息+数据冗余。

随着大数据的广泛应用，数据智能逐渐被提及，人们通过大规模机器学习和深度学习等技术，对海量数据进行处理、分析和挖掘，提取有价值的信息，形成知识，使数据具有“智能”，并建立数学模型，用于寻求问题的解决方案以及进行预测等应用。数据、信息、知识和智能的关系与区别如图 1-1 所示。

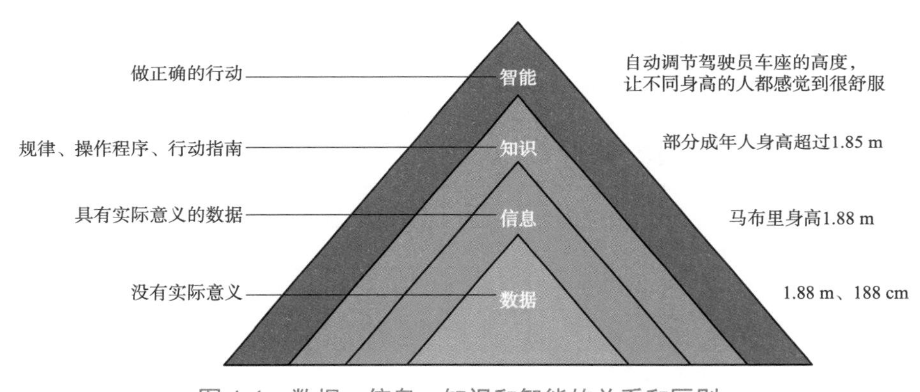

图 1-1　数据、信息、知识和智能的关系和区别

1.1.2　数据处理和数据管理

数据处理（Data Processing）是对数据进行采集、存储、检索、加工、变换、传输和分类等，是从大量的原始数据中抽取出有价值的信息，即数据转换成信息的过程。

> **注意：**
> 数据处理的目的是从大量的、可能是杂乱无章的、难以理解的数据中抽取并推导出对于某些特定的场景、人来说是有价值、有意义的数据。

数据处理贯穿于社会生产和社会生活的各个领域。数据处理技术的发展及其应用的广度和深度，极大地影响了人类社会发展的进程。根据处理设备的结构、工作方式，以及数据的时间、空间分布方式的不同，数据处理有不同的方式，通常要求有不同的硬件和软件支持。每种处理方式都有自己的特点，应根据应用的实际环境选择合适的处理方式。数据处理主要有四种分类方式。

① 根据处理设备的结构方式区分，有联机处理方式和脱机处理方式。

② 根据数据处理时间的分配方式区分，有批处理方式、分时处理方式和实时处理方式。

③ 根据数据处理空间的分布方式区分，有集中式处理方式和分布处理方式。

④ 根据计算机中央处理器的工作方式区分，有单道作业处理方式、多道作业处理方式和交互式处理方式。

智能时代，大数据处理应用到各个领域，具体的处理方法众多，对数据的处理可划分为四步基本处理流程：采集、导入与预处理、统计与分析、挖掘。

数据管理（Data Processing Management）是人们对数据的分类、组织、编码、存储、查询和维护等活动，是数据处理中的关键环节，其目的在于充分发挥数据的应用价值。在计算机技术的发展过程中，数据管理经历了人工管理、文件系统管理、数据库系统管理三个重要发展阶段，各阶段的比较分析如表1-1所示。

表 1-1　数据管理发展阶段的比较分析

比较内容	人工管理阶段	文件系统管理阶段	数据库系统管理阶段
具体应用	科学计算	科学计算、数据管理	大规模数据管理
硬件、软件支持	无直接存取存储设备，没有建立操作系统	磁盘、磁鼓，产生文件系统	大容量磁盘，建立数据库管理系统
处理方式	批处理	联机实时处理、批处理	联机实时处理、分布处理、批处理
数据的管理者	用户（程序员）	文件系统	数据库管理系统
数据面向的对象	某一应用程序	某一应用	某一个单位的具体应用
数据的共享程度	无共享，冗余度极大	共享性差，冗余度大	共享性高，冗余度小
数据的独立性	不独立，完全依赖于程序	独立性差	具有物理独立性和逻辑独立性
数据的结构化	无结构	记录内有结构、整体无结构	整体结构化，用数据模型描述
数据控制能力	应用程序自己控制	应用程序自己控制	由数据库管理系统提供数据安全性、完整性、并发控制和恢复能力

1. 人工管理阶段

20世纪50年代中期以前，计算机的主要功能为科学计算，这个时期没有磁盘、操作系统和管理数据软件，数据管理还处于人工管理阶段，其数据管理具有如下特点：数据不永久保存，没有专用于数据管理的软件系统，数据是面向应用且无共享，没有文件的概念，应用程序完全依赖于数据。

2. 文件系统管理阶段

20世纪50年代后期至60年代中期，在硬件方面，有了磁盘和磁鼓等直接存取的外存储器；在软件方面，操作系统提供文件系统专用于管理数据，因此数据管理进入文件系统阶段。在文件系统中，把数据按其内容、结构和用途组织成若干个相互独立的文件。用户通过操作系统对文件进行打开、读写、关闭等操作。文件系统管理数据具有三个特点：数据可以长期保存，由文件系统完全管理数据，文件的组织形式多样化。文件的物理结构也不再局限于顺序文件，还有链接文件和索引文件等。文件的存取方式可以是顺序存取，也可以是其他存取方式。与人工管理阶段相比，文件系统管理有了长足进步，但面对数据量

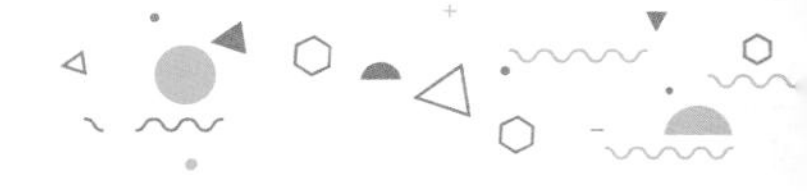

大且结构复杂的数据管理任务，文件系统不能适应，主要由于数据独立性差、冗余度大且无法集中管理。

3. 数据库系统管理阶段

20世纪60年代后期以来，为了克服文件系统的弊病，满足迅速增长的数据处理需求，人们开始探索更有效的数据管理方法与工具。这一时期，磁盘存储技术取得重要进展，大容量和快速存取的磁盘相继投入市场，硬件价格下降，为了解决多用户、多应用共享数据的需求，使数据为尽可能多的应用服务，数据库技术由此应运而生，出现了统一管理数据的专门软件系统——数据库管理系统，提供了对数据更高级、更有效的管理。相对文件系统而言，数据库系统不仅要考虑某个应用的数据结构，还要考虑整体组织的数据结构。此阶段有四个特点：采用复杂结构化的数据模型，较高的数据独立性，最低的冗余度，数据控制功能。

随着数据库系统的发展和应用需求驱动，带动了其他各领域（如计算机辅助设计、办公自动化系统、数据仓库与知识发现、多媒体系统等）对数据库技术应用需求的巨大增长，分布式数据库、面向对象数据库、空间数据库等类型的数据库也随之产生。

此外，近年来，随着大数据技术的广泛应用，计算机内部的容量和算法得到了很大程度的提高，大数据的智能化管理、维护成本也相应地有所下降，有效实现了资源共享，也在最大程度上保证了大数据的安全、稳定等性能。在智能时代基于大数据技术的数据存储和应用过程中，云管理被广泛使用，因此在很大程度上提高了大数据共享的性能，对其进行了全面、有效、统一和智能化的管理，为我国信息技术的发展提供了重要方向。

1.2 数据模型

1.2.1 数据模型的概念

数据模型（Data Model）是数据特征的抽象，它从抽象层次上描述了系统的静态特征、动态行为和约束条件，为数据库系统的信息表示与操作提供一个抽象的框架。数据模型所描述的内容包括三部分：数据结构、数据操作和数据约束。

数据库是某个应用所涉及数据的集合，它不仅要反映数据本身的内容，而且要反映数据之间的联系，而计算机不能直接处理现实世界中的具体事物，人们必须事先把具体事物转换成计算机能够处理的数据，因此用数据模型这个工具来抽象、表示和处理现实世界中的数据和信息。

注意：

数据库的结构是由数据模型来决定。数据模型就是对现实世界数据的模拟。通过数据模型将数据逻辑地组织成数据库，从而实现对数据的有效访问和处理。

1.2.2 数据模型的组成要素

数据模型主要包括三个组成要素，分别是数据结构、数据操作和数据完整性约束。

1. 数据结构

数据结构是指对实体类型和实体间联系的表达和实现。在数据库系统中通常按照数据结构的类型来命名数据模型，如层次结构、网状结构和关系结构，分别命名为层次模型、网状模型和关系模型。层次模型用树形结构来表示各类实体以及实体间的联系；网状模型是层次模型的拓展，任意一个连通的基本层次联系的集合就是一个网状模型；关系模型是目前最重要的一种数据模型，它是由若干个关系模式组成的集合，用二维表格表达实体类型及实体间的联系。关系模式的实例称为关系，每个关系实际上是一张二维表格。还有如文本型数据库，数据结构不定，类型各异，长短参差并不规范。总之，数据结构是所描述对象类型的集合，是对**系统静态特性的描述**。

2. 数据操作

数据操作是指对数据库的检索、插入、删除和修改。数据模型要定义这些操作的确切含义、操作符号、操作规则以及实现操作的语言。数据操作是对**系统动态特性的描述**。

3. 数据完整性约束

数据完整性约束给出了数据及其联系应具有的制约和依赖规则，用以限定数据库状态及状态的变化，以保证数据的正确、有效和相容。数据模型提供定义完整性约束条件的机制。

1.2.3 数据模型的分类

数据模型种类很多，按不同的应用层次可将其划分为两类。一类是**概念模型**，又称概念数据模型，它是独立于计算机的数据模型，完全不涉及信息在计算机中的表示，只是用来描述某个特定组织所关心的信息结构。概念模型是一种面向用户的模型，最典型的概念模型是实体联系模型。另一类是**逻辑模型**，常称为数据模型，它是一种面向数据库系统的模型，与数据库管理系统和数据的组织方式有关，如层次模型、网状模型、关系模型均属于这类数据模型。图 1-2 所示为从现实世界中的客观对象到机器世界数据的抽象过程。

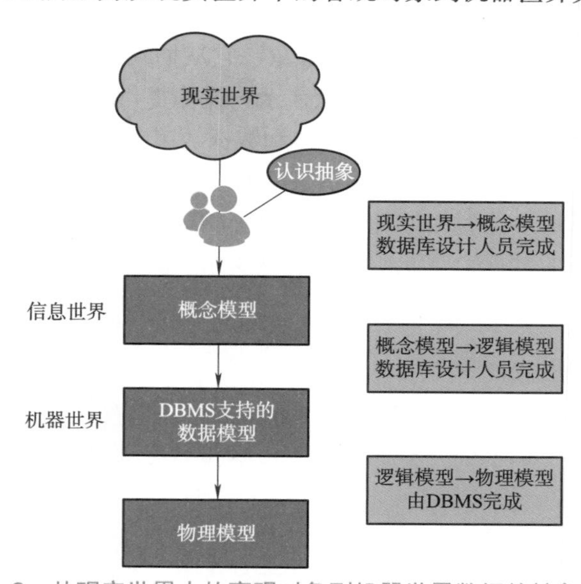

图 1-2　从现实世界中的客观对象到机器世界数据的抽象过程

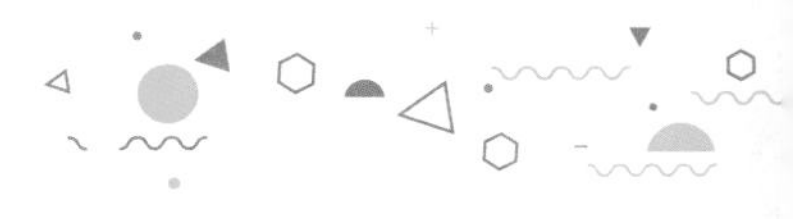

1. 概念模型

现实世界中的客观对象抽象为概念模型（信息结构），即概念模型用于信息世界建模，将由数据库设计人员完成，这是数据库设计人员和用户交流的语言，通常采用实体联系模型（Entity Relationship Model，简记为E-R模型），是由P.P.Chen提出。它是概念模型常用的方法，具体做法可分为两步：首先将现实世界的信息及其联系用E-R图描述出来，这种信息结构与具体的数据库系统无关，是一种组织模式；然后根据具体系统的要求将E-R图转换成由特定的数据库管理系统（Database Management System，DBMS）支持的逻辑数据结构。

E-R模型是现实世界的表示，由三个基本成分：实体，联系和属性。在E-R图设计中，有四个基本组成部分：矩形框表示实体类型；菱形框表示实体间联系类型；椭圆形框表示实体类型和联系类型的属性；直线用于实体和属性之间、联系和属性之间、联系与其涉及的实体之间的连接，并在直线上标注联系的类型（1:1、1:*n*或*m*:*n*）。图1-3所示为车辆和行驶记录两个实体的E-R图，车辆编号和行驶编号下画一横线表示它们是主码（又称主键）。E-R模型简单且易于理解，在数据库设计时，往往先设计E-R模型，然后将E-R模型转换成计算机能实现的逻辑模型。

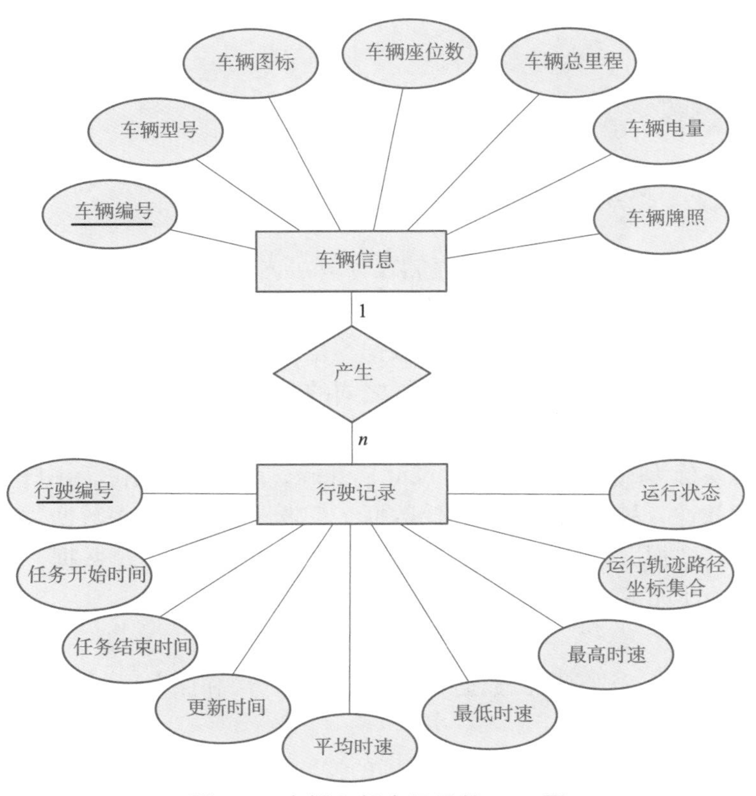

图 1-3　车辆和行车记录的 E-R 图

2. 逻辑模型

逻辑模型是对概念模型的进一步具体化，在概念模型定义实体的基础上定义了各个实体的属性，是用户从数据库的角度能够看到的数据模型，是DBMS所支持的数据类型，包括网状数据模型、层次数据模型、关系数据模型，其中最常用的是关系数据模型，对应的数据库称为关系型数据库。数据模型架起了用户和系统之间的桥梁，既要面向用户，同时也考虑到了所用的DBMS支持的特性。逻辑模型反映了数据库系统分析人员针对数据在特定的存储系统，对概念模型进一步细致划分，反映业务之间的规则。逻辑数据模型的内容包括所有的实体、实体的属性、实体之间的关系以及每个实体的主码、实体的外码（用于维护数据完整性）。其主要目标是尽可能详细地描述数据，但是不涉及这些数据的具体物理实现。逻辑模型不仅会最终影响数据库的设计结构，并最终会影响到数据库的性能（如主码设计、外码等都会影响数据库的查询性能）。

3. 物理模型

物理模型，又称为物理数据模型，是概念模型和逻辑模型在计算机中的具体表示。该模型描述了数据在物理存储介质上的具体组织结构，不但与具体的数据库管理系统相关，同时还与具体的操作系统以及系统硬件有关，其中很多工作都是由数据库管理系统自动完成，用户所要做的工作其实就是添加自己的索引等结构即可。物理数据模型是在逻辑数据模型的基础上，综合考虑各种存储条件的限制，如存储方式、页面存储单位，从而进行数据库具体设计与实施。

1.3 数据库系统

1.3.1 数据库系统的概念

数据库（Database，DB）是长期存储在计算机内、有组织的、可共享的大量数据集合，它以一定的组织形式保存于存储介质中，具有较小的冗余、较高的数据独立性和易扩展性，并可为各种用户共享。数据库中的数据不是孤立的，是可以相互关联的，不仅要能够表示数据本身，还要能够表示数据与数据之间的联系。数据库技术重点研究如何科学正确地组织、存储数据，如何高效地获取和处理数据。

数据库管理系统（Database Management System，DBMS）是位于用户与操作系统之间的一层数据管理软件，科学地组织和存储数据、高效地获取和维护数据。它实现数据库系统的各种功能，是数据库系统的核心。存储在数据库中的各种类型数据，由数据库管理系统管理，其主要功能如下：

1. 数据定义功能

DBMS提供数据描述语言定义数据对象、完整性约束和保密限制等约束。

2. 数据操作功能

DBMS提供数据操作语言，实现对数据的操作。基本的数据操作有两类：检索（查询）和更新（包括插入、删除、修改）。

3. 数据库的保护功能

DBMS对数据库的保护主要是实现数据库的恢复、数据库的安全性管理、数据完整性

控制和数据安全性控制。

4. 数据库的运行维护功能

数据库的维护包括数据库的数据载入、转换、并发操作和存储，数据库的升级以及性能监控等功能。数据库系统还包括支持系统运行的计算机硬件和操作系统环境以及使用数据库系统的用户。硬件环境是指保证数据库系统正常运行的最基本内存、外存等。由于数据库管理系统是一种系统软件，它必须建立在操作系统环境上，因此不同版本的数据库对应安装在企业服务器操作系统或家庭版工作端操作系统上。

1.3.2　数据库系统的组成

数据库系统（Database System，DBS）是指在计算机系统中引入数据库后的系统构成，通常由硬件平台和数据库、软件、人员组成。

① 硬件平台和数据库：数据库系统存储的数据量庞大，可共享，要有与之匹配的硬件资源，包括构成计算机系统的各种物理设备，如存储所需的内存资源、外围设备磁盘及磁盘阵列、高速传输的通道等。

② 软件：包括操作系统、数据库管理系统及应用程序。数据库管理系统是数据库建立、使用和维护的系统关键平台；操作系统要与数据库管理系统匹配；此外，高级语言开发程序要有与数据库链接的接口，以便开发应用程序访问数据库。

③ 人员：主要有四类。第一类为系统分析员和数据库设计人员：系统分析员负责应用系统的需求分析和规范说明，他们和用户及数据库管理员一起确定系统的硬件配置，并参与数据库系统的概要设计；数据库设计人员负责数据库中数据的确定、数据库各级模式的设计。第二类为应用程序员，负责编写使用数据库的应用程序，这些应用程序可对数据进行检索、建立、删除或修改。第三类为最终用户，他们利用系统的接口或查询语言访问数据库。第四类用户是数据库管理员（Database Administrator，DBA），负责数据库的总体信息控制。DBA的具体职责包括：确定数据库中的信息内容和结构，决定数据库的存储结构和存取策略，定义数据库的安全性要求和完整性约束条件，监控数据库的使用和运行，负责数据库的性能改进、数据库的重组和重构，以提高系统的性能。

1.4　数据库体系结构

1.4.1　数据库系统的三级模式结构

数据库系统提供了三级模式结构：外模式、模式和内模式。外模式也称子模式或用户模式，是数据库用户能够看见和使用的局部数据逻辑结构和特征的描述，是数据库用户的数据视图，是与某一应用有关的数据逻辑表示；模式也称逻辑模式或概念模式，是数据库中全体数据的逻辑结构和特征描述，是所有用户的公共数据视图；内模式也称存储模式，它是数据物理结构和存储方式的描述，是数据在数据库内部的表示方式。数据库系统的三级模式结构如图 1-4 所示。

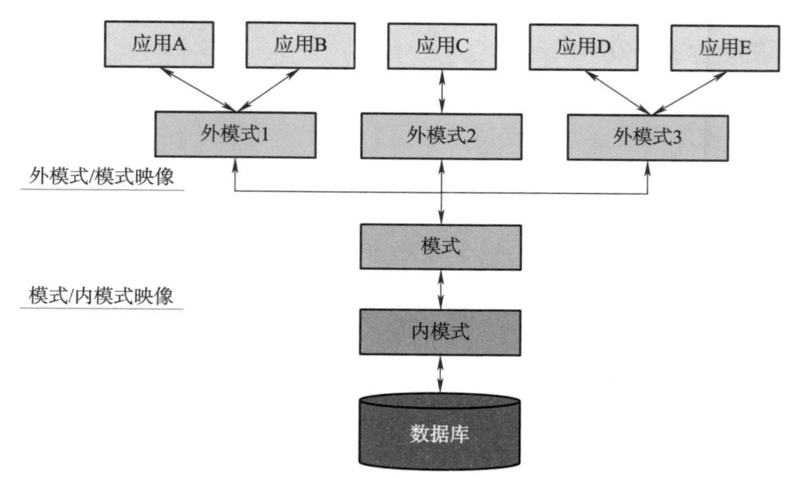

图 1-4　数据库系统的三级模式结构

1.4.2　数据库系统的两级映射功能和数据独立性

数据库系统的三级模式是对数据的三个抽象级别，把数据的具体组织留给 DBMS 管理，使用户能从逻辑层面抽象处理数据，而不必关心数据在计算机中的具体表示方式与存储方式。为了能够在系统内部实现这三个抽象层次间的联系和转换，数据库管理系统在这三级模式中实现了外模式/模式映像和模式/内模式两级映像，从而有效保障存储数据具有较高的逻辑独立性和物理独立性，如图 1-4 所示。

1. 外模式 / 模式映像

外模式/模式映像描述数据的全局逻辑结构，外模式描述数据的局部逻辑结构。对应于同一个模式可以由任意多个外模式。对于每一个外模式，数据库都有一个外模式/模式映像，它定义了该外模式与模式之间的对应关系。这些映像定义通常包含在各自外模式的描述中。当模式改变时，由数据库管理员对各个外模式/模式的映像做相应改变，可以使外模式保持不变。应用程序是依据数据外模式编写，因此应用程序不必修改，从而有效保证了数据与程序的独立性，简称数据的**逻辑独立性**。

2. 模式 / 内模式映像

数据库只有一个模式，也只有一个内模式，所以模式/内模式映像是唯一的，它定义了数据全局逻辑结构与存储结构之间的对应关系。例如，说明记录和字段在内是如何表示的。该映像定义通常包含在模式描述中。当数据库的存储结构改变了，由数据库管理员对模式/内模式映像做相应改变，可以使模式保持不变，应用程序也不必改变，从而有效保证了数据与程序的独立性，简称数据的**物理独立性**。

1.4.3　数据库外部的体系结构

随着计算机体系结构的发展，数据库系统的外部体系结构出现了如下结构类型：单用户结构、主从式结构、分布式结构、客户机/服务器结构、浏览器/服务器结构。

1. 单用户结构

单用户结构的整个数据库系统（应用程序、DBMS、数据）安装在一台计算机上，为一个用户独占，不同机器之间不能共享数据，数据冗余度大，是早期最简单的数据库系统。

2. 主从式结构

主从式结构也称为集中式结构，是一个主机带多个终端用户结构的数据库系统。在这种结构中，应用程序、DBMS、数据都集中存放在主机上，所有处理任务都由主机来完成。各个用户通过主机的终端可同时或并发地存取数据库，共享数据资源。主从式结构的优点是结构简单，易于管理、控制与维护；缺点是当终端用户数目增加到一定程度后，主机的任务会过分繁重，成为瓶颈，使系统性能下降。系统的可靠性依赖主机，当主机出现故障时，整个系统都不能使用。

3. 客户机 / 服务器结构

客户机/服务器结构也称为C/S结构。它将数据库系统看作由两个非常简单的部分组成，一个服务器（后端）和一组客户（前端）。服务器是DBMS管理数据的主机，客户在DBMS上运行的各种应用程序，包括用户编写的应用程序和内置的应用程序。

在C/S结构的数据库系统中，服务器端完成数据库管理系统的核心功能。客户机和服务器两者都参与一个应用程序的处理，在该体系结构中，客户机向服务器发送请求，服务器响应客户机发出的请求并返回客户机所需要的结果。客户机/服务器结构网络模式如图1-5所示。

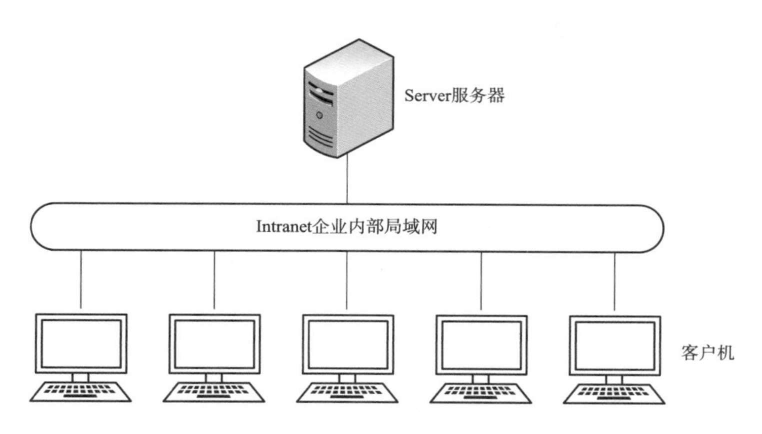

图 1-5 客户机 / 服务器结构网络模式

C/S结构的优点是充分利用两端硬件环境的优势，发挥客户端的处理能力，很多工作可以在客户端处理后再提交给服务器，可有效改善网络通信量和服务器运算量，从而降低系统的通信开销；缺点是只适用于局域网，客户端需要安装专用的客户端软件，升级维护不方便，并且对客户端的操作系统一般也会有一定限制。

4. 浏览器 / 服务器结构

浏览器/服务器结构也称为B/S结构，实质是一个三层结构的客户机/服务器体系。该结构是一种以Web技术为基础的新型数据库应用系统体系结构。它把传统C/S模式中的服

务器分解为一个数据服务器和多个应用服务器（Web服务器），统一客户端为浏览器。

在B/S结构的数据库系统中，作为客户端的浏览器并非直接与数据库相连，而是通过应用服务器（Web服务器）与数据库进行交互。这样减少了与数据库服务器的连接数量，而且应用服务器（Web服务器）分担了业务规则、数据访问、合法校验等工作，减轻了数据库服务器的负担。

B/S结构的优点是：①简化了客户端。客户端只要安装通用的浏览器软件即可。因此，只要有一台能上网的机器就可以在任何地方进行操作，节省客户机的硬盘空间与内存，实现客户端零维护。②简化了系统的开发和维护，使系统的扩展非常容易。③系统的开发者无须再为不同级别的用户设计开发不同的应用程序，只需把所有的功能都部署在Web服务器上，并就不同的功能为各个级别的用户设置权限即可。

B/S结构的缺点是：①Web服务器端处理了系统的绝大部分事务逻辑，从而造成应用服务器运行负荷较重。②客户端浏览器仅实现简单的功能。

5. 分布式结构

分布式数据库是数据库技术与网络技术相结合的产物。在实际应用中，一些大型企业和连锁店等在物理位置上通常分布式设立，单位中各个部门都维护着自身的数据，整个单位的信息被分解成了若干信息分块，分布式数据库正是针对这种业务情景建立起来的信息桥梁，如图1-6所示。

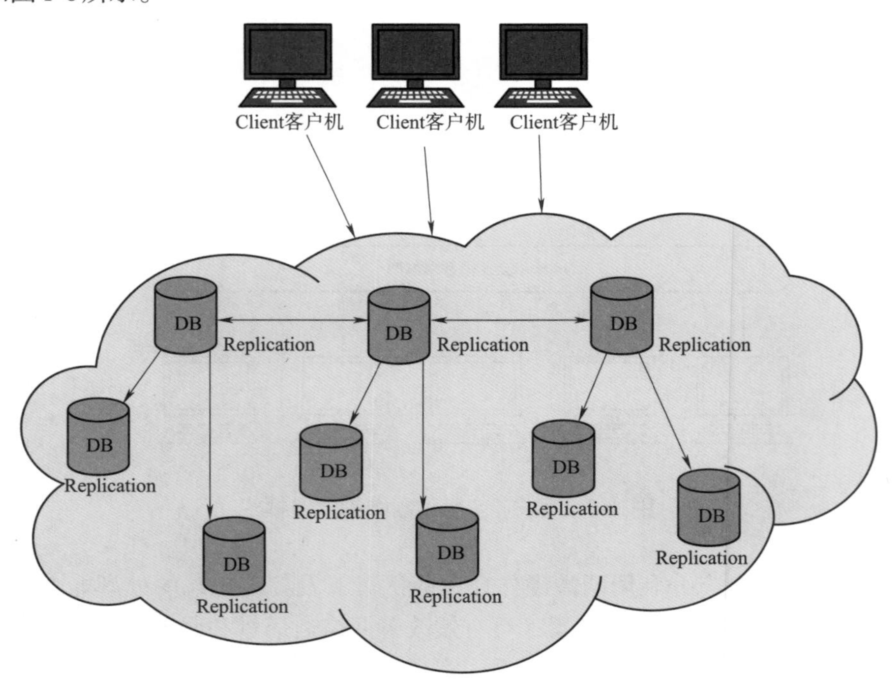

图 1-6　分布式结构网络模式

分布式数据库中的数据在逻辑上相互关联形成一个整体，但物理位置分布在计算机网络的不同结点上。网络中的每个结点都可以独立处理本地数据库中的数据，执行局部应用，同时也可以通过网络通信系统执行全局应用。

注意：

分布式结构的优点是适应了地理上分散的公司、团体和组织对于数据库应用的需求；缺点是数据分布存放给系统处理、管理与维护带来了技术的挑战，且当用户需要经常访问远程数据时，系统效率会明显地受到网络传输的制约。

1.5 数据库前沿技术发展

1.5.1 数据库技术的发展

时代不断发展给数据存储提出新需求，数据库系统需更加自然、高效地支持不同类型、不同来源的数据，支持不同类型数据的存储、查询、分析和优化等操作，而在大数据背景下，数据呈现出数据量大、数据类型多样且异构的特征，给数据处理、分析、管理提出了新的挑战。针对数据的伸缩性、容错性、可扩展性，数据库技术得到快速发展，出现了分布式数据库、图形数据库、空间数据库、多媒体数据库等类型。

1. 分布式数据库

分布式数据库是计算机网络环境中各场地（Site）或结点（Node）上数据库的逻辑集合。逻辑上它们属于同一系统，而物理上它们分散在用计算机网络连接的多个结点／场地，并统一由一个分布式数据库管理系统管理。这类数据库主要是为了解决数据规模大的问题，常见的有云数据库、NoSQL 数据库、NewSQL 数据库等。

2. 图形数据库

图形数据库实现可视化数据分析，丰富的图数据展现方式，支持结点的扩展、路径的探寻分析、混合条件查询、分析结果的导出等，并记录执行操作及常用语句的复用，实现操作的可追溯及快读查询，并提供各类图查询、图管理，例如，HugeGraph 是一款易用、高效、通用的图形数据库，实现了 Apache TinkerPop3 框架及兼容 Gremlin 查询语言，主要应用场景包括关联分析、欺诈检测和知识图谱等。

3. 空间数据库

空间数据库以特定的信息结构（如国土、规划、环境等）和数据模型（如关系模型、面向对象模型等）表达、存储和管理从地理空间中获取的某类空间信息，以满足不同用户对空间信息需求的数据库。

4. 多媒体数据库

多媒体数据库是指存储多种媒体的数据库，不仅包含数字、字符等类型数据构成的结构化数据，还包括文本、图形、图像、视频、音频等非结构化数据。

5. 面向对象数据库（Object-Oriented Database，OODB）

OODB 技术建立在面向对象思想方法基础之上，以将静态属性与动态操作变成封装体的“对象”作为数据元素，以同型对象的集合“类”作为数据存储与操作的基本单元。OODB 以面向对象思想设计数据库结构，可读性高；在软件开发时，根据设计的需要对现实世界的事物进行抽象，产生类，势必提高软件开发的效率和质量；由于继承、封装、多

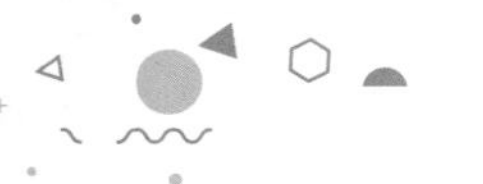

态的特性，自然设计出高内聚、低耦合的系统结构，使得系统更灵活、更容易扩展，而且成本较低。

1.5.2 数据仓库与数据挖掘

1. 数据仓库

数据仓库（Data Warehouse，DW）是面向主题的、集成的、相对稳定的、反映历史变化的数据集合，用以支持决策处理的过程。数据仓库通过数据清洗、数据变换、数据集成、数据装入和定期数据刷新来构造。数据仓库不是一个产品，而是一种面向分析的数据存储方案，其基本架构如图 1-7 所示。

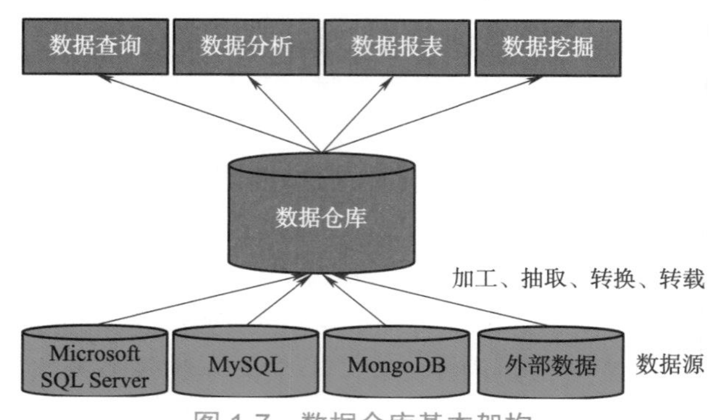

图 1-7　数据仓库基本架构

注意：

数据库和数据仓库有什么区别？数据库一般存储原始数据，如在线交易数据，更关注于合理的数据存储，减少冗余，保证安全性，是面向事务的设计；而数据仓库主要存储历史数据，为了满足数据分析需要，是面向主题设计，对源数据进行了 ETL（Extract，Transform，Load）过程。数据抽取工作分抽取、清洗、转换、装载。数据库的基本元素是事实表，数据仓库的基本元素是维度表。

对于数据仓库的概念可以从两个不同的层次对其进行理解。首先，数据仓库用于支持决策，面向分析型数据；其次，数据仓库是对多个异构数据源的有效集成，集成后按照主题进行重组，存在数据仓库中的数据一般是不再修改的。数据仓库拥有以下四个特点：

（1）面向主题

操作型数据库的数据组织面向事务处理，各业务系统之间彼此分离，而数据仓库中的数据是按照一定的主题域进行组织。主题是一个抽象的概念，是用户使用数据仓库进行决策时所关心的重点方面。面向主题的数据组织方式，就是在较高层次对所分析对象数据的一个完整、统一并一致的描述，能完整及统一地刻画各分析对象所涉及的有关企业的各项数据，以及数据之间的联系。

（2）集成性

面向事务处理的数据库通常与某些特定的应用相关，聚焦各种操作，数据存储是动态的；而数据仓库中的数据是在对原有分散的数据库数据进行抽取、清理的基础上经过系统加工、汇总和整理得到的，生成从面向事务转而面向主题的数据集合，消除源数据中的不一致性，以保证数据仓库内的信息是关于整个企业的一致的全局信息。数据集成是数据仓库建设中最重要，也是最为复杂的一步。

（3）稳定性

操作型数据库中的数据通常实时更新，数据根据需要及时发生变化。数据仓库的数据主要用于决策分析，所涉及的数据操作主要是数据查询，一旦某个数据进入数据仓库以后，一般情况下将被长期保留，即数据保存到数据仓库后，用户仅能通过分析工具进行查询和分析，而不能修改，具有稳定性。

（4）反映历史变化

操作型数据库主要关心当前某一个时间段内的数据，而数据仓库中的数据通常包含历史信息，记录各阶段的数据信息。数据仓库的建立是为了对发展历程和未来趋势做出定量分析，以便决策者做出决策。数据仓库对数据加以整理和重组，及时为相应的管理人员提供信息，是数据仓库的根本任务。

根据以上特点，设计了基于云管理的无人驾驶园区智能交互系统的事实表和维度表，如图 1-8 所示。事实表是维度模型的基本表，存放有大量的业务性能度量值。维度表包含业务的文字描述，维度表倾向于将行数做得相当少。

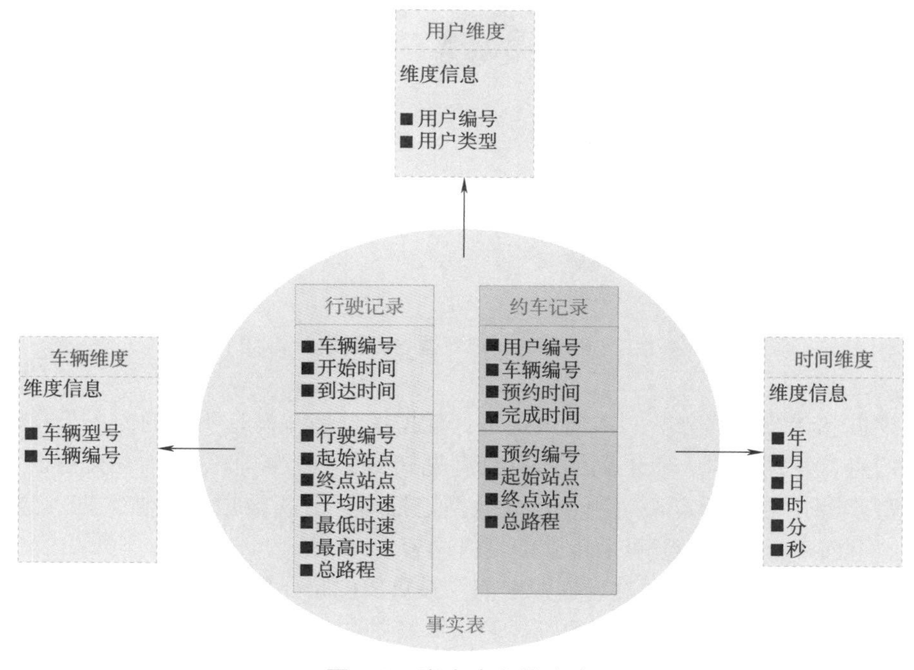

图 1-8　事实表和维度表

2. 数据挖掘

数据挖掘（Data Mining）是一种深层次的数据分析方法，从大量的、不完全的、有噪声的、模糊的、随机的实际应用数据中发现并提取隐藏在其中的、人们事先不知道的，但又是潜在有用的信息和知识的一种技术，故又被称为知识发现。数据挖掘按企业既定业务目标，对大量的企业数据进行探索和分析，揭示隐藏的、未知的或验证已知的规律性，并进一步将其模型化的先进有效性方法，具备如下功能：一是在大型数据库中寻找有预测性的信息，数据本身自动预测发展趋势，例如，对未来经济发展的判断；二是两个或多个对象之间存在某种规则，采用关联分析技术分析数据之间的关系；三是通过某种依据，使群与群之间差别很明显，而同一个群之间的数据尽量相似，对信息进行整合聚类，通常用于客户细分；四是对某类对象构造分类函数或分类模型（也常称作分类器），该模型能把数据库中的数据项映射到给定类别中的某一个；五是从数据库中检测出异常记录，对分析对象的少量、极端特例的描述，揭示内在的原因，例如在银行刷卡记录的100万笔交易中有300例的异常交易行为，银行为了稳健经营，就要发现这300例异常交易行为的内在因素，降低风险。数据挖掘和数据仓库的设计流程如图1-9所示。

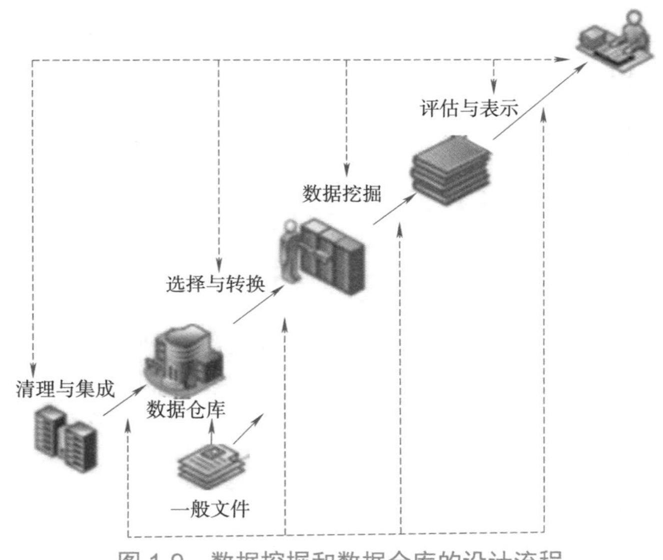

图 1-9　数据挖掘和数据仓库的设计流程

数据挖掘和传统数据分析的本质区别是：数据挖掘是在没有明确的前提下在海量的数据中挖掘信息、发现知识，所得到的信息具有先知的、有效的和可实用三大特征。数据挖掘过程模型步骤主要包括定义问题、建立数据挖掘库、分析数据、调整数据、建立模型、评价模型。下面来具体看一下每个步骤的具体内容。

① 定义问题。开始对数据进行挖掘之前，最重要的是要熟悉背景知识，弄清用户需求与目标。在没有明确的目标之前，很难做到从海量的数据中得到精确的结果。要想充分发挥数据的价值，必须对目标有个清晰明确的认识。

② 建立数据仓库。明确目标之后，需要收集相关的数据，一般都将搜集到的数据进行

整合，形成数据仓库，包括以下内容：数据收集，数据描述，选择，数据质量评估和数据清理，合并与整合，构建元数据，加载并维护数据仓库。

③ 分析数据。分析的目的是找到对预测输出影响最大的数据字段，决定是否需要定义导出字段，这是对数据进行深入调查的过程。从数据中找出规律和趋势，对数据进行整合分类，最终做到清楚多因素相互影响的复杂关系以及因素之间的相关性。

④ 调整数据。建立模型之前的最后一步是数据准备工作。这时需尽可能对问题进行进一步的明确和量化。可以把此步骤分为四个部分：选择变量，选择记录，创建新变量，转换变量。

⑤ 建立模型。建立模型是一个反复的过程。需要仔细考察不同的模型以判断哪个模型最为适合。先用一部分数据建立模型，然后再用剩下的数据来测试和验证这个得到的模型。常用的方法有神经网络、决策树、数理统计、时间序列分析等。

⑥ 评价模型。模型建立好之后，其实际意义及价值还未可知，需要对其进行评估，可以直接使用原先建立的挖掘数据库中的数据进行检验，也可以另找一些测试数据进行检验评价。

1.5.3 大数据技术及应用

数据管理是计算应用的基础，大数据技术是数据管理重要技术中的一种。大数据技术和应用起源于互联网，如新冠疫情防控行程大数据等爆发式的数据增长，海量数据给管理技术带来了巨大的挑战。新数据的增长量、多样性和处理时效是传统技术无法处理的。2004年，谷歌率先提出了一套分布式数据处理体系，以较低的成本很好地解决了大数据所面临的困境，奠定了大数据技术的基础。受到谷歌公司的启发，Apache Hadoop实现并开源了自己的分布式文件系统HDFS、分布式计算系统MapReduce和分布式数据库HBase，这是大数据技术开源生态体系的起点。在2008年左右，雅虎在实际环境中搭建了规模的Hadoop集群，雅虎是最早将这一技术应用到实际的项目中的。随着技术的不断发展，Hadoop逐步渗透到各个领域。2009年UCBerkley大学的AMPLab研发出了Spark，经过五年的发展，正式替换了Hadoop生态中MapReduce的地位，成了新一代计算引擎。2013年纯计算的Flink诞生，对Spark发出了挑战。2014年之后大数据技术生态的发展进入了平稳期。

由于云计算、物联网和人工智能等技术的大力发展，大数据技术也相应发生变化，大数据智能示意如图1-10所示。大数据发展体现如下特征：一是流式架构的更替，近年来，纯流式架构的Flink异军突起，由于其架构的合理性，发展得非常快速；二是大数据技术的云化，随着公有云业务的逐步成熟，越来越多的技术都搬到了云上，其运维方式和运行环境都发生了变化；三是异构计算的需求，目前，除了通用的CPU外，GPU、FPGA等芯片擅长不同的计算任务，且迅速发展，大数据集技术开始尝试调用不同的芯片来完成不同的任务，提高数据的处理能力；四是兼容智能类的应用，AI的崛起，其应用越来越广泛，需努力实现大数据软件分析兼容性。未来大数据技术的发展将沿着异构计算、批流融合、云化、兼容AI等方向持续更迭，5G和物联网应用的成熟，又将带来

海量视频和物联网数据，支持这些数据的处理也会是大数据技术未来发展的方向。

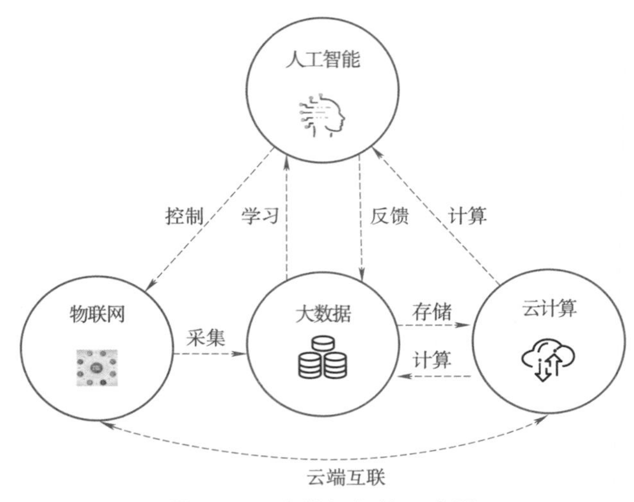

图 1-10　大数据智能示意图

现今，大数据无处不在，在各个领域都有不同的应用，均融入了大数据的印迹。

➢ 制造业：利用大数据提升制造业的水平，如产品的故障诊断与预测分析、优化生产过程的能耗、工业供应链分析与优化等。

➢ 金融业：金融创新领域应用包括高频交易、信贷风险分析，大数据都发挥着重要的作用。

➢ 物流业：利用大数据技术对物流网络进行优化，提高了物流的效率，并且降低了成本。

➢ 交通领域：利用大数据和互联网技术，无人驾驶、智能交通在不远的未来将走进我们的生活。

➢ 医疗领域：大数据的计算能力不仅能更好地去理解和预测疾病，还能制订出最新的治疗方案。

➢ 安全领域：政府可以利用大数据技术构建起强大的国家安全保障体系，企业可以利用大数据抵御网络攻击，警察可以借助大数据来预防犯罪。

1.5.4　搜索引擎技术发展

我们已处在智能时代，伴随着网络数据信息资源存储的庞大，人们越来越多地注重怎样才能快速有效地从海量数据中检索出自己需要的、潜在的、有价值的信息，从而可以有效地在工作和生活中发挥作用。回望发展历史，1990 年，加拿大麦吉尔大学的师生开发出名为 Archie 的应用，定期搜集散放在 FTP 服务器上的文件信息供用户搜索，开始了现代搜索引擎的应用，而 1993 年第一个基于 Web 的搜索引擎 World Wide Web Wanderer 出现，其功能是收集网址并不索引文件内容。经过近些年的快速发展，

搜索引擎的功能逐渐丰富、强大。搜索引擎实现数据的有效检索、提取调用，基于网络爬虫、检索排序、网页处理、大数据处理、自然语言处理等技术，根据用户需求与推荐算法，运用特定策略从互联网海量信息中检索出匹配信息反馈给用户，为用户提供快速、高相关性的信息服务。智能搜索引擎架构如图 1-11 所示，此体系结构分为下层数据层、中层服务层和上层显示层。数据层主要包括半结构化数据、非结构化数据、结构化数据和知识图数据。服务层主要包括查询处理和检索服务。查询处理是基于本体库对用户查询语句进行实体识别、语法分析和语义分析，然后依靠检索服务完成基于知识图的搜索与排序，最后将搜索结果返回到显示层，主要为不同用户在多个设备上提供智能搜索和结果显示。

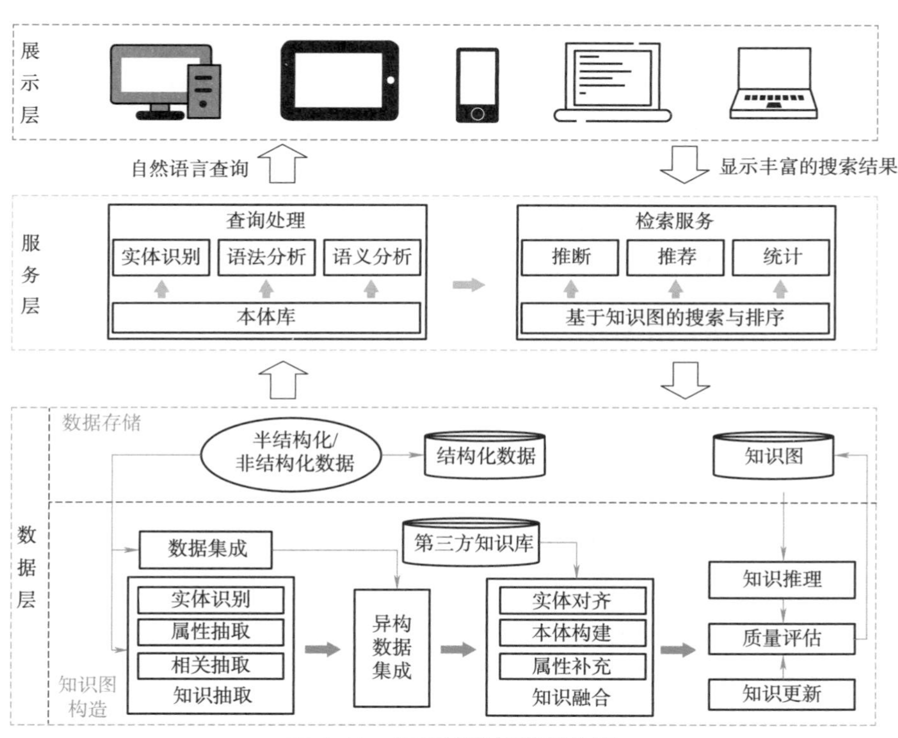

图 1-11　智能搜索引擎架构图

从搜索引擎所采取的技术来说，可以将搜索引擎技术的发展分为四个时代：分类目录、文本检索、整合分析和用户中心。

1. 分类目录时代

这个时代也可以称为“导航时代”，Yahoo 和 hao123 是这个时代的代表。以人工方式或半自动方式搜集信息，由编辑员查看信息之后，人工形成信息摘要，并将信息置于事先确定的分类框架中。信息大多面向网站，提供目录浏览服务和直接检索服务，也可以说分类目录网站，用户可以从分类目录里找到自己想要的东西，这就是搜索引擎第一代。该类搜索引擎因为加入了人的智能，所以优点是信息准确、导航质量高；缺点是需要人工介入、维护量大、信息量少、信息更新不及时。

2. 文本检索时代

搜索引擎查询信息的方法是通过用户所输入的查询信息提交给服务器，服务器通过查阅，返回给用户一些相关程度高的信息。这一代搜索引擎的信息检索模型主要包括布尔模型、概率模型或者向量空间模型，来计算用户查询关键词和网页文本内容的相关程度。通过这些模型来计算用户输入的查询信息是否与网页内容相关及相关度的高低，将相关度高的返回给用户。早期的很多搜索引擎比如Alta Vista、Excite等大都采取这种模式。相比分类目录，这种方式可以收录大部分网页，并能够按照网页内容和用户查询的匹配程度进行排序。这就是搜索引擎第二代。

3. 整合分析时代

这一代的搜索引擎所使用的方法大概是和我们今天的网站的外部链接形式基本相同，在当时，外部链接代表的是一种推荐的含义，通过每个网站推荐链接的数量来判断一个网站的流行性和重要性，然后搜索引擎再结合网页内容的重要性来和相似程度来改善用户搜索的信息质量。这种模式的首先使用者是Google。Google不仅是首次使用并且大获成功，这一成就在当时引起了学术界和其他商业搜索引擎的极度关注。后来，学术界以此成就为基础，提出了更多的改进的链接分析算法。大多数的主流搜索引擎都在使用分析链接技术算法。这就是第三代搜索引擎，但是这种搜索引擎并未考虑用户的个性化要求，所以只要输入的查询请求相同，所有用户都会获得相同的搜索结果。

执行过程中将用户输入关键字，反馈回来的海量信息，智能整合成一个门户网站式的界面，让用户感觉每个关键字，都是一个完整的信息世界。第三代搜索引擎的典型特征就是：智慧整合第二代返回的信息为立体的界面，让用户能轻易地一眼进入到最相关的分类区域去获取信息。

4. 用户中心时代

当客户输入查询的请求时，同一个查询的请求关键词在用户那里可能是不同查询要求。比如同样输入“苹果”作为查询词，一个追捧iPhone的时尚青年和一个果农的目的会有相当大的差距。即使是同一个用户，输入相同的查询词，也会因为所在的时间和场合不同，需求有所变化。而目前搜索引擎大都致力于解决如下问题：如何理解用户发出的某个很短小的查询词背后包含的真正需求，从而发现知识，可创造出新价值。为了能够获取用户的真实需求，目前搜索引擎大都做了很多技术方面的尝试，比如利用用户发送查询词时的时间和地理位置信息，利用用户过去发出的查询词及相应的单击记录、历史信息等技术手段，来试图理解用户此时此刻的真正需求。这一代搜索引擎主要是以用户为中心，是第四代搜索引擎。

移动互联网搜索数据的必然使命就是提供精准到个人的搜索。可以说前三代搜索引擎，都是基于PC互联网的搜索，而精准到个人需求的移动互联网搜索，为“第四代搜索引擎”，要对人们的行为习惯背后的“动机”与“特征”更加了如指掌，并通过数据分析产生执行决策。

智研咨询发布的《2022—2028年中国搜索引擎行业市场行情监测及市场分析预测报告》数据显示：从2018—2021年上半年中国搜索引擎用户规模对比数据可以看出，2021年上半年中国搜索引擎用户规模平稳增长，2021年上半年中国搜索引擎用户规模达79 544万人，

较2020年同期增加了2 990万人，同比增长3.9%。从2020年6月我国搜索引擎市场的竞争格局来看，如图1-12所示，百度凭借66.15%的市场份额位于搜索引擎市场领先地位，搜狗以22.06%的市场份额位居第二。

搜索引擎作为引领数字经济创新的重要推动力，5G技术正以其高速低延迟等特性，与人工智能、区块链、云服务、大数据一起，构建新时代的全球IT基础设施。搜索引擎技术和深度学习技术的结合非常紧密，随着近两年人工智能技术的爆发式进步，算法、算力和数据之间的良性循环，对产业升级和经济变革的影响越来越突出。AI技术使得国内搜索技术迈上了一个新的台阶，帮助用户更方便地获取信息。智能、精准搜索是在满足用户搜索需求的同时，将搜索内容进行智能排序，提供给用户具有真实性、完整性、丰富性、原创性等特点的搜索页面。

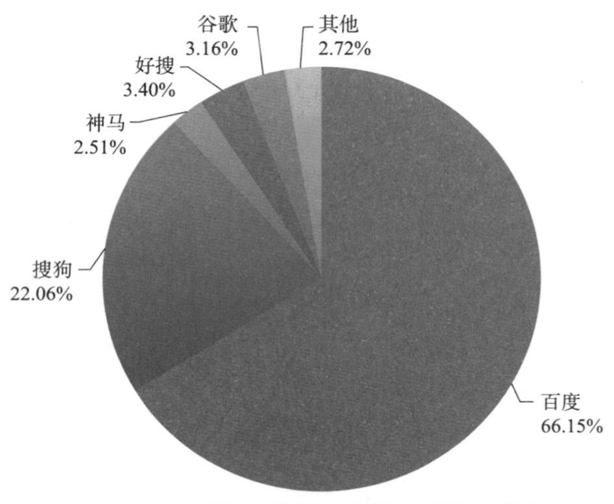

图 1-12　搜索引擎行业竞争格局统计图

除了提供基本搜索功能，智能搜索还能提供给用户兴趣自动识别、内容语义理解、信息过滤和推送等功能，具备知识处理能力和理解能力，能够把信息检索从目前基于关键词层面提高到基于知识和概念层面。搜索结果也更加人性化、更贴近用户需求，响应速度更快、搜索效率更高，注重提供知识和服务，呈现出智能化、个性化、场景化、多元化、协作性和交互便捷化的发展趋势。

小　结

本章介绍了数据库的基本概念，重点讲述数据管理的基本含义及发展，数据模型、数据库系统及数据库的体系结构和前沿技术。这些基本概念的讲解有助于后续章节内容的学习和理解。

下面对本章所讲主要内容进行小结：

① 介绍了数据管理经历了人工管理阶段、文件系统管理阶段和数据库系统管理阶段，对每个阶段的特点进行了讲解。

② 介绍了数据模型的基本概念、组成要素和数据模型的分类，重点讲解了用于数据库设计的典型概念模型：实体联系模型、逻辑模型和物理模型；另外介绍了数据模型的三个组成部分：数据结构、数据操作和数据完整性约束。

③ 介绍了数据库系统及数据库的体系结构，重点介绍了数据库系统的概念和数据库的三级模式和两级映射，数据库的外部体系结构。

④ 介绍了数据库前沿技术发展，详细讲解了数据仓库、数据挖掘、大数据技术、搜索引擎技术发展及应用。

习　题

1. 简述数据与信息的区别。
2. 简述数据管理的发展历程。
3. 数据库系统包含哪三级模式？试分别说明每级模式的作用。
4. 简述数据模型的概念以及数据模型的三要素。
5. 什么数据库系统？数据库系统由哪几部分组成？其主要有哪些功能？
6. 什么是数据库的概念模型设计？其作用是什么？
7. 什么是数据库的逻辑模型设计？其作用是什么？
8. 简述数据仓库与数据库的异同。
9. 大数据时代的数据有什么特点？举例说明大数据应用领域。

本章参考文献

[1]王珊，萨师煊．数据库系统概论 [M]. 5 版．北京：高等教育出版社，2014.

[2]史嘉权．数据库系统概论 [M]. 北京：清华大学出版社，2006.

[3]ZHANG C, YANG Y, ZHOU W, et al. Distributed bayesian matrix decomposition for big data mining and clustering[J]. IEEE Transactions on Knowledge and Data Engineering, 2020, 34(8): 3701-3713.

[4]何玉洁．数据库系统教程 [M]. 2 版．北京：人民邮电出版社，2015.

[5]杜小勇，卢卫，张峰．大数据管理系统的历史、现状与未来 [J/OL]. 软件学报，2019, 30(01): 127-141[2018-11-21].http://kns.cnki.net/kcms/detail/11.2560.TP.20181121.0952.002.html. DOI: 10.13328/j.cnki.jos.005644.

[6]HOFFER J A, VENKATARAMAN, R TOPI H. Modern database management[M]. London: Prentice Hall, 2012.

[7]IVANOVA T S, IVANOV E A. Research and Development of the Method of Investigating the Possibility of Transformation Relational Databases to NoSQL[C]//2021 IEEE Conference of Russian Young Researchers in Electrical and Electronic Engineering (ElConRus). IEEE, 2021: 2090-2093.

[8]肖迎远．分布式实时数据库技术 [M]. 北京：科学出版社，2009.

[9]叶小平，李强，陈瑛，等．高级数据库基础教程 [M]. 北京：清华大学出版社，2018.

[10]唐好魁．数据库技术及应用 [M]. 3 版．北京：电子工业出版社，2015.

[11]WIEDERHOLD G. Database design[M]. New York: McGrawHill, 1983.

[12]韩家炜，裴健，范明，等．数据挖掘：概念与技术 [M]. 北京：机械工业出版社，2012.

[13]李海翔，李晓燕，刘畅，等．数据库管理系统中数据异常体系化定义与分类 [J]. 软件学报，2022, 33(03): 909-930.[2021-10-21].http://www.jos.org.cn/jos/article/abstract/6442?st=search.DOI: 10.13328/j.cnki.jos.006442.

[14]BACHMAN C W, WILLIAMS S B. A general purpose programming system for random access memories[C]//Proceedings of the October 27-29, 1964: 411-422.

[15]BĂDULESCU L A. Data mining classification experiments with decision trees over the forest covertype database[C]//2017 21st International Conference on System Theory, Control and Computing (ICSTCC). IEEE, 2017: 236-241.

[16]袁汉宁，王树良，程永，等．数据仓库与数据挖掘 [M]. 北京：人民邮电出版社，2015.

[17]ELMASRI R, NAVATHE S B. Fundamentals of database systems[M].London: Pearson Education Limited, 2017.

[18]CORONEL C, MORRIS S. Database systems: design, implementation, & management[M]. Stanford,USA: Cengage Learning, 2016.

[19]黑白网络．图解搜索引擎的发展与现状 [EB/OL].（2021-04-10）[2021-11-10].https://www.hack6.com/42894/blog.html.

[20]SONG J, HE H Y, THOMAS R, et al. Haery: a Hadoop based query system on accumulative and high-dimensional data model for big data[J]. IEEE transactions on knowledge and data engineering, 2019, 32(7): 1362-1377.

[21]HUANG S, WANG Y, YU X. Design and Implementation of Oil and Gas Information on Intelligent Search Engine Based on Knowledge Graph[C]//Journal of Physics: Conference Series. IOP Publishing, 2020, 1621(1): 012010.

[22]百度百科．搜索引擎发展史 [EB/OL].（2021-01-28）[2021-11-10].https://baike.baidu.com/item/%E6%90%9C%E7%B4%A2%E5%BC%95%E6%93%8E%E5%8F%91%E5%B1%95%E5%8F%B2/2422574?fr=aladdin.

[23]WEI Z, HARTMANN S, LINK S. Algorithms for the discovery of embedded functional dependencies[J]. The VLDB Journal, 2021, 30(6): 1069-1093.

[24]智研咨询 .2022-2028 年中国搜索引擎行业市场行情监测及市场分析预测报告 [EB/OL].[2021-11-10].https://www.chyxx.com/research/202010/901901.html.

[25]2021 年中国搜索引擎市场占有率 [EB/OL].[2021-11-10]. https://www.changchenghao.cn/n/600160.html.

[26]李彦宏．影响数字经济发展的八大关键技术 [J]. 科技导报，2021, 39(2): 61-64.

[27]GÜTING R H. An introduction to spatial database systems[J]. the VLDB Journal, 1994, 3(4): 357-399.

第2章 关系数据库

数据库应用领域目前广泛使用关系型数据库，采用关系模型来组织数据，借助关系代数等理论和方法来处理数据库中的数据，以行和列的形式存储，便于用户理解。关系型数据库的这一系列行和列组成二维表，一组表组成数据库，即关系模型可以简单理解为二维表格模型，而一个关系型数据库就是由二维表及其之间关系组成的一个数据组织。

本章主要介绍关系模型的基本概念、关系模型的完整性、关系代数的运算和关系数据库的设计方法及步骤，通过本章内容掌握关系数据库系统的结构设计，为学习后面的章节打下基础。

学习目标

- 掌握关系模型的基本概念和关系完整性。
- 掌握关系代数的运算。
- 掌握关系数据库设计的方法及步骤。
- 了解关系数据库的特点。

2.1 关系模型

1970年，IBM的研究员、有“关系数据库之父”之称的埃德加·弗兰克·科德（Edgar Frank Codd）博士在刊物*Communication of the ACM*上发表了题为“A Relational Model of Data for Large Shared Data banks（大型共享数据库的关系模型）”的论文。文中首次提出了数据库关系模型的概念，奠定了关系模型的理论基础。在关系模型中，无论是实体还是实体间的联系都是由关系来表示。可以这样理解，关系模型是用二维表的形式表示实体和实体间联系的数据结构。现实世界中的各种实体以及实体之间的联系均可用关系模型来表示。关系数据库（Relational Database）是创建在关系模型基础上的数据库，借助于集合代数等数学概念和方法来处理数据库中的数据。

2.1.1 关系模型数据结构与形式化定义

关系模型是建立在集合代数的基础上，其数据结构具有唯一性，即关系。在现实生活中，实体和实体之间的联系均可以用关系的形式来表示。

1. 关系

（1）域（Domain）

定义1：域是一组具有相同数据类型的值，例如指定长度的字符串集合，给定取值范围的整数等。

（2）笛卡尔积（Cartesian Product）

定义2：给定一组域：$D_1, D_2, \cdots, D_n$，这些域可以是相同的，则$D_1, D_2, \cdots, D_n$的笛卡尔积为：

$$D_1, D, \cdots, D_n=\{(d_1, d_2, \cdots, d_n)|d_i \in D_i, i=1, 2, \cdots, n\}$$

其中每一个元素$(d_1, d_2, \cdots, d_n)$称为一个n元组或简称元组，元组中的每一个值d_i称为一个分量。

一个域允许的不同取值个数称为这个域的基数。

若$D_i(i=1,2,\cdots,n)$为有限集，其基数为$m_i(i=1, 2, \cdots, n)$，则$D_1*D_2*\cdots*D_n$的基数为

$$M=\prod_{i=1}^{n} m_i$$

笛卡尔积可表示为一个二维表，表中的每一行对应一个元组，表中的每一列对应一个域。

（3）关系及其相关定义

定义3：$D_1*D_2*\cdots*D_n$的子集称为域$D_1,D_2,\cdots,D_n$上的关系，表示为$R(D_1, D_2, \cdots, D_n)$。其中R表示关系的名字，n是关系的目或度（Degree）。

关系中的每个元素都是关系中的元组，通常用t表示。当n=1时，称该关系为单元关系或一元关系（Unary Relation）；当n=2时，称该关系为二元关系（Binary Relation）。

因为关系是笛卡尔积的子集，所以关系实质上也是一个二维表，表中的每一行对应一个元组，表中的每一列对应一个域。由于域可以是相同的，所以我们给每一列起一个名字，称为属性（Attribute），n目关系中必定含有n个属性。

在关系中，能唯一标识一个实体的属性，称为关系中的候选码（Candidate key）。如果一个关系中有多个候选码，选择其中一个作为**主码**（Primary key）。属于候选码的属性称为主属性（Prime Attribute），主属性外的属性称为非主属性或非码属性（Non-key Attribute）。如果所有的属性都是主属性，则称为**全码**（All-key）。

2. 关系的类型

关系中有三种类型：**基本表，查询表和视图表**。基本表是实际存在的表，用于存储数据的逻辑表示；查询表是根据所需查到结果对应的表；视图表是由基本表导出的表，是虚表，没有实际数据存储。

基本表存在如下性质：

- 列是同质的，即来自同一属性；
- 不同的列可以出自同一个域，但不同的列属于不同的属性；
- 列的顺序可以任意交换；
- 行的顺序可以任意交换；
- 每一个分量都是不可分离的。

3. 形式化定义

关系模型包含五大要素：

R：关系名。

U：关系中所有属性组成的集合。

D：关系中所有属性域的集合。

DOM：为属性向域的映射集合。

F：为属性间数据的依赖关系集合。

因此，关系模型表示为R(U, D, DOM, F)。

2.1.2　关系模式、关系子模式和存储模式

关系模型基本上遵循数据库的三级体系结构。外模式是关系子模式的集合，内模式是存储模式的集合。

1. 关系模式

关系模式实际上是记录类型，包括：模式名、属性名、值域名及模式的主码，不涉及物理存储方面的描述，只是对数据特性的描述。

2. 关系子模式

关系子模式是用户所用到部分数据的描述，除了指出用户所需的数据外，还应指出模式和子模式之间的对应关系。

3. 存储模式

关系存储时的基本组织方式是文件，元组是文件中的记录。由于关系模式有主码，因此存储一个关系能用散列方法或索引方法实现。

2.2　关系模型完整性

关系模型提供了完整性控制机制，定义了三类完整性约束：实体完整性、参照完整性和用户定义完整性。实体完整性规定基本关系的主码都不能相同或取空值；参照完整性定义外码和主码之间的引用规则；用户定义完整性是指数据库在特定应用领域需要遵循的约束条件，体现了具体领域中的语义约束，指明关系中属性的取值范围。

1. 实体完整性

实体完整性（Entity Integrity）要求每个关系中的主码不能为空或重复。现实世界中的每一个实体集都对应着一个关系，实体是可以相互区别的，即实体都有着某种唯一性标识。在关系模式中，以主码作为唯一性标识，如果主码中的属性值为空或者重复，则存在着不可标识的实体，这与现实世界中的实际情况相矛盾，这样的实体不是一个完整的实体。按照实体完整性规则要求，主属性不能为空，如果主属性是由多个属性组成，则所有的主属性均不得取空值。

2. 参照完整性

参照完整性要求关系中不允许引用不存在的实体，是定义建立关系之间联系的主关键字（主码）和外部关键字（外码）引用的约束条件。关系数据库中，通常多个关系间相互

有联系，可通过公共的属性来实现关系与关系之间的联系。所谓公共的属性，是在一个关系 R 中的主关键字，同时又是另一个关系 K 中的外部关键字。如果 K 中的外部关键字取值与 R 中的关键字值相同或者取空值，则两个关系间建立的联系符合参照完整性。若 K 中外部关键字亦是其主关键字，根据实体完整性，主关键字不能取空值，则 K 中外部关键字的取值只能取 R 中已经存在的主关键字值。

3. 用户定义完整性

实体完整性和参照完整性主要是针对关系中主关键字和外部关键字的取值约束，适用于任一关系数据库，但是用户定义完整性是根据实际的应用需求，对所涉及的相关数据提出的要求。用户定义完整性是针对具体的关系数据库约束条件，反映了具体应用对所涉及数据的要求。约束一般由关系模型提供定义并检验，用户定义完整性主要包括字段的有效性和记录的有效性。

2.3 关系代数运算

2.3.1 关系代数概述

关系代数是**关系操纵语言**的一种传统表示方式，是一种抽象的查询语言，可以通过对关系的运算来表达查询要求。

任何一种运算都是将一定的运算符作用于一定的运算对象上，从而得到预期运算结果，所以关系运算有三大要素：运算对象，运算符和预期结果。关系代数运算是以一个或两个关系作为输入，即运算对象，产生一个新的关系作为结果。关系代数用到的运算符包括四类：集合运算符、专门的关系运算符、逻辑运算符和比较运算符，具体如表 2-1 所示。

表 2-1　关系代数运算

运　算　符		含　义	运　算　符		含　义
集合运算符	∪ − ∩ ×	并 差 交 笛卡尔积	专门的 关系运算符	σ Π ⋈ ÷	选择 投影 连接 除
逻辑运算符	¬ ∧ ∨	非 与 或	比较运算符	> ≥ < ≤ = ≠	大于 大于等于 小于 小于等于 等于 不等于

注意：

关系代数可分为传统的集合运算和专门的关系运算两类操作。传统的集合运算将关系看成元组的集合，其运算是关系从“水平”的方向，即行的角度来进行的；专门的关系运算不仅涉及行，还涉及列，比较运算符和逻辑运算符用于辅助专门的关系运算操作。

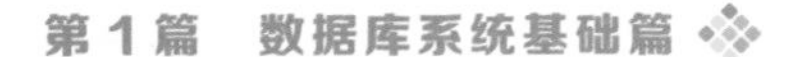

2.3.2　传统的集合运算

传统的集合运算是二目运算，包括并、差、交、笛卡尔积四种运算。

设关系R和关系S具有相同的目n，即两个关系都有n个属性，且相同的属性取自一个域，则可以定义并、差、交和笛卡尔积运算如下：

1. 并运算（Union）

关系R和关系S的并记作：

$$R \cup S = \{t \mid t \in R \vee t \in S\}$$

并运算的结果仍然为n目关系，由属于R或属于S的元组组成。

2. 差运算（Difference）

关系R和关系S的差记作：

$$R - S = \{t \mid t \in R \wedge \neg t \in S\}$$

差运算的结果仍然为n目关系，由属于R而不属于S的所有元组组成。

3. 交运算（Intersection）

关系R和关系S的交记作：

$$R \cap S = \{t \mid t \in R \wedge t \in S\}$$

交运算的结果仍为n目关系，由属于R又属于S的元组组成，关系的交可以用差来表示，即$R \cap S = R - (R - S)$。

4. 笛卡尔积（Extended Cartesian Product）

两个分别为n目和m目的关系R和S的笛卡尔积是一个（n+m）列的元组的集合。元组的前n列是关系R的一个元组，后m列是关系S的一个元组，若R有K1个元组，S有K2个元组，则关系R和关系S的笛卡尔积有K1 × K2个元组，记作：

$$R \times S = \{\widehat{t_r t_s} \mid t_r \in R \wedge t_s \in S\}$$

其中$\widehat{t_r t_s}$表示由两个元组t_r和t_s前后有序连接而成的一个元组。任取元组t_r和t_s，当且仅当t_r属于R且t_s属于S时，t_r和t_s的有序连接即为$R \times S$的一个元组。实际操作时，可从R的第一个元组开始，依次与S的每一个元组结合，然后对R的下一个元组进行同样的操作，直到R的最后一个元组也进行同样的操作为止。

2.3.3　专门的关系运算

专门的关系运算包括选择、投影、连接、除等，其中投影为一元操作，其余为二元操作。

1. 选择（Selection）

选择是调取表中某行的运算，是在关系R中选择满足给定条件的诸元组，从行的角度进行的运算，记作：

$$\sigma_F(R) = \{t \mid t \in R \wedge F(t) = '真'\}$$

其中，σ选择运算符，R是关系名，F表示选择条件，是一个逻辑表达式，取逻辑值“真”或“假”。

2. 投影（Projection）

投影是调取表中某一列的运算。关系是一个二维表，对它的操作可以从水平（行）的

角度进行，即选择操作，也可以从纵向（列）的角度进行，即投影操作。投影运算可以分为两步：

① 选择指定的属性，形成一个可以含重复行的表；

② 删除重复的行。

投影运算可以表示为：

$$\Pi A(R)=\{t[A]\mid t\in R\}$$

其中，A 为 R 中列的属性列。

3．连接（Join）

连接运算用来连接相互之间有联系的两个关系，从而产生一个新的关系，是从两个关系的笛卡尔积中选取属性间满足一定条件的元组。这个过程由连接属性来实现，一般情况下，这个连接属性出现在不同关系中语义相同的属性。被连接的两个关系通常是具有一对多联系的父子关系，所以连接过程一般由参照关系的外部关键字和被参照关系的主关键字来控制的。连接运算表示为：

$$R\underset{A\theta B}{\bowtie}S=\{\widehat{t_r t_s}\mid t_r\in R\wedge t_s\in S\wedge t_r[A]\theta t_s[B]\}$$

其中，A 和 B 分别为 R 和 S 上度数相等且可比的属性组，θ 是比较符运算。连接运算从 R 和 S 的广义笛卡尔积 $R\times S$ 中选择 R 关系在 A 属性组上的值与 S 关系在 B 属性组上的值满足比较关系 θ 的元组。

连接运算中有两种最为重要也最为常用的连接，一种是等值连接，另外一种是自然连接。

等值连接是从关系 R 与关系 S 的广义笛卡尔积中选取 A、B 属性值相等的元组，表示为：

$$R\underset{A=B}{\bowtie}S=\{\widehat{t_r t_s}\mid t_r\in R\wedge t_s\in S\wedge t_r[A]=t_s[B]\}$$

自然连接是一种特殊的等值连接，要求两个关系中比较的分量必须是相同的属性组，并且在结果中把重复的列去掉，即若 R 和 S 中具有相同的属性组 B，U 为 R 和 S 的全体属性集合，自然连接可以表示为：

$$R\bowtie S=\{\widehat{t_r t_s}[U-A]\mid t_r\in R\wedge t_s\in S\wedge t_r[A]=t_s[A]\}$$

注意：

自然连接与等值连接的区别：

① 自然连接要求相等的分量必须有相同的属性名，等值连接则不必。

② 自然连接要求把重复的属性名去掉，等值连接则不然。

4. 除（Division）

（1）除法的简单形式

设关系 S 的属性是关系 R 属性的一部分，则 $R\div S$ 为满足以下条件的关系：

① 此关系是由属于 R 但不属于 S 的所有属性组成；

② 任一元组都是 R 中某元组的一部分，但必须符合下列要求，即任取一元组与 S 的任一元组连接后，都为 R 中原有的一个元组。

（2）除法的一般形式

定义 4：给定一个关系 $R(X, Z)$，X 和 Z 为属性组。当 $t[X]=x$ 时，x 在 R 中的象集 Z_x（Images

Set）为：

$$Z_x=\{t[Z]|t\in R,\ t[X]=x\}$$

它表示 R 中属性组 X 上值为 x 的诸元组在 Z 上分量的集合。

可以用象集定义除法，给定关系 $R(X,Y)$ 和 $S(Y,Z)$，其中 X，Y，Z 为属性组。R 中的 Y 与 S 中的 Y 可以有不同的属性名，但必须出自相同的域集。R 与 S 的除运算得到一个新的关系 $P(X)$，P 是 R 中满足下列条件的元组在 X 属性列上的投影：元组在 X 上分量值 x 的象集 Y_x 包含 S 在 Y 上投影的集合。

$$R\div S=\{t_r[X]\mid t_r\in R\wedge \Pi_Y(S)\subseteq Y_x\}$$

Y_x：x 在 R 中的象集，$x=t_r[X]$。除操作是同时从行和列角度进行运算。

例题 2-1　设有关系 R、S，如图 2-1 所示，求 $R\div S$ 的结果。

R：

X	Y
X_1	Y_1
X_1	Y_2
X_2	Y_3
X_3	Y_1

S：

Y	F
Y_1	F_1
Y_2	F_3

图 2-1　关系 R、S

求解步骤：

第一步：找出关系 R 和关系 S 中相同的属性，即 Y 属性。在关系 S 中对 Y 做投影（即将 Y 列取出），所得结果如图 2-2 所示。

Y
Y_1
Y_2

图 2-2　关系 R 和关系 S 中相同的属性

第二步：被除关系 R 中与 S 中不相同的属性列是 X，关系 R 在属性（X）上做取消重复值的投影为 $\{X_1, X_2, X_3\}$。

第三步：求关系 R 中 X 属性对应的象集 Y。

根据关系 R 的记录，可以得到与 X_1 值有关的记录，如图 2-3 所示；与 X_2 有关的记录如图 2-4 所示；与 X_3 有关的记录如图 2-5 所示。

X_1 值的象集 Y：

X	Y
X_1	Y_1
	Y_2

图 2-3　与 X_1 值有关的记录

X_2 值的象集 Y：

X	Y
X_2	Y_3

图 2-4　与 X_2 值有关的记录

X_3 值的象集 Y：

X	Y
X_3	Y_1

图 2-5　与 X_3 值有关的记录

第四步：判断包含关系。

$R\div S$ 其实就是判断关系 R 中 X 各个值的象集 Y 是否包含关系 S 中属性 Y 的所有值。对比即可发现 X_1 象集包含了关系 S 中属性 Y 的所有值，所以 $R\div S$ 的最终结果就是 X_1，如图 2-6 所示。

X
X_1

图 2-6　$R\div S$ 的最终结果 X_1

2.4　关系数据库设计方法及步骤

数据库设计是对于一个给定的应用环境，构造最优的数据库模式，是信息资源管理的

有效手段，建立数据库及其应用系统，科学存储数据，满足用户信息要求和处理要求。数据库设计中需求分析阶段综合各用户的应用需求（现实世界需求）。数据库设计工作量大而且比较复杂，它是一项数据库工程，也是一项软件工程，故很多阶段都可以和软件工程的各阶段对应起来，软件工程的某些方法和工具同样适合于数据库工程。本小节主要介绍关系数据库设计的基本概念，详细介绍数据库设计的各主要步骤，并以基于云管理的无人驾驶园区智能交互系统数据库设计为例进行讲解。

2.4.1　数据库设计概述

数据库设计是指对于一个特定的应用需求，针对具体的应用对象，构造最优的数据模型，建立数据库及其应用系统，以满足各种用户的应用需求。数据库设计的过程实际上是将现实世界的数据进行抽象、概括，使之与数据库系统有机协调结合的过程。按照规范设计的方法，考虑到数据库及其应用系统开发的全过程，将数据库设计分阶段进行。

按照软件生命周期的划分，综合考虑数据库及其应用系统设计的全过程，将数据库设计分为六个阶段，如图2-7所示。

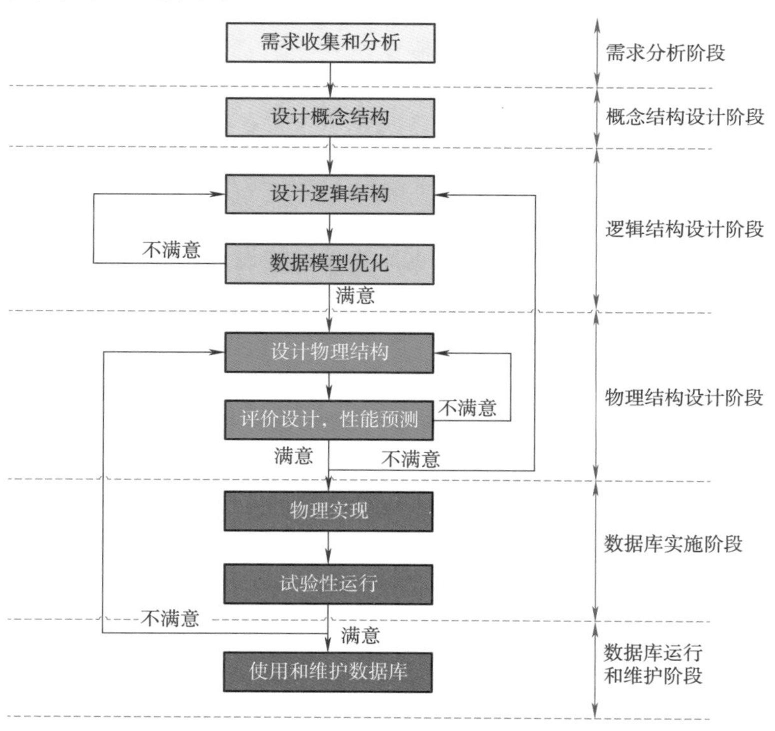

图2-7　数据库设计过程

1. 需求分析阶段

进行数据库设计之前，设计者须准确了解用户的需求。用户需求包括数据和处理两部分需求。需求分析通过收集信息并对信息进行分析和整理，为后续的各个阶段提供充足的依据。如果需求分析做得充分、准确，可以为以后的工作打下坚实的基础。这个阶段是最耗时也是最困难的一个阶段。

> **注意：**
> 数据需求是指数据库中存储哪些数据；处理需求是指用户需要完成什么处理功能，以及对这些处理的响应时间和处理方式的要求。

参与需求分析的人员主要有：系统分析人员、数据库设计人员、用户。需求分析得到的结果是需求分析说明书。

2. 概念结构设计阶段

概念结构设计是把需求分析得到的用户信息进行综合、归纳和抽象，形成一个独立于具体DBMS的概念模型。概念结构不但能表达用户的需求，而且独立于具体数据库的DBMS和硬件结构，是整个数据库设计的关键。

参与概念结构设计的人员主要有：系统分析人员、数据库设计人员。概念结构设计得到的成果是完整的E-R模型。

3. 逻辑结构设计阶段

逻辑结构设计阶段的主要任务是将概念结构设计阶段的E-R模型转换为计算机上DBMS所支持的数据模型，并进行优化。

参与逻辑结构设计的人员主要有：系统分析人员、数据库设计人员和程序设计员。逻辑结构设计得到的成果为逻辑数据模型和应用程序模块结构。

4. 物理结构设计阶段

物理结构设计阶段也分为两部分：数据库物理结构设计和程序模块结构的精确化。物理结构设计的主要任务是为逻辑数据模型选取一个最适合应用环境的物理结构，并对程序进行精确化设计。

参与物理结构设计的人员主要有：数据库人员和程序设计人员。物理结构设计要写出物理结构设计说明书，其中包括物理结构说明书和程序设计说明书。

5. 数据库实施阶段

数据库实施阶段的主要任务是利用DBMS提供的数据语言及其宿主语言将逻辑结构设计和物理结构设计的结果严格描述出来，编制和调试源程序，组织数据入库，并进行试运行。

参与实施阶段的人员主要有：系统分析人员、数据库人员、程序设计人员和用户。

6. 数据库运行和维护阶段

系统在进行试运行后可投入正式运行，并不断对其进行评价、调整、修改，直到退役。参与这一阶段的人员主要有：数据库管理员和用户。

以上六个阶段呈不严格的线性关系，设计过程的每一步都要有明确的结果，并且前一阶段的结果就是后一阶段的原料。设计人员应反复地对每个步骤的过程和结果进行审核，尽早发现设计中的错误，并及时纠正，减少开发成本，如表2-2所示。

表 2-2　数据库设计步骤描述

设计阶段	设计描述	
	数　据	处　理
需求分析	数据字典、全系统中数据项、数据流、数据存储的描述	数据流图和判定表（判定树）、数据字典中处理过程的描述
概念结构设计	概念模型 E–R 图	系统说明书包括：新系统要求、方案和概图；反映新系统信息流的数据流图
逻辑结构设计	某种数据模型 关系　非关系	系统结构图（模块结构）
物理结构设计	存储安排 方法选择 存取路径建立 分区1 分区2 ⋮	模块设计 IPO 表 IPO表… 输入 输出 处理 …
实施阶段	编写模式 装入数据 数据库试运行 Creat… Load…	程序编码、编译联结、测试 main () … if… then … end
运行、维护	性能检测、转储 / 恢复 数据库重组和重构	新旧系统转换、运行、维护（修正性、适应性、改善性维护）

2.4.2　数据库需求设计

需求分析，简单地说，即分析用户的要求。需求分析是设计数据库的起点，需求分析的结果是否准确反映了用户的实际要求，将直接影响到后续各个阶段的设计，并影响到设计结果是否合理和实用。

1. 需求分析的任务

需求分析的任务是通过详细调查现实世界要处理的对象，充分了解原系统（手工系统或计算机系统）的工作概况，逐步明确用户的各种需求，包括数据需求和处理需求等，然后在此基础上确定新系统的功能。新系统必须充分考虑到今后可能的扩充和改变，不能仅按当前应用需求来设计数据库。通过调查、收集和分析，通常需要获得用户对数据库的下列要求：

（1）信息要求

信息要求定义数据库系统用到的所有信息，由信息要求可以导出数据要求，即在数据库中需要存储哪些数据。

（2）处理要求

处理要求指用户要完成什么处理功能，对处理的响应有什么要求，处理方式是批处理还是联机处理。

（3）安全性和完整性要求

安全性要求描述了系统中不同用户使用和操作数据库的情况；完整性要求描述了数据之间的关联和数据的取值范围要求。

由于用户缺少计算机知识，所以用户往往不能准确地表达自己的需求，所提出的需求也会不断地变化；而设计人员由于缺少用户的专业知识，难以理解用户的真正需求。所以说这一阶段最费时也最困难，设计人员必须反复地、深入地与用户交流，才能逐步完善收集到的信息，最终确定用户的实际需求。随着大数据、人工智能、云计算的广泛应用，在和用户交流需求时可将这些新技术结合项目的应用告知用户，便于确定针对未来业务的功能扩展。

2. 需求分析的方法

（1）需求分析的步骤

进行需求分析首先是调查清楚用户的实际要求，与用户达成共识，然后分析与表达这些需求，调查用户需求的具体步骤可以分为：

① 调查组织机构的情况：包括了解该组织的部门组成情况、各部门的职责等，为分析信息流程做准备。

② 调查各部门的业务活动情况：包括了解各部门的业务内容和业务过程，确定各种数据在各部门间的源头、流向和终点，及其检索和更新过程。在熟悉了业务活动的基础上，协助用户明确对新系统的各种要求，包括信息要求、处理要求、安全性与完整性要求。

③ 确定新系统的边界：对前面调查的结果进行初步分析，确定新系统应该实现的功能。

（2）调查方法

在调查过程中，可以根据不同的问题和条件使用不同的调查方法，常用的调查方法有：

① 跟班作业：通过亲自参加业务工作来了解业务活动的情况，这种方法可以很好地观察业务的运转情况，但是如果公司部门多，业务过程周期长，则可能无法真正了解各部门的所有业务活动。

② 面谈调查：面谈调查是必不可少的一个环节，根据面谈的形式可以分为开座谈会、请专人介绍和询问等方式，了解业务活动情况及用户需求。如果需要涉及的人数较多时，可以设计调查表请用户填写。

③ 查阅记录：查阅与原系统有关的数据记录，检查与目前系统有关的文档、表格、报告和文件，可以快速了解系统的需求。

3. 数据流程图和数据字典

在系统调查之后，需要将调查来的信息进行分析，整理成规范的文档。通常使用结构化分析方法从最上层的系统组织机构入手，采用自顶向下、逐层分解的方式分析系统。在分解的过程中各子处理的流程和功能逐步清楚，相应数据也逐步被分解，形成若干的数据流程图（Data Flow Diagram，DFD），如图2-8所示是基于云管理的无人驾驶园区智能交互系统0层图，所以数据流图表达了数据和处理的关系。

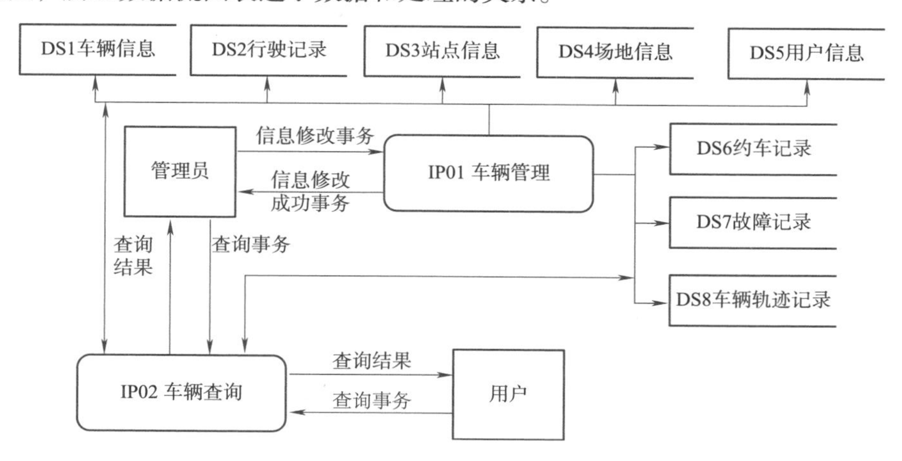

图2-8 基于云管理的无人驾驶园区智能交互系统0层图

数据字典则是系统中各类数据描述的集合，凡系统中涉及的所有数据都必须记录在数据字典中，是进行详细数据收集所获得的主要成果。数据字典在数据库设计中占有很重要的地位。其中数据项是数据的最小组成单位，若干个数据项可以组成一个数据结构。数据字典通过对数据项和数据结构的定义来描述数据流和数据存储的逻辑内容。数据字典是关于数据库中数据的描述，即元数据，而不是数据本身。数据字典是在需求分析阶段建立，在数据库设计过程中不断修改、充实和完善的。数据字典和一组数据流程图（Data Flow Diagram，DFD）是下一步进行概念设计的基础，当然也可以用数据字典和面向对象用例图来描述本阶段的需求功能。

注意：

数据字典通常包括数据项、数据结构、数据流、数据存储和处理过程五个部分。

① 数据项是不可再分的数据单位，其描述中，“取值范围”和“与其他数据项的逻辑关系”定义了数据的完整性约束条件。

② 数据结构反映了数据之间的组合关系。一个数据结构可以由若干个数据项组成，也可由若干个数据结构组成，或由若干个数据项和数据结构混合组成。

③ 数据流是数据结构在系统内传输的路径。

④ 数据存储是数据结构停留或保存的地方，也是数据流的来源和去向之一。

⑤ 处理过程的具体处理逻辑一般用判定表或判定树来描述。

2.4.3 数据库结构设计

数据库的结构设计主要分为三个步骤：概念结构设计、逻辑结构设计和物理结构设计。

1. 概念结构设计

概念结构设计是将需求分析得到的用户需求抽象为信息模型，是整个数据库设计的关键。概念结构设计应该能真实、充分地反映现实世界，包括事物和事物之间的联系，能满足用户对数据的处理要求。同时还要易于理解，易于更改，易于向关系、网状、层次等各种数据模型转换。描述概念结构模型的有力工具就是E-R图，即用实体-联系方法对具体数据进行抽象加工，将实体集合抽象成类型，用实体间联系的类型反映现实世界事物间的内在联系。因此，概念结构设计的任务实际上就是绘制数据库的E-R图。

（1）概念结构设计的方法

在进行概念结构设计时，可以通过多种方法设计，主要包括以下四类：

① 自顶向下：即先定义全局概念结构的框架，再逐步细化。

② 自底向上：即先定义各局部应用的概念结构，再逐步整合得到全局概念结构，是概念结构设计最常用的方法。

③ 逐步扩张：即先定义最重要的核心概念结构，再逐步向外扩展，生成其他概念结构。

④ 混合策略：即综合自顶向下和自底向上的方法设计。先用自顶向下的方法设计一个概念结构的框架，再以它为框架用自底向上的方法设计局部概念结构，最后将它们集成在一起。

（2）概念结构设计的步骤

设计数据库概念模型最常用的方法是E-R方法。用户通常采用自底向上方式设计概念结构，即采用自底向上方式设计E-R图。采用E-R方法的概念结构设计主要步骤如下：

① 设计局部E-R模型。设计局部E-R图的任务是根据需求分析阶段产生的各个部门的数据流图和数据字典中的相关数据，设计出各项应用的局部E-R图，需要首先确定数据库需要的实体，其次确定各个实体的属性以及实体间的联系，最后画出局部E-R图。

例题 2-2　在基于云管理的无人驾驶园区智能交互系统数据库中，车辆信息有车辆编号、车辆型号、车辆状态、车辆电量、车辆总里程、车辆座位数、车辆颜色、车辆牌照八种属性；站点信息包括站点编号、场地编号、站点名称、站点经度信息、站点纬度信息五种属性；场地信息包括场地编号、场地名称和站点数量三种属性；车故障记录包括故障编号、车辆编号、故障描述、故障发生时间四种属性；用户信息包括用户编号、用户账号、手机号码、用户密码、用户类型五种属性；车辆行驶记录信息包括行驶编号、车辆编号、起始站点、终点站点、平均时速、最低时速、最高时速、总路程、开始时间、到达时间十种属性；用户约车记录信息包括预约编号、用户编号、车辆编号、起始站点、终点站点、总路程、预约时间、完成时间八种属性。各局部E-R模型如图2-9~图2-12所示。

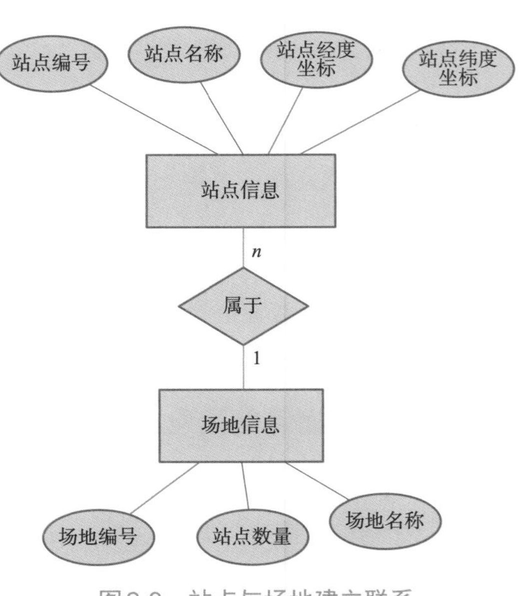

图2-9　站点与场地建立联系

② 综合成全局E-R模型。将局部E-R图根据联系综合成一个完整的全局E-R图。首先确定各个实体之间的联系，哪些实体之间有联系，确定联系类型；然后画出联系，将局部E-R图综合成全局E-R图。把局

部E-R图综合成为全局E-R图时，可以一次将所有的E-R图集成在一起，也可以用逐步集成、进行累加的方式，一次只集成几个E-R图；集成时还要注意消除各分E-R图合并产生的冲突，如属性冲突、命名冲突和结构冲突。

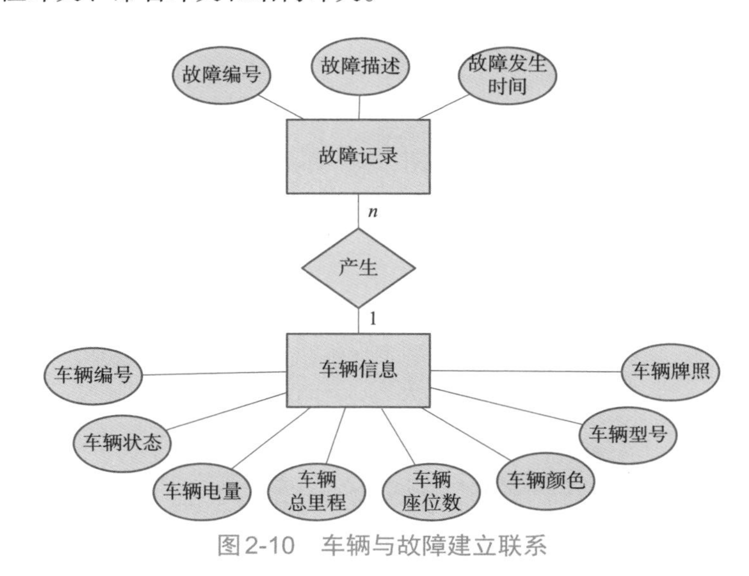

图2-10　车辆与故障建立联系

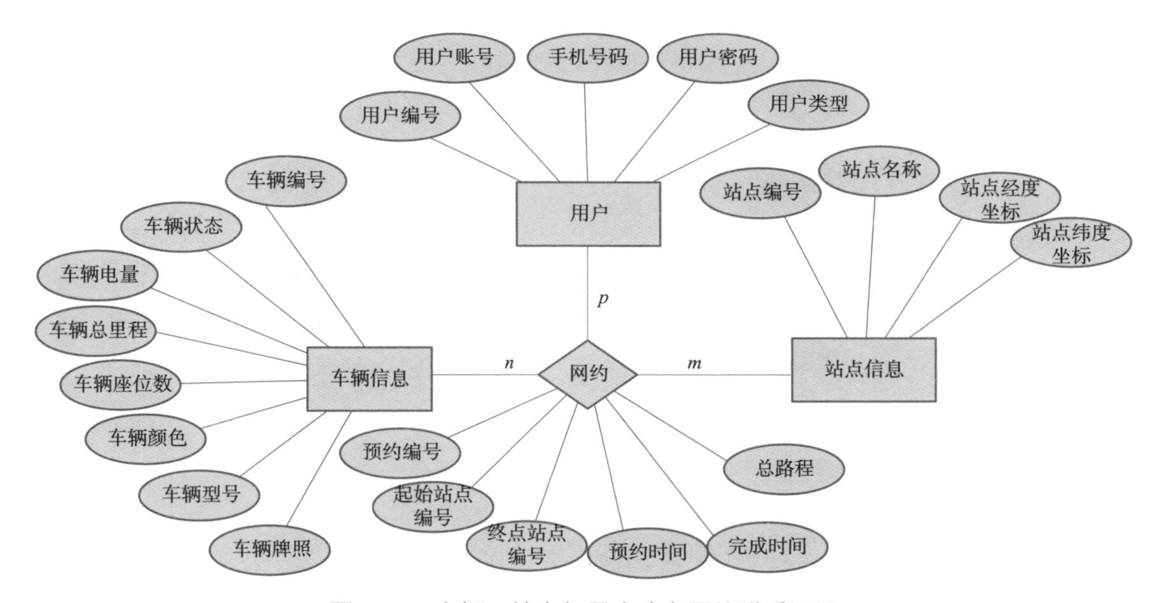

图 2-11　车辆、站点与用户建立网约联系记录

例题 2-3　在基于云管理的无人驾驶园区智能交互系统数据库中，根据图2-9~图2-12所示各局部E-R图，画出全部实体及属性，确定联系，则可以画出全局E-R图，如图2-13所示。

③ 评审。将局部E-R图根据联系，综合成一个完整的全局E-R图，还需要评审哪些数据或联系冗余，然后将冗余数据与冗余联系消除。评审实际上就是对全局E-R图进行优化，注意实体的个数和实体所包含的属性应尽可能少，保证实体间联系无冗余。

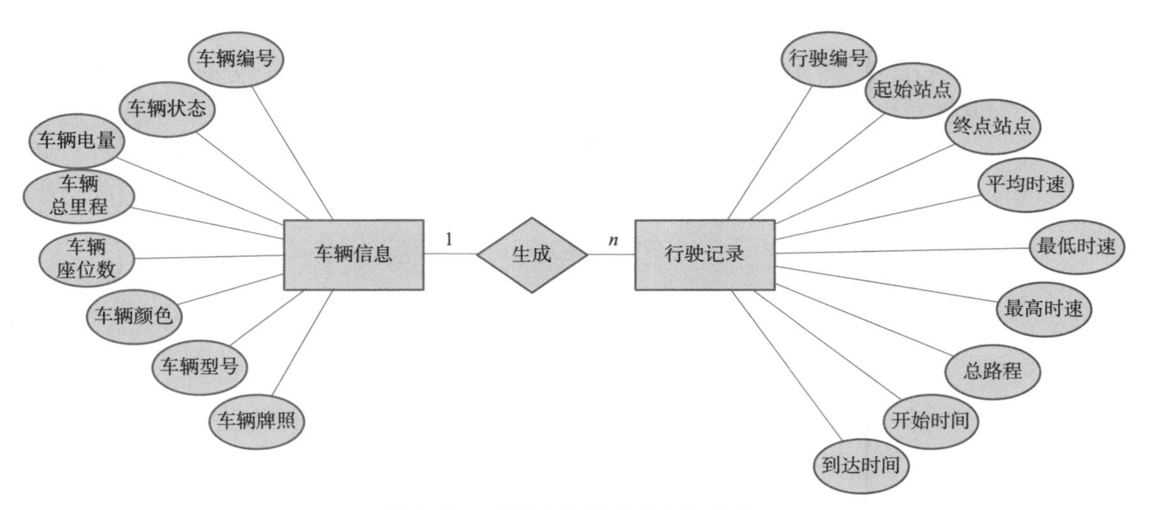

图2-12　车辆与行驶记录联系记录

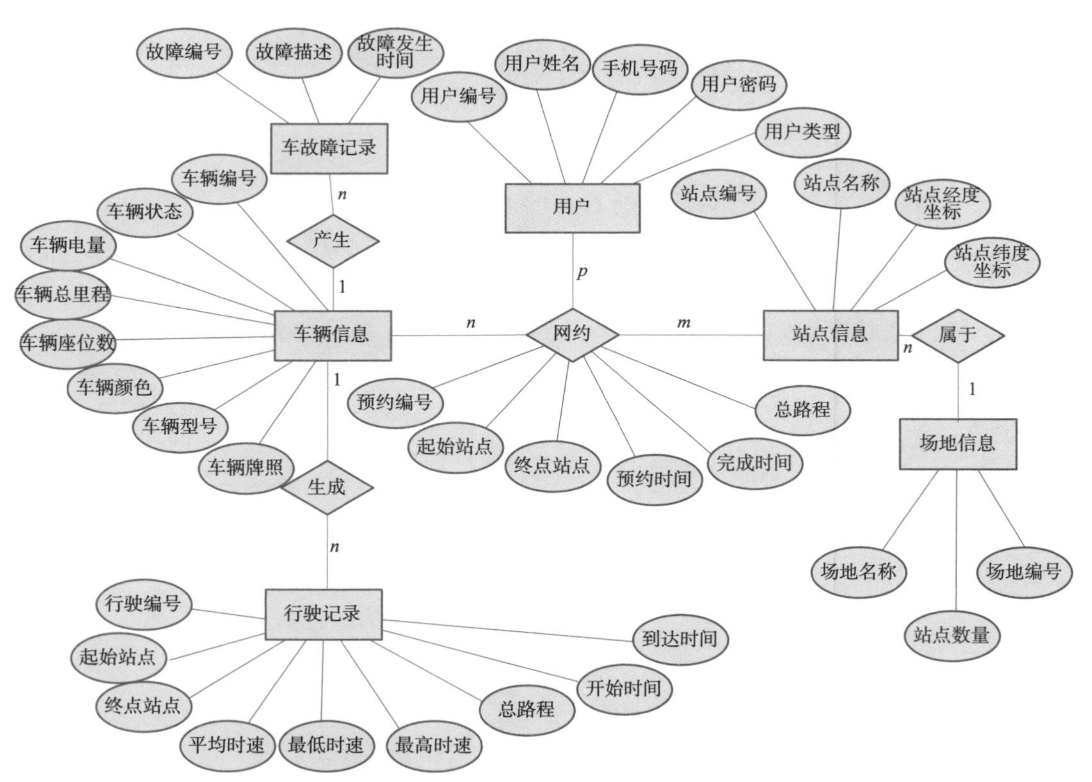

图2-13　基于云管理的无人驾驶园区智能交互系统数据库全局E-R图

2. 逻辑结构设计

逻辑结构设计的任务就是把概念结构设计好的基本E-R图转换为与指定的DBMS产品支持的数据模型相符合的逻辑结构。从理论上讲，设计逻辑结构应该选择最适用于相应概念结构的数据模型，由于现在的DBMS一般都是关系数据库管理系统（Relational Database

Management System, RDBMS），而且用户通常都已经提前指定，所以数据库设计人员可无须进行分析选择合适的DBMS，而只是将设计的E-R图转换为符合要求的逻辑结构设计模型即可。

逻辑结构设计一般分为以下两个步骤：

（1）将E-R图转换为关系模型

E-R图由实体、实体的属性及实体之间的联系三部分组成，将E-R图转换为关系模型实际上就是将这三部分转换为关系模式。转换一般应遵循的原则是：一个实体转换为一个关系模式，实体名为关系名，实体的属性就是关系的属性，实体的码就是关系的码。

注意：

由于实体之间的联系分为一对一、一对多和多对多三种，所以实体之间的联系在转换时有不同的情况：

① 一个一对一联系可以转换为一个独立的关系模式，也可以与任意一端对应关系模式合并。如果转换为一个独立的关系模式，则与该联系相连的各实体的码以及联系本身的属性均转换为关系的属性。如果与某一端实体对应的关系模式合并，则需要在该关系模式的属性中加入另一个关系模式的码和联系本身的属性。

② 一个一对多联系可以转换为一个独立的关系模式，也可以与n端对应的关系模式合并，合并转换规则与一对一联系一样。

③ 一个多对多联系转换为一个独立的关系模式，与该联系相连各实体的码以及联系本身的属性均转换为关系的属性，而关系的码为n端实体的码。

④ 三个或三个以上实体间的一个多元联系可以转换为一个关系但是较为复杂。与该多元联系相连的各实体的码以及联系本身的属性均转换为此关系的属性，而此关系的码为各实体码的组合。

例题 2-4 把图2-13中的E-R图转换为关系模型，注意用下画线标出关系的码。

车辆信息（<u>车辆编号</u>，车辆状态，车辆电量，车辆总里程，车辆座位数，车辆颜色，车辆型号，车辆牌照），此为车辆信息实体对应的关系模式。

行驶记录（<u>行驶编号</u>，车辆编号（外键），起始站点（外键），终点站点（外键），最低时速，最高时速，平均时速，总路程，开始时间，到达时间），此为车辆信息实体对应的关系模式，行驶编号为关系的候选码。

车故障信息（<u>故障编码</u>，车辆编号（外键），故障描述，故障发生时间），此为车故障信息实体对应的关系模式。

站点信息（<u>站点编号</u>，场地编号（外键），站点名称，站点经度坐标，站点纬度坐标），此为站点信息实体对应的关系模式。

场地信息（<u>场地编号</u>，场地名称，站点数量），此为场地信息实体对应的关系模式。

用户（<u>用户编号</u>，用户账号，手机号码，用户密码，用户类型），此为用户实体对应的关系模式。

约车记录（<u>预约编号</u>，用户编号（外码），车辆编号（外码），起始站点编号（外码），终点站点编号（外码），总路程，预约时间，完成时间），此为约车记录实体的关系模式。

（2）数据模型优化

数据库逻辑设计的结果不是唯一的。为了进一步提高数据库应用系统的性能，还应该根据应用需求不断地修改、调整数据模型的结构，以提高数据库应用系统的性能，这就是数据模型优化。常用的优化方法有以下几种：

① 确定数据依赖，要确定每个关系模式的各属性之间函数依赖以及不同关系模式各属性之间的数据依赖关系。

② 对于各个关系模式之间的数据依赖进行极小化处理，消除冗余的联系。

③ 根据数据依赖的关系，考察是否存在部分函数依赖、传递函数依赖、多值依赖等，确定关系模式属于第几范式。

④ 按照用户需求处理数据，分析这些模式是否适用于这样的应用环境，确定是否要对某些模式进行分解或合并。

⑤ 对关系模式进行必要的分解，以提高数据的操作效率和存储空间的利用率。

注意：

将概念模型转换为全局逻辑模型后，还应该根据局部应用的要求，结合具体DBMS的特点，设计用户的外模式。通常利用关系数据库管理系统中的视图来设计用户需要的用户外模式。主要目的是保证系统的安全，简化用户对系统的使用。

3. 物理结构设计

数据库在物理设备上的存储结构与存取方式称为物理结构。物理结构设计是指根据具体DBMS的特点和处理的需要，将逻辑结构设计的关系模式进行物理存储安排，建立索引，形成数据库内模式。

物理结构设计的步骤如下：

（1）确定数据库的物理结构

数据库物理结构设计包括选择存储结构、确定存取方法、选择存取路径、确定数据的存放位置，主要解决选择文件存储结构和确定文件存取方法的问题。在数据库中访问数据的路径主要表现为如何建立索引。

① 确定存储结构。确定数据库物理结构主要指确定数据的存放位置和存储结构，包括确定关系、索引、聚簇、日志、备份等的存储安排和存储结构，确定系统配置等。数据是采用顺序存储、散列存储或其他存储方式是由系统根据数据的具体情况来决定的，一般系统都会为数据选择一种合适的存储方式。用户通常可以通过建立索引来改变数据的存储方式，提高物理数据库读取数据的速度。数据库设计人员可以将数据根据其特性加以区别地存储到特定的存储器中，例如将数据的易变部分与稳定部分、经常存取部分和存取频率较低部分分开存放，以达到最佳存储效果。数据库设计人员还可以重新设置系统配置，例如：同时使用数据库的用户数，同时打开的数据库对象，内存分配参数，缓冲区分配参数，物理块大小，数据库大小，锁的数目等。这些参数影响存取时间和存储空间的分配，根据应用环境确定这些参数值，可以使系统更有效地满足数据库应用的要求。

② 确定存取方法。存取方法是快速存取数据库中的数据技术。数据库管理系统一般都能提供多种存取方法，具体采用哪种存取方法由系统根据数据的存储方式来决定。由于数

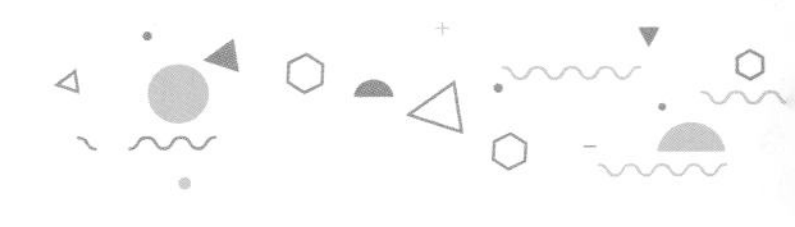

据库系统是一个多用户共享的系统，对同一关系要建立多条存取路径才能满足多用户的多种要求。确定存取方法就是要建立存取路径，使用户获得满意的响应时间。常见的存取方法有三种：索引方法、聚簇方法和Hash方法，这三种方法各有利弊，数据库设计人员应根据具体情况加以选择。

注意：

确定数据库的存储结构要综合考虑存取时间、存储空间、维护代价等诸方面因素，但这些因素往往相互矛盾。因此，数据库设计人员应根据具体情况进行折中考虑。

（2）对物理结构进行评价

设计数据库物理结构时，需要确定数据存放位置、计算机系统的配置等，还需要对时间效率、空间效率、维护代价和各种用户需求进行权衡，其结果也可以产生多种方案。数据库设计人员必须从中选择一个较优的方案作为数据库物理结构。

评价物理结构设计完全依赖于具体的DBMS，主要考虑操作开销，如查询时间、更新事务的开销、生成报告的开销、主存储空间的开销和辅助存储空间的开销等。如果评价结果满足原设计要求，则可进入数据库实施阶段，否则要重新设计或修改物理结构，必要的时候，需要返回到逻辑设计阶段修改数据模型。

2.4.4 数据库实施

完成数据库的物理设计之后，设计人员就要用RDBMS提供的数据定义语言和其他实用程序将数据库逻辑设计和物理设计结果严格描述出来，成为DBMS可以接受的源代码，再经过调试产生目标模式，然后就可以组织数据入库了，这就是数据库实施阶段。数据库实施后先对系统进行试运行，待系统状态稳定后，进入正式运行和维护阶段，这个阶段一直持续到系统退役，主要工作由数据库管理员（Database Administrator，DBA）完成，具体步骤如下：

1. 数据的载入和应用程序的调试

数据库实施阶段包括两项重要的工作：一项是数据的载入；另一项是应用程序的编码和调试。

一般数据库中，数据量都很大，而且数据来源于部门中的各个不同的单位，数据的组织方式、结构和格式都与新设计的数据库系统有相当大的差距。如果原系统是手工系统，组织数据录入就要将各类源数据从各个局部应用中抽取出来，输入计算机，再分类转换，最后综合成符合新设计的数据库结构的形式，输入数据库。如果原系统是计算机系统且系统中已有所需的数据，设计人员只需将数据转换为新系统能接受的形式导入。数据库应用程序的设计应该与数据库设计同时进行，因此在组织数据入库的同时还应调试应用程序。

2. 数据库的试运行

在原有系统的数据有一小部分已输入数据库后，就可以开始对数据库系统进行联合调试，这又称为数据库的试运行。其主要工作如下：

（1）功能测试

这一阶段要实际运行数据库应用程序，执行对数据库的各种操作，测试应用程序的功能是否满足设计要求。如果不满足，对应用程序部分则要修改、调整，直到达到设计要求为止。

（2）性能测试

在数据库试运行时，还要测试系统的性能指标，分析其是否达到设计目标。在对数据库进行物理设计时已初步确定了系统的物理参数值，但一般情况下，设计时要考虑在许多方面只是近似估计，和实际系统运行总有一定的差距，因此必须在试运行阶段实际测量和评价系统性能指标。事实上，有些参数的最佳值往往是经过运行调试后找到的。如果测试的结构与设计目标不符，则要返回到物理设计阶段，重新调整物理结构，修改系统参数，某些情况下，甚至要返回到逻辑设计阶段，修改逻辑结构。

数据库的试运行阶段，系统很不稳定，工作人员对系统还不熟悉，因此经常会发生意外故障，所以应在小部分数据入库后就开始试运行，试运行合格后再大量载入数据，避免因修改系统导致数据重复载入，浪费时间。另外，试运行期间，要非常重视数据库的转储和恢复工作，尽量减少对数据库的破坏。

2.4.5　数据库的运行和维护

数据库试运行合格后，数据库开发工作就基本完成，即可投入正式运行了，但由于应用环境的不断变化，数据库在运行过程中其物理存储也会不断变化，所以对数据库设计进行评价、调整、修改等维护工作是一个长期的任务，也是设计工作的继续和提高。

在数据库运行阶段，对数据库经常性的维护工作主要由DBA完成，主要包括：

1. 数据库的转储和恢复

数据库的转储和恢复是系统正式运行后最重要的维护工作之一。DBA要针对不同的应用要求制定不同的转储计划，定期对数据库和日志文件进行备份，以保证一旦发生故障能尽快将数据库恢复到某种一致的状态，并尽可能减少对数据库的破坏，减少或避免给用户造成损失。

2. 数据库的安全性、完整性控制

在数据库运行过程中，由于应用环境的变化，对安全性的要求会发生变化，系统中用户的权限也会发生变化，这些都需要DBA根据实际情况修改原有的安全性控制。同样数据的完整性约束条件会发生变化，也需要DBA不断调整数据库，以反映新的变化。

3. 数据库性能的监督、分析和改造

在数据库运行的过程中，监督系统也在运行，对监测数据进行分析，找出改进系统性能的方法是DBA的又一重要任务。目前有些DBMS提供了检测系统性能参数的工具，可以利用这些工具方便得到系统运行过程中一系列性能参数的值，DBA根据对这些数据的分析判断系统当前运行状况是否最佳，应做哪些改进来提高系统性能。

4. 数据库的重组织和重构造

数据库运行一段时间后，随着数据记录的不断增加、删除和修改，会使数据库的物理存储情况变坏，从而降低了数据的存取效率，数据库性能下降，所以 DBA要定期对数据库进行重组织或部分重组织。数据库管理系统一般都提供数据重组织的实用程序。在重组织的过程中，需要按原设计要求重新安排存储位置、回收垃圾、减少指针链等，提高系统性能。

数据库的重组织并不修改原设计的逻辑和物理结构，而数据库的重构造则不同，它是指部分修改数据库的模式和内模式。由于数据库应用环境发生变化，用户对数据库的应用要求也发生变化，例如增加了新的应用或新的实体，取消了某些应用，有的实体与实体的

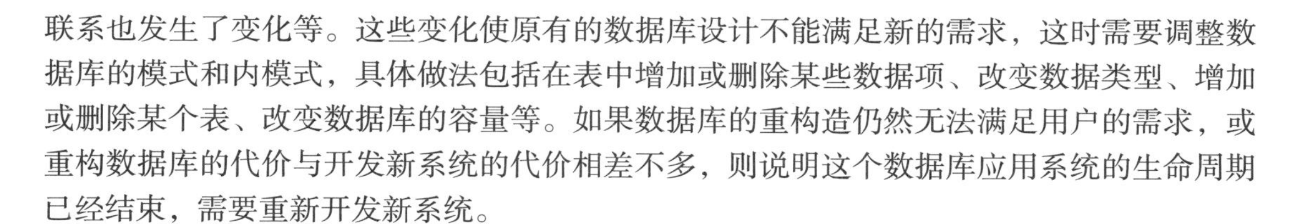

联系也发生了变化等。这些变化使原有的数据库设计不能满足新的需求，这时需要调整数据库的模式和内模式，具体做法包括在表中增加或删除某些数据项、改变数据类型、增加或删除某个表、改变数据库的容量等。如果数据库的重构造仍然无法满足用户的需求，或重构数据库的代价与开发新系统的代价相差不多，则说明这个数据库应用系统的生命周期已经结束，需要重新开发新系统。

2.5 关系数据库特点

数据库系统提供了对数据更有效、更合理的管理，其中关系数据库系统是一种重要且常用的数据库系统，被广泛使用。关系数据库具有如下特点：

（1）数据集中控制

在文件管理方法中，文件是分散的，每个用户或每种处理都有各自的文件，这些文件之间一般是没有联系的，因此，不能按照统一的方法来控制、维护和管理，而数据库则很好地克服了这一缺点，可以集中控制、维护和管理有关数据。

（2）较高的数据独立性

数据库中的数据独立于应用程序，包括数据的物理独立性和逻辑独立性。物理独立性是指用户的应用程序与存储在磁盘上数据库中的数据是相互独立的。数据在磁盘上的存储由数据库管理系统管理，用户程序无须关心。用户程序要处理的是数据的逻辑结构，所以应用程序不需要随数据存储结构变化而变化。逻辑独立性是指用户的应用程序与数据的逻辑结构相互独立，当数据逻辑结构变化时，用户程序无须随之改变。数据独立性给数据库的使用、调整、优化和进一步扩充提供了方便，提高了数据库应用系统的稳定性。

（3）数据共享性

数据库中的数据可以供多个用户使用，每个用户只与库中的一部分数据发生联系；用户数据可以重叠，用户可以同时存取数据而互不影响，大大提高了数据库的使用效率。

（4）低冗余度

数据不再面向某个应用，而是面向整个系统，所以数据可以被多个用户、多个应用程序共享，数据库系统中的重复数据被减少到最低程度，因此在有限的存储空间内可以存放更多的数据，并减少存取时间，所以说数据库系统数据冗余度低、共享性高、易于扩充。

（5）数据结构化

在数据库系统中不仅要考虑某个应用的数据结构，还要考虑整个组织的数据结构，以便为某部门的管理提供必要的数据，即数据库系统实现了整体数据的结构化。数据的结构化要求数据库系统不仅要描述数据本身，还要描述数据之间的联系。数据结构化是数据库系统与文件系统的根本区别。

小　结

本章介绍了数据库中的一些基本概念，重点介绍了关系模型的基本概念、关系代数的运算、关系数据库系统和数据库设计方法及步骤。这些基本概念的讲解有助于后续章节内容的学习和理解。

下面对本章所讲主要内容进行小结：

① 介绍了关系模型的基本概念，包括数据的结构和形式化定义、三大模式及关系数据库。

② 介绍了关系代数的运算，可分为传统的集合运算和专门的关系运算两类操作。

③ 介绍了关系数据库的设计方法和步骤，详细讲解了每个阶段需要注意的问题。

习　题

1. 试述数据库系统的特点。
2. 试述关系语言的特点和分类。
3. 定义并解释下列术语，说明它们之间的联系与区别：

① 主码，候选码，外码；② 关系，关系模型，关系数据库。

4. 试述等值连接和自然连接的区别和联系。
5. 什么是关系数据库？关系模型由哪三部分组成？试述关系模型的完整性规则。
6. 数据库设计包括哪些主要过程？并结合每个过程的作用举例说明。

本章参考文献

[1]VON ÄRBACH J, THØRVÄLD L, DUCK D F. A Relational Model of Data for Large Shared Data Banks[J]. SD Sociology Demo Journal, 2022, 2: 1-3.

[2]王珊，萨师煊. 数据库系统概论[M]. 5 版. 北京：高等教育出版社，2014.

[3]CAO T H. A relational database model and algebra integrating fuzzy attributes and probabilistic tuples[J]. Fuzzy Sets and Systems, 2022,445: 123-146.

[4]马献章. 数据库云平台理论与实践[M]. 北京：清华大学出版社，2016.

[5]赵展浩，黄斐然，王晓黎，等. 基于SQL的图相似性查询方法[J]. 软件学报,2018,29(03):689-702[2017-12-06].http://kns.cnki.net/kcms/detail/11.2560.TP.20171206.1523.013.html.DOI:10.13328/j.cnki.jos.005449.

[6]杜小勇. 专题：大数据与社会治理[J]. 大数据,2016,2(02):1-2.

[7]HOFFER J, VENKATARAMAN R, TOPI H. Modern database management[M]. London: Pearson Education Limited, 2016.

[8]史嘉权. 数据库系统概论[M]. 北京：清华大学出版社有限公司，2006.

[9]EL IDRISSI B, BAÏNA S, MAMOUNY A, et al. RDF/OWL Storage and Management in Relational Database Management Systems: A Comparative Study[J]. Journal of King Saud University-Computer and Information Sciences, 2022, 34(9): 7604-7620.

[10]田洪亮，张勇，李超，邢春晓. 云环境下数据库机密性保护技术研究综述[J]. 计算机学报,2017,40(10):2245-2270.

[11]GASPAR D. Bridging Relational and NoSQL Databases[M].Pennsylvania, USA: IGI Global, 2017.

[12]范剑波. 数据库技术与设计[M]. 西安：西安电子科技大学出版社，2016.

[13]LUO S, GAO Z J, GUBANOV M, et al. Scalable linear algebra on a relational database system[J]. IEEE Transactions on Knowledge and Data Engineering, 2018, 31(7): 1224-1238.

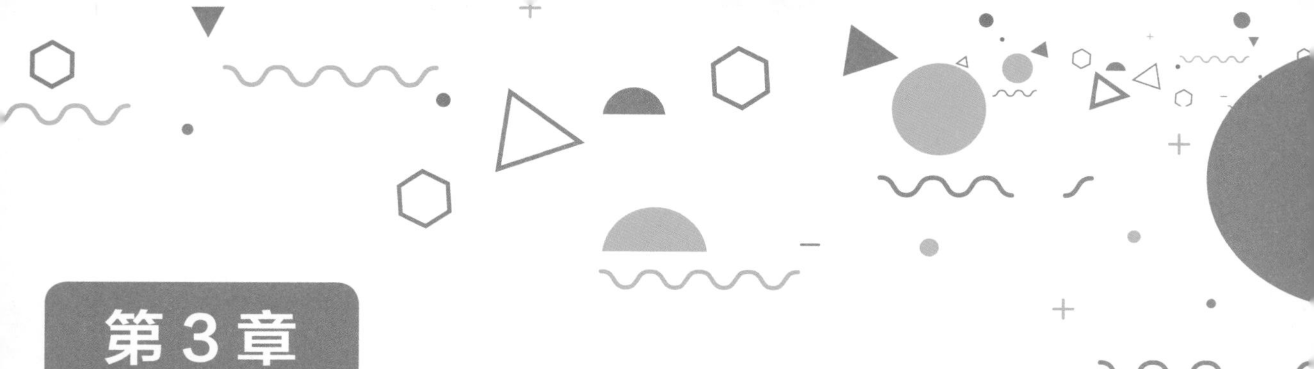

第3章 关系数据库理论

良好的关系模式设计对关系数据库的建立至关重要。本章讲述关系数据库的规范化理论，这是数据库逻辑设计的有力工具。学习本章后，读者应掌握规范化理论及其在数据库设计中的应用，掌握函数依赖的有关概念，以及第一范式、第二范式、第三范式和BCNF范式，重点掌握关系模式规范化的方法和关系模式分解的方法，这也是本章的难点。

学习目标

- 了解规范化理论的内容。
- 掌握规范化理论及其在数据库设计中的作用。
- 掌握函数依赖的有关概念。
- 掌握关系模式规范化和关系模式分解的方法。

3.1 规范化问题的提出

在进行关系模式设计时，为了使关系模式的设计方法趋于完备，数据库专家研究和制定了关系规范化理论。规范化是数据模型的优化，即关系数据模型的优化通常以规范化理论为指导，将关系模式规范化，达到较高的范式要求是设计良好关系模式的唯一途径。

一个好的关系模型不仅应该满足用户对信息的存储和查询的基本要求，还应该满足如下要求：

① 元组的每个分量是不可分的：在关系数据库中，特别强调关系中的属性不能是组合属性，必须是基本项，如果关系中允许组合项，这将大大增加关系操作的表达和执行的复杂度，使问题变得难以处理。

② 数据冗余应尽可能少：数据冗余是指数据重复，会使系统数据量大增，系统负担过重，并浪费大量的存储空间。数据冗余也可能造成数据的不完整，增加数据维护的代价；还可能造成数据查询和统计困难，并导致错误。

③ 不能因为更新数据造成数据不一致问题：数据模式设计有问题，就会出现数据冗余，一个信息多次存储在不同的地方。对于这些冗余的数据，更新的时候可能出现有的地方修改了，其他地方没有修改，导致数据不一致。数据的不一致会影响数据的完整性，使数据库中的数据可信度降低。

④ 数据库中不能出现插入异常：插入异常指的是将要插入数据库中的数据由于与数据完整性的某要求有冲突，导致插入数据库时出现问题，不能正常执行。

⑤ 数据库中不能出现删除异常：删除异常是指在删除数据的同时把其他数据也删除了。删除异常也是数据结构设计不合理造成的。

如果一个关系没有经过规范化，就可能出现数据冗余、插入删除异常等上述问题。对于存在问题的关系模式可以通过模式分解的方法使之规范化。

3.2 函数依赖

3.2.1 函数依赖的定义

函数依赖（Functional Dependency，FD）是属性之间的一种联系。

定义 3-1　设 $R(U)$ 是一个关系模式，U 是 R 的属性集合，X 和 Y 是 U 的子集。对于 $R(U)$ 的任何一个可能的关系 r，如果 r 中不存在两个元组，它们在 X 上的属性值相同，而在 Y 上的属性值不同，则称 X 函数确定 Y，或 Y 函数依赖于 X，记作 $X \rightarrow Y$。当 $X \rightarrow Y$ 成立时，X 为决定因素，Y 为依赖因素。如果 $X \rightarrow Y$ 且 $Y \rightarrow X$，则记为 $X \leftrightarrow Y$。

函数依赖可以分为三种：

① 平凡函数依赖和非平凡函数依赖。

② 完全函数依赖和部分函数依赖。

③ 传递函数依赖。

3.2.2 函数依赖的推理规则

在给定的函数依赖集 F 中，可以证明其他某些函数依赖也成立，我们称这些函数依赖被 F 逻辑蕴涵，具体定义如下：

对于关系模式 R，如果每个满足 F 的关系实例 $r(R)$ 也满足 f，则 R 上函数依赖 f 被 R 上的函数依赖集 F 逻辑蕴涵。在关系模式 R 中，为 F 所逻辑蕴涵的函数依赖的全体称为 F 的闭包，记为 F^+。

可以通过反复使用以下三条规则找出给定 F 的 F^+，这 3 条规则被称为 Armstrong 公理。

设有关系 $R(U,F)$，X、Y、Z 分别为 $R(U,F)$ 上的属性集，则对 $R(U,F)$ 有如下推理规则：

① 自反律（Reflexivity Rule）：若有 $Y \subseteq X$，则有 $X \rightarrow Y$。

② 增补律（Augmentation Rule）：若有 $X \rightarrow Y$，则有 $ZX \rightarrow ZY(ZY=Z \cup Y)$。

③ 传递律（Transitivity Rule）：若有 $X \rightarrow Y$ 及 $Y \rightarrow Z$，则有 $X \rightarrow Z$。

Armstrong 公理是正确的、有效的、完备的。然而，尽管 Armstrong 公理是完备的，但是直接使用这 3 条规则来计算 F^+ 是很麻烦的。为了进一步简化，下面给出 Armstrong 公理的 3 个推论。

① 合成规则：若 $X \rightarrow Y$，$Y \rightarrow Z$，则 $X \rightarrow YZ$。

② 分解规则：若 $X \rightarrow ZY$，则 $X \rightarrow Y$，$X \rightarrow Z$。

③ 伪传递规则：若 $X \rightarrow Y$，$YW \rightarrow Z$，则 $XW \rightarrow Z$。

3.2.3　平凡函数依赖和非平凡函数依赖

定义 3-2　在关系模式$R(U)$中，对于U的子集X和Y，如果$X \to Y$，但是Y不是X的子集，则称$X \to Y$是非平凡函数依赖（Non-trivial Functional Dependencies）；若Y是X的子集，则称$X \to Y$是平凡函数依赖（Trivial Functional Dependencies）。对于任一关系模式，平凡函数依赖都是必然成立的。

3.2.4　完全函数依赖与部分函数依赖

定义 3-3　在关系模式$R(U)$中，如果$X \to Y$，并且对于X的任何一个真子集X'，都有$X' \nrightarrow Y$，则称Y对X完全函数依赖（Full Functional Dependency），记作$X \xrightarrow{F} Y$。若$X \to Y$，但Y不完全函数依赖于X，则称Y对X部分函数依赖（Partial Functional Dependency），记作$X \xrightarrow{P} Y$。

3.2.5　传递函数依赖

定义 3-4　在关系模式$R(U)$中，如果X→Y，Y→Z，且$Y \nrightarrow X$，则称Z对X传递函数依赖（Transition Functional Dependency），记作$X \to Z$。在传递函数依赖中之所以加上条件$Y \nrightarrow X$，是因为若$Y \to X$，则$X \leftrightarrow Y$，这实际上是如果Z直接依赖于X，就不是传递函数依赖了。

函数依赖是规范化理论的依据和规范化程度的准则。

3.3　关系模式的码

码的概念是关系模式中一个非常重要的概念，这里使用函数依赖的概念对码的概念进行严格定义。

设K是关系模式$R(U,F)$中的属性或属性组，若$K \xrightarrow{F} U$，则K 为R的候选码（Candidate Key）。若候选码多于一个，则选择其中一个为主码。包含在任何一个候选码中的属性，称为主属性（Primary Attribute）。不包含在任何码中的属性，称为非主属性（Nonprime Attribute），或非码属性（Non-key Attribute）。

关系模式中存在两种极端的情况，最简单的情况是单个属性是码，称为单码（Single-Key），最极端的情况是整个属性组是码，称为全码（All-key）。

函数依赖的概念实际上是候选码概念的推广，事实上每个关系模式R都存在候选码，每个候选码K都是一个属性子集。一般地，给定R的一个属性子集X，在R上另取一个属性子集Y，不一定有$X \to Y$成立，但是由候选码定义，对于R的任何一个属性子集Y，在R上都有函数依赖$K \to Y$成立。在实体的属性间的3种关系中，并不是都存在函数依赖关系。如果是一对一联系（1:1），则存在函数依赖$X \to Y$；如果是一对多联系（1:n），则存在函数依赖$X \to Y$或$Y \to X$；如果是多对多联系（m:n），则不存在函数依赖。

3.4 关系模式的范式

当一个关系中所有分量都是不可分的数据项时，则称该关系为规范化。存在两种非规范化的情况：一种是关系中具有组合数据项的情况，另一种是关系中具有多值数据项的情况。

3.4.1 第一范式

如果关系模式*R*中不包含多值属性（每个属性必须是不可分的数据项），则R满足第一范式（First Normal Form，简称1NF），记作$R \in$ 1NF。1NF是规范化的最低要求，是关系模式要遵循的最基本的范式，不满足1NF的关系是非规范化的关系，但关系模式如果仅仅满足1NF是不够的，只有对关系模式继续规范化，使之满足更高的范式，才能得到高性能的关系模式。

例题 3-1 车辆信息包含车辆编号（Car_ID）、车辆状态（Car_State）、车辆电量（Electricity）、车辆总里程（Mileage）、车辆颜色及座位数（Car_Colour_Seat）、车辆型号（Car_Type）、车辆牌照（Car_No），其关系模式为Car_Info (Car_ID, Car_State, Electricity, Mileage, Car_Colour_Seat, Car_Type, Car_No)，是否符合第一范式？

回答：因为车辆颜色和座位数是组合属性，需要分割，规范化后的关系模式为Car_Info(Car_ID, Car_State, Electricity, Mileage, Car_Seat, Car_Colour, Car_Type, Car_No)，是符合第一范式的。

3.4.2 第二范式

如果关系模式$R(U, F) \in$ 1NF，且*R*中的每个非主属性完全函数依赖于*R*的某个候选码，则*R*满足第二范式（Second Normal Form，简称2NF），记作$R \in$ 2NF。不满足2NF的关系模式会产生以下问题：插入异常、删除异常、更新异常和数据冗余。解决的办法是用投影分解把关系模式分解为多个关系模式。投影分解是把非主属性及决定因素分解出来构成新的关系，决定因素在原关系中保持，函数依赖关系相应分开转化（将关系模式中部分依赖的属性去掉，将部分依赖的属性单组构成一个新的模式）。

例题 3-2 车辆在运营过程中会产生各种故障，需要存储的信息包括车辆编号（Car_ID）、车辆类型（Car_Type）、车辆牌照（Car_No）、故障编号（Trouble_Code）、故障描述（Trouble_Name）、故障发生时间（Trouble _Time）、故障发生地点（Trouble _Address），关系模式为Car_Trouble (Car_ID, Car_Type, Car_No, Trouble_Code, Trouble_Name, Trouble _Time, Trouble _Address)。

回答：在Car_Trouble关系中，主码为：车辆编号和故障编号。非主属性中，车辆类型和车辆牌照都是依赖于车辆编号的，即部分依赖于码，所以Car_Trouble关系不满足2NF的定义，Car_Trouble是第一范式。

解决方法是通过分解关系模式的方法，将Car_Trouble关系分解为两个关系模式：Car (Car_ID, Car_Type, Car_No)和Trouble (Car_ID, Trouble_Code, Trouble_Name, Trouble _Time, Trouble _Address)。这样，在两个关系模式中，非主属性对码都是完全函数依赖关系了。

3.4.3 第三范式

如果关系模式$R(U,F) \in$ 2NF，且每个非主属性都不传递函数依赖于任何候选码，则*R*

满足第三范式（Third Normal Form，简称3NF），记作$R \in$ 3NF。将一个1NF关系分解为多个2NF关系，并不能完全消除关系模式中的各种异常情况和数据冗余，也就是说需要进一步分解，且还是采用投影分解的方法。3NF是一个可用的关系模式应满足的最低范式。

例题 3-3　有网约车关系模式Car_Hailing，包括预约编号、用户编号、用户姓名、车辆编号、起始站点编号、终止站点编号，即Car_Hailing(Hailing _ID, User_ID, User_Name, Car_ID, StartStation_ID, EndStation_ID)。

回答：在Car_Hailing关系模式中，预约编号为主码。用户编号依赖于预约编号，用户姓名依赖于用户编号，这是传递函数依赖，因此，关系Car_Hailing不属于第三范式，属于第二范式。

解决方法也是通过关系模式分解，将Car_Hailing关系分解为两个关系模式：Users (User_ID, User_Name) 和Hailing (Hailing _ID, User_ID,Car_ID,StartStation_ID, EndStation_ID)。

范式之所以称为范式，就是因为它给数据库的设计提供了一种规范，使其能够最大可能地避免出现错误，也减少了数据的冗余，提高数据库存储效率和逻辑规范性。

3.4.4　BCNF 范式

数据库的三大范式是最基本的，BCNF（Boyce Codd Normal Form）被称为修正的第三范式，又或者说是扩充的第三范式。第三范式的要求是每一个非主属性都要直接依赖于主属性，看似完美，可是如果除了主属性外，还存在一个候选码，从定义上可以知道，这个主属性肯定能和候选码一一对应，这样又会造成冗余。3NF存在数据重复的问题，表现在可能存在主属性对码的部分函数依赖和传递依赖。BCNF就是为了解决这个问题。如果在关系模式$R(U, F)$中，每一个决定因素都包含码，那么$R(U, F) \in$ BCNF。

在例3-3分解的两个关系模式Users和Hailing中，没有任何属性对码存在部分函数依赖或者传递函数依赖，所以Users和Hailing两个关系模式既满足3NF也满足BCNF。

例题 3-4　有城市邮编关系模式，包含城市、街道、邮编号码三项内容，即Zip(City, Street, ZipCode)，函数依赖情况如下：每一个邮政编码对应一个城市，每个城市有多个邮政编码，街道名称配所属邮政编码，对应所属城市（不同城市街道名称可能重名）。由语义可得到如下的函数依赖。F={(City, Street)→ZipCode,(Street,ZipCode)→City,ZipCode→City}，函数依赖关系可用图3-1表示，这里(Street,City)、(Street,ZipCode)是候选码。

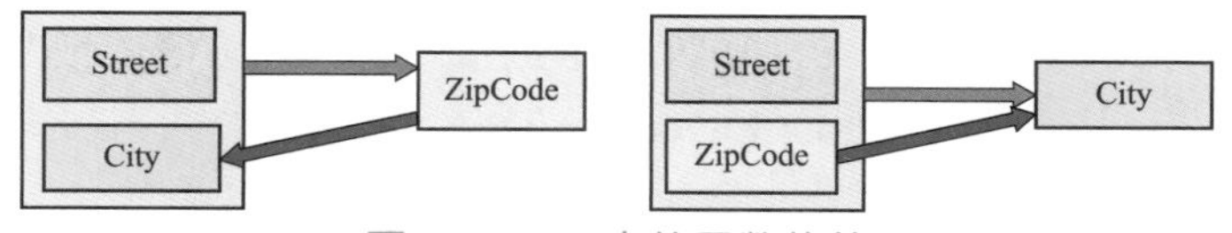

图 3-1　Zip 中的函数依赖

回答：关系模式Zip是3NF，因为没有任何非主属性对码的传递函数依赖或部分函数依赖，但Zip不是BCNF关系，因为ZipCode是决定因素但ZipCode不包含码。

对于不是BCNF的关系模式，仍存在不良特性，如插入异常，如果没有城市和街道信息输入，则该街道对应邮政编码无法插入；删除也会有异常，如果删除城市中街道信息，会删除邮政编码信息。所以非BCNF可通过分解成为BCNF，如Zip可分解为Zip1 (ZipCode,City)，Zip2(Street,ZipCode)，它们都符合BCNF。3NF和BCNF是函数依赖条件下对模式分解所能达到的分离程度，如符合BCNF，则在函数依赖分解中既实现彻底分离，也消除了3NF可能存在的主属性对码的部分函数依赖和传递函数依赖。

3.4.5　多值依赖与第四范式

1. 多值依赖

多值依赖属第四范式的定义范围，比函数依赖要复杂得多。在关系模式中，函数依赖不能表示属性值之间的一对多联系，这些属性之间有些虽然没有直接关系，但存在间接关系，把没有直接联系但有间接的联系称为多值依赖的数据依赖。

在函数依赖中，判断X与Y是否存在函数依赖关系，只需考察X、Y的两组属性，与别的属性无关。而在多值依赖中，X与Y是否存在多值依赖还需看属性Z，定义如下：

设$R(U)$是属性集U上的一个关系模式。X、Y、Z是U的子集，并且$Z=U-X-Y$。关系模式$R(U)$中多值依赖$X\rightarrow\rightarrow Y$成立，当且仅当对$R(U)$的任一关系$r$，给定的一对$(x,z)$值有一组$Y$的值，这组值仅仅决定于$x$值而与$z$值无关。

例如，在关系模式Express中，对于一个(ZipCode, Street)，如(100083, 王庄社区)有一组对应快递员信息P#(张华，李伟)，(100083, 博儒社区)也有一组快递员信息P#(张华，李伟)，这组值仅取决于邮政编码，尽管社区名已发生变化。因此，P#多值依赖与ZipCode，记作ZipCode→→#P。

多值函数依赖有如下性质：

① 多值依赖具有对称性。即若$X\rightarrow\rightarrow Y$，则$X\rightarrow\rightarrow Z$，其中$Z=U\text{-}X\text{-}Y$。

② 多值依赖具有传递性。即若$X\rightarrow\rightarrow Y$，$Y\rightarrow\rightarrow Z$，则$X\rightarrow\rightarrow Z\text{-}Y$。

③ 函数依赖可以看作是多值依赖的特殊情况，即若$X\rightarrow Y$，则$X\rightarrow\rightarrow Y$。这是因为当$X\rightarrow Y$时，对$X$的每一个值$x$，$Y$有一个确定的值$y$与之对应，所以$X\rightarrow\rightarrow Y$。

④ 若$X\rightarrow\rightarrow Y$，$X\rightarrow\rightarrow Z$，则$X\rightarrow\rightarrow YZ$。

⑤ 若$X\rightarrow\rightarrow Y$，$X\rightarrow\rightarrow Z$，则$X\rightarrow\rightarrow Y\cap Z$。

⑥ 若$X\rightarrow\rightarrow Y$，$X\rightarrow\rightarrow Z$，则$X\rightarrow\rightarrow Y\text{-}Z$，$X\rightarrow\rightarrow Z\text{-}Y$。

若$X\rightarrow\rightarrow Y$，而$Z=\varnothing$，即$Z$为空，则称$X\rightarrow\rightarrow Y$为**平凡的多值依赖**，否则称$X\rightarrow\rightarrow Y$为非平凡的多值依赖。即对于$R(X,Y)$，如果有$X\rightarrow\rightarrow Y$成立，则$X\rightarrow\rightarrow Y$为平凡的多值依赖。

2. 第四范式

若有关系模式$R\langle U, R\rangle\in$ 1NF，如果对于R的每个非平凡多值依赖$X\rightarrow\rightarrow Y$（$Y\subseteq X$），$X$都含有码，则$R$满足第四范式（Fourth Normal Form，简称4NF），记作R ∈ 4NF。4NF就是限制关系模式的属性之间不允许有非平凡且非函数依赖的多值依赖。

第四范式与BCNF范式的不同在于前者研究非平凡多值依赖，这说明第四范式比BCNF范式有更高的规范要求。若关系属于4NF，则它必属于BCNF；而属于BCNF的关系不一定属于4NF。

3.5　关系模式的规范化

3.5.1　关系模式规范化的目的和原则

一个关系只要其分量都是不可分的数据项，就可称它为规范化关系，但这只是最基本

规范化。规范化的目的就是使结构合理，消除存储异常，使数据冗余尽量小，便于插入、删除和更新。

规范化的基本原则就是遵循“一事一地”的原则，即一个关系只描述一个实体或者实体间的联系。若多于一个实体，就把它“分离”出来。因此，所谓规范化，实质上是概念的单一化，即一个关系表示一个实体。

3.5.2　关系模式规范化的步骤

规范化就是对原关系进行投影，消除决定属性不是候选码的任何函数依赖。具体可以分为以下几步。

① 对1NF关系进行投影，消除原关系中非主属性对主码的部分函数依赖，将1NF关系转换成若干个2NF关系。

② 对2NF关系进行投影，消除原关系中非主属性对主码的传递函数依赖，将2NF关系转换成若干个3NF关系。

③ 对3NF关系进行投影，消除原关系中主属性对主码的部分函数依赖和传递函数依赖，也就是说，使决定因素都包含一个候选码，得到一组BCNF关系。

④ 对BCNF关系进行投影，消除原关系中的非平凡且非函数依赖的多值依赖，得到一组4NF的关系。

一般情况下，我们说没有异常弊病的数据库设计是好的数据库设计，一个不好的关系模式也总是可以通过分解转换成好的关系模式集合。但是在分解时要全面衡量，综合考虑，视实际情况而定。对于那些只要求查询而不要求插入、删除等操作的系统，几种异常现象的存在并不影响数据库的操作。这时便不宜过度分解，否则当对系统进行整体查询时，需要更多的多表连接操作，这有可能得不偿失。在实际应用中，最有价值的是3NF和BCNF，在进行关系模式的设计时，通常分解到3NF就足够了。

3.5.3　关系模式规范化的要求

关系模式的规范化过程是通过对关系模式的投影分解来实现的，但是投影分解方法不是唯一的，不同的投影分解会得到不同的结果。在这些分解方法中，只有能够保证分解后的关系模式与原关系模式等价的方法才是有意义的。

小　结

本章对关系模式规范化的相关理论和方法进行了阐述，包括函数依赖、关系模式的范式、关系模式的分解。这些理论有助于我们设计一个好的关系模式，对关系数据库的设计开发至关重要。

本章具体对以下内容进行了阐述：

① 介绍了函数依赖，包括平凡函数依赖和非平凡函数依赖、完全函数依赖和部分函数依赖、传递函数依赖。

② 介绍了关系模式的范式，包括1NF、2NF、3NF、BCNF和4NF。

③ 介绍了关系模式的规范化及分解，详细讲解了分解的过程。

习 题

1. 解释下列术语的含义：函数依赖、平凡函数依赖、非平凡函数依赖、部分函数依赖、完全函数依赖、传递函数依赖、范式、无损连接分解、保持函数依赖分解。

2. 给出2NF、3NF、BCNF的形式化定义，并说明它们之间的区别和联系。

3. 什么叫关系模式分解？为什么要有关系模式分解？模式分解要遵守什么准则？

4. 建立一个关于学生、班级、系、社团等信息的关系数据库。学生的属性有：学号、姓名、生日、系名、班号、宿舍区；班级的属性有：班号、专业名、系名、人数、入校年份；系的属性有：系号、系名、系办公室地点、人数；社团的属性有：社团名、成立年份、地点、人数。有关语义为：一个系有若干专业，每个专业每年只招一个班，每个班有若干学生。一个系的学生住在同一宿舍区。每个学生可参加若干社团，每个社团有若干学生。学生参加某个社团有一个入会年份。请给出关系模式，写出每个关系模式的极小函数依赖集，指出是否存在传递函数依赖，对于函数依赖左部是多属性的情况讨论函数依赖是完全函数依赖，还是部分函数依赖。指出各关系的候选码、外部码，有没有全码存在？

5. 试举出一个多值依赖的实例。

本章参考文献

[1]CODD E F. A relational model of data for large shared data banks[J]. Communications of the ACM, 1970, 13(6): 377-387.

[2]DATE C J. A critique of the SQL database language[J]. ACM SIGMOD Record, 1984, 14(3): 8-54.

[3]SILBERSCHATZ A, KORTH H F, SUDARSHAN S. Database system concepts[M]. New York: McGraw-Hill, 1997.

[4]王珊，萨师煊. 数据库系统概论[M]. 5版. 北京：高等教育出版社，2014.

[5]SOMASEKHAR G, KARTHIKEYAN K. A Big Data Solution to Detect Conditional Functional Dependency Violations[J]. International Journal of Engineering & Technology, 2018, 7(4.10): 985-991.

[6]LI M, WANG H, LI J. Mining conditional functional dependency rules on big data[J]. Big Data Mining and Analytics, 2019, 3(1): 68-84.

[7]WIEDERHOLD G. Database design[M]. New York: McGraw-Hill, 1983.

[8]李卫榜，李战怀，姜涛. 分布式大数据多函数依赖冲突检测[J]. 计算机学报，2017, 40(1): 144-160.

[9]KROENKE D M, AUER D J. Database processing[M].New Jersey, Eastern United States: Prentice Hall, 2013.

[10]王利，于长云，李大友. 数据库原理及应用[M]. 北京：清华大学出版社，1997.

[11]ANTONELLO F, BARALDI P, SHOKRY A, et al. A novel association rule mining method for the identification of rare functional dependencies in complex technical infrastructures FROM alarm data[J]. Expert Systems with Applications, 2021, 170: 114560.

[12]WEI Z, HARTMANN S, LINK S. Algorithms for the discovery of embedded functional dependencies[J]. The VLDB Journal, 2021, 30(6): 1069-1093.

第2篇

数据库系统使用篇

本篇以Microsoft SQL Server为例，介绍数据库的结构特点及安装配置过程、数据库使用与管理、数据类型、数据表使用与管理、索引的创新、数据完整性约束、Transact-SQL简单查询与高级查询、视图的创建与应用意义。

第4章 Microsoft SQL Server概述

Microsoft SQL Server是Microsoft公司推出的被广泛使用的关系型数据库管理系统，具有应用方便、可伸缩性好和与开发软件集成度较高等特点，并使用集成的商业智能（Business Intelligence，BI）工具提供企业级的数据管理，其数据库引擎为关系型数据提供了更安全可靠的存储功能，使开发者可以构建和管理可用性高和性能高的数据应用程序。

2019年11月7日，在Microsoft Ignite 2019大会上，微软正式发布了新一代数据库产品SQL Server 2019，更新了安全性管理功能，可通过可用的访问数据中心提供强大的数据管理支持，在性能方面处于业界领先地位，并且SQL Server此前一直是TPC-E和TPC-H基准测试领域的领先者。基于Docker容器实现在Linux容器中运行Microsoft SQL Server数据库。SQL Server 2019大数据集群可部署扩展的SQL Server容器群集来读取、写入和处理Transact-SQL中的大数据，允许用户通过查询轻松地将价值较高的关系数据与大容量数据结合起来。SQL Server 2019数据库引擎支持更广泛的平台和编程语言选择，也包括对第三方语言运行时的支持。利用SQL Server 2019大数据群集，可以从所有数据中获得近乎实时的见解，该群集提供了一个完整的环境来处理包括机器学习和人工智能（Artificial Intelligence，AI）功能在内的大量数据；还可以使用开源的R或Python以及Microsoft Scalable来训练模型算法，任何连接到SQL Server的应用程序都可以利用预测或只需调用存储过程从这些模型中获取。它提供了比以往任何时候都更好的性能，并为用户提供了新的功能帮助管理数据安全性和法规遵从性。

本章主要以Microsoft SQL Server 2019版为例，介绍其发展过程、特征、新增功能、安装和常用工具以及如何配置Microsoft SQL Server等内容，为后面的系统学习做好基础工作的准备。

学习目标

- 了解SQL Server的发展过程。
- 掌握SQL Server的安装与使用。
- 掌握SQL Server的组成。

4.1 SQL Server的发展过程

SQL Server最初是由Microsoft（简称微软）、Sybase和Aston-Tate三家公司共同研发的，1995年Microsoft公司开始自主研发，到2000年Microsoft公司发布了SQL Server 2000版本，包括企业版、标准版、开发版和个人版4个版本，凭借其优秀的数据处理能力和简单的操作，与Oracle和DB2并列为世界三大数据库。SQL Server 2012开始提供了云计算功能，可帮企业快速在内部和公共云端重新部署新的方案和扩展数据。SQL Server 2016对数据库引擎、分析服务等多方面的功能进行了增强和改进，同时也增加了很多全新的功能。SQL Server 2019增强了核心SQL引擎，提供了一个纵向扩展和横向扩展系统，内置对大数据（Apache Spark、Data Lake）的支持等功能，并具有内置的机器学习功能。SQL server的发展如表4-1所示。

表4-1 SQL server的发展

年份	版本	说明
1988	SQL Server	Microsoft、Sybase和Ashton-Tate合作开发了应用在OS/2操作系统的SQL Server 1.0
1989	SQL Server 1.0	SQL Server 1.0成功问世，Aston-Tate公司退出了产品开发
1992	SQL Server 4.2	微软与Sybase共同开发的能够满足部门存储和处理数据需求的SQL Server 4.2
1993	SQL Server for Windows NT 3.1	微软推出Windows NT 3.1，同时成为在关系型数据库管理系统中颇具竞争力的开发公司
1995	SQL Server 6.0	微软与Sybase分道扬镳后，微软推出SQL Server 6.0，随后推出6.5版本
1998	SQL Server 7.0	再一次改写了核心数据库引擎，该数据库是介于基本的桌面数据库与高端企业级数据库，为中小型企业提供了切实可行的可选方案
2000	SQL Server 2000	该版本继承SQL Server 7.0版本的优点，同时增加许多先进功能，具有使用方便、可伸缩型强、集成度高的优点
2008	SQL Server 2008	由微软公司研制和发布的分布式关系型数据库管理系统，可以支持企业、部门以及个人等各种用户完成信息系统、电子商务、决策支持、商业智能等工作
2012	SQL Server 2012	微软公司成功发布SQL Server 2012
2014	SQL Server 2014	与提供的In-Memory技术能够整合云端各种资料结构
2016	SQL Server 2016	对数据库引擎、分析服务等多个方面的功能进行了增强和改进，同时也增加了很多全新的功能
2019	SQL Server 2019	使用统一的数据平台实现业务转型，SQL Server 2019附带Apache Spark和Hadoop Distributed File System（HDFS），可实现所有数据的智能化

4.2 SQL Server产品介绍

4.2.1 SQL Server的特征与新增功能

以SQL Server 2019为例，数据库不仅具有良好的安全性、稳定性、可靠性、可编程性以及对日常任务的自动化管理等方面的特点，还能够有效地执行大规模联机事务处理、支持云服务、开发数据仓库、商业智能等许多具有挑战性的工作，为不同规模的企业提供完

整的数据解决方案。

SQL Server 2019有很多新增功能，具体如下：

（1）全程加密技术（Always Encrypted）

全程加密技术支持在SQL Server中保持数据加密，只有调用SQL Server的应用才能访问加密数据。该功能支持客户端应用所有者控制保密数据，指定哪些人有权限访问。在SQL Server 2016版本中，可以通过验证加密密钥实现对客户端应用的控制。该加密密钥永远不会传递给SQL Server。使用该功能，可避免数据库或操作系统管理员接触客户应用程序敏感数据（包括静态数据和动态数据）。该功能支持在云端管理数据库中存储敏感数据，并且永远保持加密。SQL Server 2019以行级安全性和动态数据屏蔽等安全功能为基础，通过始终使用安全Enclave进行加密，提供满足现代应用程序安全需求的功能。这提供了对未加密数据的控制，同时支持丰富的查询计算和索引。SQL Server 2019 还提供了一个新的 T-SQL 接口来对数据进行分类，以满足《通用数据保护条例》（General Data Protection Regulation，GDPR）等合规性标准。由于分类现已内置到引擎中，因此可以使用SQL Server审核来跟踪访问分类数据的用户。

（2）动态数据屏蔽（Dynamic Data Masking）

如果对保护数据感兴趣，希望一部分人可以看到加密数据，另一些人只能看到加密数据混淆后的乱码，可以使用动态数据屏蔽功能，将SQL Server数据库表中待加密数据列混淆，那些未授权用户看不到这部分数据。利用动态数据屏蔽功能，亦可定义数据的混淆方式。例如，如果在表中接收存储信用卡号，但是希望只看到卡号后四位。使用动态数据屏蔽功能定义屏蔽规则就可以限制未授权用户只能看到信用卡号后四位，而有权限的用户可以看到完整信用卡信息。

（3）统一数据平台

当今的企业使用多个数据平台来满足其业务需求，包括操作数据库、数据集市和大数据平台。这些平台具有不同的安全模型和工具生态系统，通常需要不同的技能和领域专业知识。SQL Server作为统一的数据平台提供了所有这些功能，支持大数据集群部署，并附带大数据、数据虚拟化、数据集市和企业数据湖等附加功能。

（4）PolyBase

PolyBase支持查询分布式数据集。有了PolyBase，就可以使用Transact SQL语句查询Hadoop或者SQL Azure blob存储，如使用PolyBase写临时查询，实现SQL Server关系型数据与Hadoop或者SQL Azure blog存储中的半结构化数据之间的关联查询。此外，还可以利用SQL Server的动态列存储索引针对半结构化数据来优化查询。如果组织跨多个分布式位置传递数据，PolyBase成为利用SQL Server技术访问这些位置的半结构化数据的便捷解决方案。

（5）数据智能化

通过提供由大数据集群提供支持的完整分析平台来扩展 Polybase 的功能。此外，大数据集群部署包括一个数据池，可用于构建缓存结果的数据集市，这些结果来自集群内或集群外的外部表的查询，或是直接从物联网数据等来源获取的数据。

（6）查询存储（Query Store）

如果经常使用执行计划，新版的Query Store功能非常有用。在2016之前的版本中，可

以使用动态管理视图（Dynamic Management Views，DMV）来查看现有执行计划。但是，DMV 只支持查看计划缓存中当前活跃的计划。有了 Query Store 功能，SQL 可以保存历史执行计划。不仅如此，该功能还可以保存那些历史计划的查询统计。这是一个很好的补充功能，可以利用该功能随着时间推移跟踪执行计划的性能。SQL Server 引擎中的查询处理器可以通过行存储上的批处理模式、标量 UDF 内联或表变量延迟编译等功能提高性能。

（7）行级安全（Row Level Security）

SQL 数据库引擎具备了行级安全特性以后，就可以根据 SQL Server 登录权限限制对行数据的访问。常规的权限控制是通过授予和拒绝命令控制用户对数据库对象，访问粒度为数据表或视图。这意味着，用户要么有权限访问该对象，要么没有权限访问该对象，无法实现使特定的数据行只允许特定的用户访问，但是行级安全可以实现该需求。

（8）SQL SERVER 支持 R 语言

微软公司收购 Revolution Analytics 公司后，在 SQL Server 上针对大数据使用 R 语言做高级分析功能。SQL Server 支持 R 语言处理以后，数据科学家们就可以直接利用现有的 R 代码并在 SQL Server 数据库引擎上运行。

（9）拉伸数据库（Stretch Database）

自 SQL Server 2016 发布了 Stretch Database 功能，提供了把内部部署数据库扩展到 Azure SQL 数据库的途径。有了 Stretch Database 功能，访问频率最高的数据会存储在内部数据库，而访问较少的数据会离线存储在 Azure SQL 数据库中。当设置数据库为“stretch”时，那些比较过时的数据就会在后台迁移到 Azure SQL 数据库。如果需要在运行查询的同时访问活跃数据和 stretch 数据库中的历史信息，数据库引擎会将内部数据库和 Azure SQL 数据库无缝对接，查询会返回想要的结果，就像在同一个数据源中。该功能让数据库管理员的工作更容易进行，可归档历史信息转到更廉价的存储介质，无须修改当前实际应用代码。这样就可以把常用的内部数据库查询保持最佳性能状态。

（10）历史表（Temporal Table）

历史表能在基本表中保存数据的旧版本信息。有了历史表功能，SQL Server 会在每次基本表有行更新时自动管理迁移旧的数据版本到历史表中。历史表在物理上是与基本表独立的另一个表，但是与基本表是有关联关系的。如果已经构建或者计划构建管理行数据版本，那么应该先看看 SQL Server 中新提供的历史表功能，再决定是否需要自行构建解决方案。

（11）兼容性

数据复制、分布式事务、Polybase 和机器学习服务等新功能继续支持在 Linux 使用。通过提供基于 Red Hat Enterprise Linux 映像并默认以非 root 身份运行的容器来满足这一需求。这使得 Kubernetes 平台 RedHat OpenShift 正式支持 SQL Server 容器。SQL Server 2019 还允许开发人员使用可扩展性框架（如带有 SQL Server 语言扩展的 Java 类扩展 T-SQL 语言），该架构与支持 SQL Server 机器学习服务的架构相同。

4.2.2　SQL Server 不同版本介绍

截至 2019 年，SQL Server 的所有版本有：SQL Server OS/2 版本、SQL Server 6.5 版本、SQL Server 7.0 版本、SQL Server 2000、SQL Server 2008、SQL SERVER 2012、SQL Server

2014、SQL Server 2016、SQL Server 2017、SQL Server 2019（SQL Server on Azure、SQL Server Developer和 Express）。SQL Server包括正式版（企业版，标准版，个人版，开发版），桌面引擎（MSDE），评估版和CE版。表4-2是SQL Server 2019各版本说明。

表4-2　SQL Server 2019各版本说明

SQL Server 版本	定　义
Enterprise	作为高级产品 / 服务，SQL Server Enterprise Edition 提供了全面的高端数据中心功能，具有极高的性能和无限虚拟化，还具有端到端商业智能，可以为任务关键工作负载和最终用户访问数据见解提供高服务级别
Standard	SQL Server Standard Edition 提供了基本数据管理和商业智能数据库，供部门和小型组织运行其应用程序，并支持将常用开发工具用于本地和云，有助于以最少的 IT 资源进行有效的数据库管理
Web	对于 Web 主机托管服务提供商和 Web VAP 而言，SQL Server Web 版本是一项总拥有成本较低的选择，它可针对从小规模到大规模 Web 资产等内容提供可伸缩性、经济性和可管理性能力
Developer 开发人员	SQL Server Developer 版支持开发人员基于 SQL Server 构建任意类型的应用程序。它包括 Enterprise 版的所有功能，但有许可限制，只能用作开发和测试系统，而不能用作生产服务器。SQL Server Developer 是构建和测试应用程序的人员的理想之选
Express 版本	Express 版本是入门级的免费数据库，是学习和构建桌面及小型服务器数据驱动应用程序的理想选择。它是独立软件供应商、开发人员和热衷于构建客户端应用程序的人员的最佳选择。如果需要使用更高级的数据库功能，则可以将 SQL Server Express 无缝升级到其他更高端的 SQL Server 版本。SQL Server Express LocalDB 是 Express 的一种轻型版本，该版本具备所有可编程性功能，在用户模式下运行，并且具有快速的零配置安装和必备组件要求较少的特点

4.3　安装SQL Server

4.3.1　安装SQL Server的硬件配置需求

在 Windows 操作系统上安装和运行 SQL Server 2019需要满足的基本硬件要求如表4-3所示。

表 4-3　SQL Server 2019 运行的基本硬件要求

硬盘	SQL Server 要求最少 6 GB 的可用硬盘空间。磁盘空间要求将随所安装的 SQL Server 组件不同而发生变化。建议在使用 NTFS 或 ReFS 文件格式的计算机上安装 SQL Server。支持 FAT32 文件系统，但不建议这样做，因为它的安全性比 NTFS 或 ReFS 文件系统的安全性更低。在安装过程中，将阻止只读、映射或压缩驱动器
驱动器	从光盘进行安装时需要相应的 DVD 驱动器
监视	SQL Server 要求有 Super-VGA（800 × 600 像素）或更高分辨率的显示器
Internet	使用 Internet 功能需要连接 Internet（可能需要付费）
内存 *	最低要求：Express Edition 要求 512 MB，所有其他版本要求 1 GB。 推荐：Express Edition 使用 1 GB，所有其他版本至少 4 GB，并且应随着数据库大小的增加而增加来确保最佳性能
处理器速度	最低要求：x64 处理器要求 1.4 GHz，推荐使用 2.0 GHz 或更快
处理器类型	x64 处理器：AMD Opteron、AMD Athlon 64、支持 Intel EM64T 的 Intel Xeon，以及支持 EM64T 的 Intel Pentium IV

注意：

内存至少必须有2GB RAM，才能在数据库引擎服务（Data Quality Services，DQS）中安装数据质量服务器组件。此要求不同于SQL Server的最低内存要求。

4.3.2 对Windows操作系统版本的要求

SQL Server 2019对操作系统要求不高，可以兼容多种操作系统，各版本的Windows兼容的SQL Server 2019版本如表4-4所示。

表4-4 各版本的Windows兼容的SQL Server 2019版本

Windows 版本	SQL Server 版本				
	Enterprise	开发人员	Standard	Web	Express
Windows Server 2019 Datacenter	是	是	是	是	是
Windows Server 2019 Standard	是	是	是	是	是
Windows Server 2019 Essentials	是	是	是	是	是
Windows Server 2016 Datacenter	是	是	是	是	是
Windows Server 2016 Standard	是	是	是	是	是
Windows Server 2016 Essentials	是	是	是	是	是
Windows 10 IOT 企业版	否	是	是	否	是
Windows 10 Enterprise	否	是	是	否	是
Windows 10 专业版	否	是	是	否	是
Windows 10 家庭版	否	是	是	否	是

4.3.3 安装SQL Server的软件要求

运行SQL Server的最低软件要求如表4-5所示。

表4-5 运行SQL Server的最低软件要求

组 件	要 求
操作系统	Windows 10 TH1 1507或更高版本，Windows Server 2016或更高版本
.NET Framework	最低版本操作系统包括最低版本.NET框架
网络软件	SQL Server支持的操作系统具有内置网络软件。独立安装项的命名实例和默认实例支持以下网络协议：共享内存、命名管道和TCP/IP

4.3.4 SQL Server 2019的安装

SQL Server 2019 Developer Edition的安装步骤如下（其他版本可参考此步骤）：

① 以管理员身份进入安装中心：可以参考硬件和软件要求和说明文档，如图4-1所示。

② 选择安装类型，进入安装程序，如图4-2所示。

图 4-1　进入安装中心

图 4-2　进入安装程序

③ 选择安装语言，并接受协议，单击“接受”按钮，如图4-3所示。

④ 选择安装地址，并单击“安装”按钮，如图4-4所示。

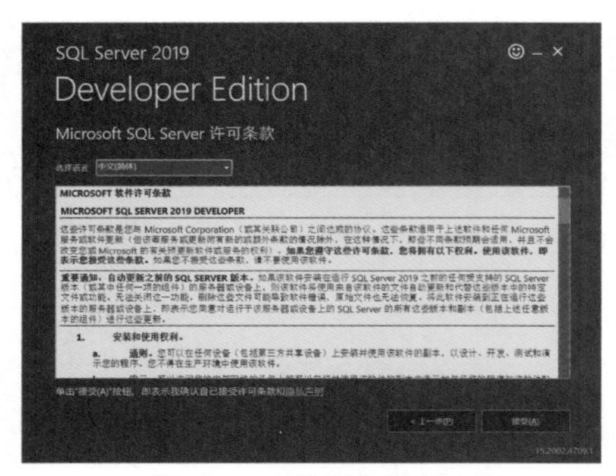

图 4-3　安装语言选择

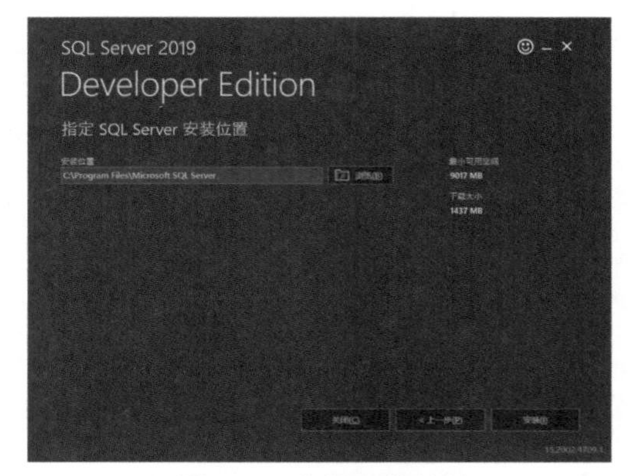

图 4-4　选择安装地址

⑤ 等待安装进度，这一步会消耗比较长的时间，在虚拟机里面耗时15 min左右，如图4-5所示。

⑥ 服务正常安装完毕，如图4-6所示。

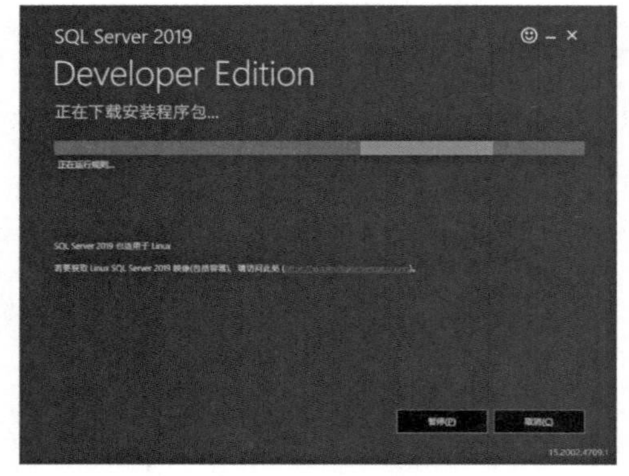

图4-5　等待安装

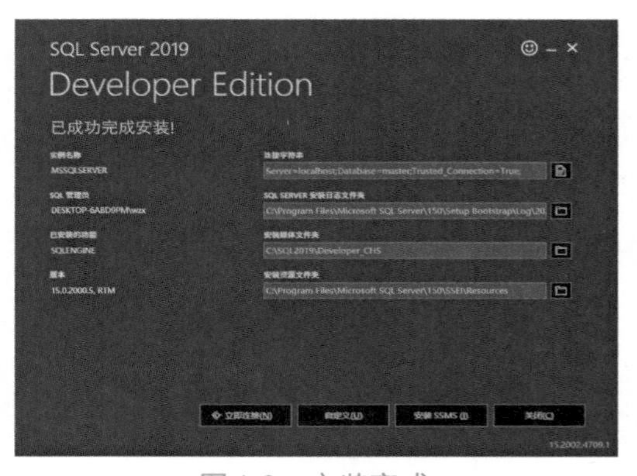

图4-6　安装完成

⑦ 检验是否正常安装，打开“服务”窗口，查看是否存在SQL Server服务，如图4-7所示。

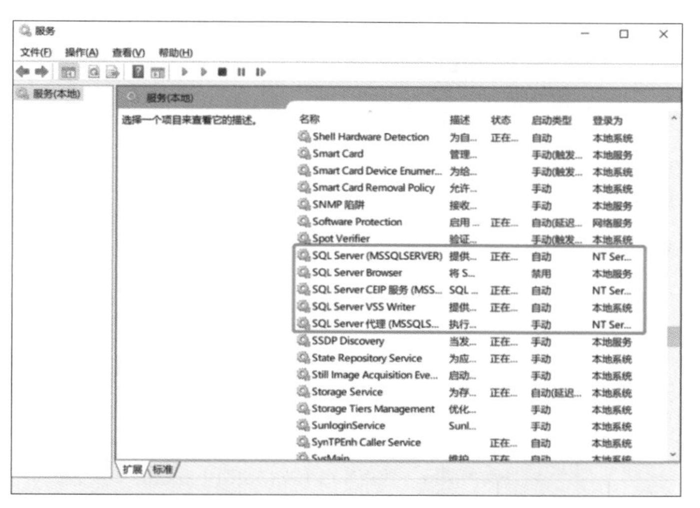

图4-7　查看是否存在SQL Server服务

⑧ 在图4-6中单击“安装SSMS”按钮，安装SQL Server Management Studio（SSMS），进入图4-8所示界面，单击“安装”按钮，等待安装完成。

还想实现其他功能，如分析服务、集成服务和报告服务等，可以通过安装组件SSDT（SQL Server Data Tools）等工具实现。

⑨ 检验版本是否正确。打开SQL Server管理器，连接进入数据库，然后单击“新建查询”按钮，在编辑区输入“select @@version”，然后在空白处右击弹出快捷菜单，选择“执行”，如图4-9所示。

图4-8　查看版本是否正确

图4-9　安装SSMS

在安装过程中，使用SQL Server安装向导的“功能选择”页面选择安装SQL Server时要安装的组件，即默认情况下未选中的任何功能。可根据表4-6~表4-8中给出的信息确定最能满足需要的功能集合。

表4-6 SQL Server服务器组件及说明

服务器组件	说 明
SQL Server 数据库引擎	SQL Server 数据库引擎包括数据库引擎（用于存储、处理和保护数据的核心服务）、复制、全文搜索、管理关系数据和 XML 数据的工具（以数据分析集成和用于访问 Hadoop 与其他异类数据源的 Polybase 集成的方式）以及使用关系数据运行 Python 和 R 脚本的机器学习服务
Analysis Services	Analysis Services 包括一些工具，可用于创建和管理联机分析处理（Online Analytical Processing，OLAP）以及数据挖掘应用程序
Reporting Services	Reporting Services 包括用于创建、管理和部署表格报表、矩阵报表、图形报表以及自由格式报表的服务器和客户端组件。Reporting Services 还是一个可用于开发报表应用程序的可扩展平台
Integration Services	Integration Services 是一组图形工具和可编程对象，用于移动、复制和转换数据。它还包括“数据库引擎服务”的 Integration Services（DQS）组件
Master Data Services	Master Data Services（MDS）是针对主数据管理的 SQL Server 解决方案。可以配置 MDS 来管理任何领域（产品、客户、账户）；MDS 中可包括层次结构、各种级别的安全性、事务、数据版本控制和业务规则，以及可用于管理数据的用于 Excel 的外接程序
机器学习服务（数据库内）	机器学习服务（数据库内）支持使用企业数据源的分布式、可缩放的机器学习解决方案。在 SQL Server 2016 中，支持 R 语言，SQL Server 2019（15.x）支持 R 和 Python 语言
机器学习服务器（独立）	机器学习服务器（独立）支持在多个平台上部署分布式、可缩放机器学习解决方案，并可使用多个企业数据源，包括 Linux 和 Hadoop

表4-7 SQL Server管理工具及说明

管理工具	说 明
SQL Server Management Studio	SQL Server Management Studio （SSMS）是用于访问、配置、管理和开发 SQL Server 组件的集成环境。借助 SSMS，所有技能级别的开发人员和管理员都能使用 SQL Server。最新版 SSMS 更新 SMO，其中包括 SQL 评估 API。Management Studio 从下载 SQL Server Management Studio
SQL Server 配置管理器	SQL Server 配置管理器为 SQL Server 服务、服务器协议、客户端协议和客户端别名提供基本配置管理
SQL Server Profiler	SQL Server Profiler 提供了一个图形用户界面，用于监视数据库引擎实例或 Analysis Services 实例
数据库引擎优化顾问	数据库引擎优化顾问可以协助创建索引、索引视图和分区的最佳组合
数据质量客户端	提供了一个非常简单和直观的图形用户界面，用于连接到 DQS 数据库并执行数据清理操作。它还允许您集中监视在数据清理操作过程中执行的各项活动
SQL Server Data Tools	SQL Server Data Tools 提供 IDE 以便为以下商业智能组件生成解决方案：Analysis Services、Reporting Services 和 Integration Services（以前称作 Business Intelligence Development Studio）。 SQL Server Data Tools 还包含“数据库项目”，为数据库开发人员提供集成环境，以便在 Visual Studio 内为任何 SQL Server 平台（包括本地和外部）执行其所有数据库设计工作。数据库开发人员可以使用 Visual Studio 中功能增强的服务器资源管理器，轻松创建或编辑数据库对象和数据或执行查询
连接组件	安装用于客户端和服务器之间通信的组件，以及用于 DB-Library、ODBC 和 OLE DB 的网络库

表4-8 SQL Server文档及说明

文　档	说　明
SQL Server 联机丛书	SQL Server 的核心文档

小　结

本章以Microsoft SQL Server为例，介绍了其发展过程、安装方法和其组成部分，为后面章节做实验提供实践基础。

下面对本章内容进行小结：

① 介绍了微软SQL Server数据库系统的发展过程，尤其在智能时代，商务智能的应用和新功能。

② 讲解了微软SQL Server数据库系统的产品特征和开发环境。

③ 讲解了微软SQL Server数据库系统安装过程，并介绍了安装时的注意事项，同时也介绍了该软件的常用工具。

习　题

1. 简述SQL Server 2019数据库引擎的特点。
2. SQL Server 2019数据库引擎分析服务和集成服务的作用是什么？

实验1：安装Microsoft SQL Server

1. 实验知识点

参考书中安装SQL Server 2019的步骤在自己的计算机中进行安装，方便学习使用。

2. 实验步骤

参考本章讲解过程。

3. 实验思考

（1）安装过程中是否遇到什么问题？怎么解决的？

（2）是否遇到需要安装JDK？请思考为什么。

本章参考文献

[1]张莉. SQL Server数据库原理及应用教程[M]. 北京：清华大学出版社, 2003.

[2]KELLYN G, ALLAN H, DAVE N,et al. Introducing Microsoft SQL Server 2019[M]. Birminghan, UK: Packt Publishing, 2020.

[3]王珊，萨师煊. 数据库系统概论[M]. 5版. 北京：高等教育出版社, 2014.

[4]CARTER P A. SQL Server Security Model[M]. Barkeley, California, USA: Apress,2019.

[5]Microsoft.SQL Server 2019 的版本和支持的功能[EB/OL].[2021-11-10].https://docs.microsoft.com/zh-cn/sql/sql-server/editions-and-components-of-sql-server-version-15?view=sql-server-ver15.

[6]Microsoft.SQL Server 2019：硬件和软件要求[EB/OL]. [2021-11-10].https://docs.microsoft.com/zh-cn/sql/sql-server/install/hardware-and-software-requirements-for-installing-sql-server-ver15?cid=kerryherger&view=sql-server-ver15.

[7]KELLENBERGER K, SHAW S. Beginning T-SQL[M]. Berkeley, California, USA: Apress, 2014.

[8]KELLENBERGER K, GROOM C, POLLACK E. Expert T-SQL Window Functions in SQL Server 2019[M]. Berkeley, California, USA: Apress, 2019.

[9]LACROIX M, PIROTTE A. ILL: an English structured query language for relational data bases[J]. ACM SIGART Bulletin, 1977(61): 61-63.

第5章 数据库使用与管理

关系数据库是目前较常用的数据库类型，本章介绍如何使用数据库管理系统创建和管理数据库，而较常用的数据库管理系统有Microsoft SQL Server、MySQL和Oracle等。

本章内容以Microsoft SQL Server为例介绍创建数据库的方法和如何设置数据库选项。

学习目标

- 熟悉数据库对象及结构。
- 熟悉事务日志的作用。
- 掌握数据库文件和文件组的概念。
- 掌握如何创建数据库。
- 掌握对数据库选项进行优化。

5.1 SQL Server数据库结构

使用数据库管理系统首先要熟悉其存储结构。数据库的存储结构常分为逻辑存储结构和物理存储结构。逻辑存储结构指的是数据库是由哪些对象组成，诸如表、视图、索引等各种不同的数据库对象；物理存储结构解决数据库信息如何存储在磁盘上。数据库在磁盘上是以文件进行存储，其数据存储的基本单位是页。

从物理存储角度看，将数据库设置为一组文件。这组文件包括数据文件和事务日志文件。这些文件仅能被一个数据库使用，且作用不同。存储数据信息的文件称为数据文件（Data File），数据文件又分为主数据库文件和次要数据库文件。磁盘空间存储数据库中的数据文件，可以从逻辑上划分成页（从0到n连续编号），磁盘I/O操作在页级执行，即要读取或写入数据页。存储事务日志的文件称为日志文件（Log File），用于存储数据库对象、数据和事务日志。

5.1.1 文件和文件组

数据库存储数据需要介质，常用的存储介质是硬盘，价格更昂贵的服务器使用SSD固态硬盘。数据库最常用的存储文件是数据文件和日志文件。数据文件用于存储数据，由一个主数据文件（.mdf）和若干个次要数据文件（.ndf）构成，包含数据和对象，例如表、索引、存储过程和视图；日志文件（.ldf）用于存储事务日志。不同的文件可以存储到不同

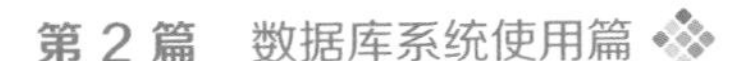

的物理硬盘上，这样便于分散硬盘I/O，提高数据的读取速度。数据文件的组合，称为文件组（File Group），数据库不能直接设置存储数据的数据文件，而是通过文件组来指定。

1. 主数据库文件（Primary Database File）

一个数据库可以有一个或多个数据库文件。一个数据库文件只能属于一个数据库。当有多个数据库文件时，有一个文件被定义为主数据库文件（简称为主文件）。主数据库文件包含数据库的启动信息，是所有数据库文件的核心，还包含指向其他数据库文件的指针。用户数据和对象可存储在此文件中，其扩展名为.mdf。

2. 次要数据文件（Secondary Database File）

次要数据文件也称为二级数据文件，是可选的，由用户定义并存储主数据库文件中尚未存储的剩余数据和数据库对象。通过将每个文件放在不同的磁盘驱动器上，次要数据文件可用于将数据分散到多个磁盘上，此外，如果数据库超过了单个Windows文件的最大大小，可以使用次要数据文件，这样数据库就能继续增长。次要数据文件的建议文件扩展名是.ndf。

3. 事务日志文件

事务日志文件保存用于恢复数据库的日志信息，当数据库损坏时，管理员使用事务日志恢复数据库。用户创建数据库的时候，会同时创建事务日志文件。事务日志的文件扩展名是.ldf。

注意：

① 每一个数据库至少必须拥有一个事务日志文件，也允许拥有多个事务日志文件。

② SQL Server数据和日志文件可以放在FAT或NTFS文件系统中，但不能放在压缩文件系统中。

③ SQL Server不强制使用.mdf、.ndf和.ldf文件扩展名，但建议用户使用这些扩展名，以帮助标识文件的用途。

例如，可创建一个数据库Vehicle_DB，其中包含一个存储所有数据和对象的主数据库文件和一个包含事务日志信息的事务日志文件，当然也可以创建一个更复杂的数据库Vehicle_DB，其中包括一个主要文件和五个次要数据库文件。数据库中的数据和对象分散在上述所有六个文件中，而事务日志文件包含事务日志信息。

4. 文件组

文件组是文件的集合。每个数据库有一个主要文件组。此文件组包含主数据库文件和未放入其他文件组的所有次要数据库文件，当然也可以创建用户定义的文件组，用于将数据文件集合起来，以便于管理、数据分配和放置。例如，查看示例数据库的文件组，Primary 是主文件组，选择Default选项表示主文件组是默认的文件组，如果在create table和create index中没有指定FileGroup选项，那么SQL Server将使用默认的文件组来存储数据。

如图5-1所示，可以分别在四个磁盘驱动器上创建三个文件Vehicle_DB.mdf、Vehicle_DB1.ndf和 Vehicle_DB2.ndf，然后将Vehicle_DB.mdf分配给默认文件组，将Vehivcle_DB1.ndf和 Vehicle_DB2.ndf分配给文件组Vehicle_DBGroup。然后，可以明确地在文件组Vehicle_DBGroup上创建一个表。对表中数据的查询将分散到D和E两个磁盘上，从而提高了性能。文件和文件组使用户能够轻松地在新磁盘上添加新文件。

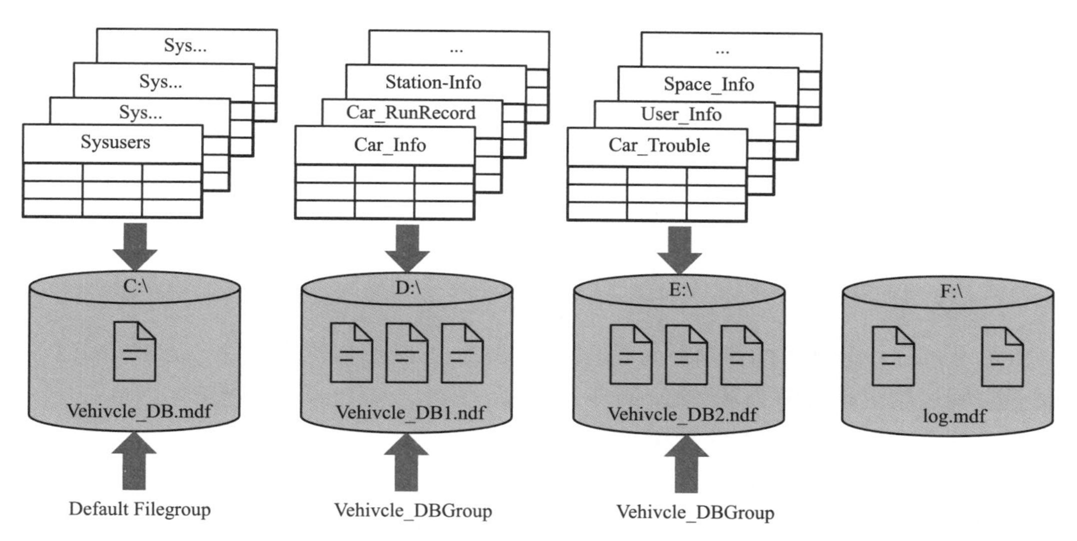

图5-1 文件组分配示意图

注意：

① 数据文件和日志文件总是分开存放的；

② 文件和文件组不能由一个以上的数据库使用；

③ 文件只能是一个文件组的成员，事务日志文件不属于任何一个文件组。

使用文件组是有优势的。在实际开发数据库的过程中，通常情况下，用户需要关注文件组，而不用关心文件的物理存储，即使DBA改变文件的物理存储，用户也不会察觉到，也不会影响数据库去执行查询。除了逻辑文件和物理文件的分离之外，使用文件组还有一个优势，就是分散I/O负载，其实现的原理是：

对于单分区表，数据只能存到一个文件组中。如果把文件组内的数据文件分布在不同的物理硬盘上，那么SQL Server能同时从不同的物理硬盘上读写数据，把I/O负载分散到不同的硬盘上。

对于多分区表，每个分区使用一个文件组，把不同的数据子集存储在不同的磁盘上，SQL Server在读写某一个分组的数据时，能够调用不同的硬盘I/O。

这两种方式，其本质上都是使每个硬盘均摊系统负载，提高I/O性能。

创建分区表时，不同的分区可以使用相同的文件组，也可以使用不同的文件组。因此，在设计文件组时，应尽量把文件存放在不同的硬盘上，以实现物理I/O的最大分散化。

注意：

在数据库中，数据不是同等重要级别的，根据具体的业务需求、更新和查询的类别及延迟，对数据进行分级管理，因此，在设计文件组存储方案时，可把那些不经常用到的数据存储到访问性能低一些，可以用于存储归档数据的硬盘上，以达到合理配置服务器性能的目标。

5. 数据文件大小增长导致的问题

数据在数据库中以文件的形式进行存储，当数据文件存满，没有空间再存放数据时，

对数据库的插入操作会激发数据文件增长需求，为此数据库设置了filegrowth选项来处理这种情况，但是这个操作会消耗较多的资源和时间，并且，在此期间用户不能访问数据库，降低了用户体验和数据库运行的连续性。因此，在数据库设计阶段，要研判数据存储空间的发展趋势，合理设置数据库的初始大小和增长方式，尽量避免空间用尽而使得SQL Server不得不自动增长的现象发生，同时也要确保每一次自动增长都能够在可接受的时间内完成，及时满足客户端应用的需求。

5.1.2　页和盘区

SQL Server中最基本的存储单元是页（Pages）。系统给数据库文件（.mdf /.ndf）分配的磁盘空间逻辑上被分解为从0到n的多个编号连续的页。磁盘的I/O操作是在页级水平完成的，也就是说，每次读或写整个的数据页（Data Page）。**盘区**（Extents）是物理上连续的八个数据页，这样便于有效地管理页，所有的页都存储在盘区中，用户使用盘区和页这种特定的数据结构给数据库对象分配空间，如图5-2所示。

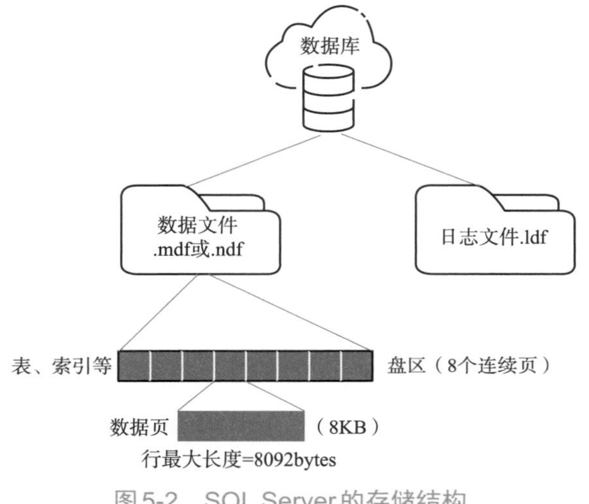

图5-2　SQL Server的存储结构

1. 页（Pages）

在SQL Server中，页的大小为8 KB。这意味着1MB可以有128页。每页有一个96 B的页头（Header），页头用来存储页的系统信息，具体包括页编号、页类型、该页剩余空闲空间等。

> **注意：**
> 日志文件不包含页，而是包含一系列日志记录。

2. 盘区（Extents）

盘区（又称区域）是管理磁盘空间的基本单元。每个盘区是由物理上连续的8个页构成的，也就是说大小为8 KB × 8=64 KB，1 MB磁盘空间可以容纳16个盘区。为了更有效地分配空间，不为小数据量的表分配一个完整的盘区。SQL Server有两种类型盘区：

① 统一盘区（Uniform Extents）：由一个对象拥有，该盘区中的8个页只能由拥有者来使用，如图5-3所示。

表1　表1　表1　表1　表1　表1　表1　表1

图5-3　统一盘区

② 混合盘区（Mixed Extents）：可以由8个对象拥有，即8个页可以由不同对象使用。

一个新表或索引通常是从混合盘区中分配页，当表或索引的大小增长超过了8页，那么就以Uniform Extents方式进行分配。当在已存在的表上创建索引时，如果表中行对应的索引大小超过了8页，也以Uniform Extents方式分配空间。

5.1.3 事务日志

事务日志又称为重做日志，是针对数据库改变所做的记录，记录针对数据库的任何操作，并将记录结果保存在独立的日志文件中。对于任何每一个交易过程，交易日志都有非常全面的记录，根据这些记录可以将数据文件恢复成交易前的状态。用户对数据库添加重做日志文件时，可以如同SQL Server数据库的数据文件一样指定初始化大小、增长率、最大大小等属性。

事务日志支持以下操作：

（1）恢复个别的事务

如果应用程序发出 ROLLBACK 语句，或者数据库引擎检测到错误（例如失去与客户端的通信），可以使用日志记录回退未完成的事务所做的修改。

（2）在 SQL Server 启动时恢复所有未完成的事务

运行 SQL Server 的服务器发生故障时，数据库可能处于这样的状态：还没有将某些修改从缓存写入数据文件，在数据文件内有未完成的事务所做的修改。启动 SQL Server 实例时，它将对每个数据库执行恢复操作，在事务日志中找到每个未完成的事务并进行回滚，以确保数据库的完整性。这种恢复称为实例恢复。

（3）将还原的数据库、文件、文件组或页前滚至故障点

在硬件丢失或磁盘故障影响到数据库文件后，用户会使用过去执行的数据库备份来恢复数据库，而过去的数据库备份数据显然是当初备份时的状态，不会包含从备份完成到数据库崩溃时刻这段时间内产生的数据。因为重做日志文件中记录了所有数据的修改，SQL Server会把事务日志中的操作记录应用到恢复的数据文件，从而可以使数据库恢复到数据库存储介质发生故障时刻，这种恢复称为介质恢复。

（4）支持事务复制

事务复制的原理是先将发布服务器数据库中的初始快照发送到各订阅服务器，然后监控发布服务器数据库中数据发生的变化，捕获个别数据变化的事务并将变化的数据发送到订阅服务器。日志读取器代理程序监视已为事务复制了配置的每个数据库的事务日志，并将已设复制标记的事务从事务日志复制到分发数据库中。只有已提交的事务才能发送到分发数据库中。

（5）支持高可用性和灾难恢复解决方案

备用服务器解决方案、AlwaysOn 可用性组、数据库镜像等依赖于事务日志。

注意：

事务日志不被分成页和区域，包含已修改数据的清单、事务日志文件和数据文件必须分开存放，下面介绍其优点：

- 事务日志文件可以单独备份。
- 有可能从服务器失效的事件中将服务器恢复到最近的状态。
- 事务日志不会抢占数据库的空间。
- 可以很容易地监测到事务日志的空间。
- 在向数据文件和事务日志文件写入数据时会产生较少冲突，这有利于提高SQL Server的性能。

5.2 创建与管理SQL Server数据库

5.2.1 创建数据库

1. 预估数据库的大小

如何合理地创建数据库，指定和预估数据库的容量，尽可能准确而不浪费存储空间，是工作人员需要考虑的首要问题。

有众多因素会影响数据库最终的大小，在估算数据库容量时要考虑如下因素：

① 表中每行记录的大小。每行记录由若干列数据组成，列容量的集合决定了每行的大小。

② 记录数量。每张表的记录数决定表空间的大小，故尽量在建表初期预估表中记录个数，有利于将来表容量的扩展。

③ 表的数量。表的数量一般在进行完数据库的逻辑设计后就可以基本确定。

④ 索引的数量及索引大小。每个表都有一个或多个索引，无论索引是何种类型，都将占用数据库中的外存储空间，索引的大小取决于应用该索引的列大小、索引中包含的记录个数和索引填充因子。一个值为50的填充因子意味着在该索引对象中有一半的空闲空间，值为100的填充因子意味着在此索引对象中没有闲置的空间。索引值越大就决定了该索引对象占用的存储空间就越大。

⑤ 数据库对象的数量和大小。常用的数据库对象，如存储过程、触发器、视图也会占用存储空间。

⑥ 事务日志大小的因素。大部分事务日志以数据库容量的10%~25%为起点，并且会根据实际情况再来调整。经验显示，经常被修改的数据库需要更大的事务日志空间，这是因为修改比较多就意味着事务比较多，所以需要比较多的空间来存放这些事务。事务日志的大小受事务日志的备份频率影响，越是经常备份，事务日志就越是可以小一些。

注意：

起始阶段，建议将25%左右的数据库容量分配给事务日志，以用于联机事务处理（Online Transation Processing，OLAP）环境。

⑦ 数据库的计划增加量。有一些数据库的容量从不增长，也有一些每周都会大幅度地增长。为了确定总体的计划成长量，开发人员必须预估算数据库中每个表的成长量，这些数字和每个企业的实际情况相关联，在估算时，应该将存储需求估算得高一些，这通常会比过低地估算存储需求带来的问题少一些，也可以在创建数据库之后再扩展数据库。

实例分析

在Microsoft SQL Server中最基本的数据存储单元为页，每页大小为8 KB，即1 MB有128页信息，每页除去96 B的页头信息，剩余8 096 B可存储数据。假设某个数据库有两张表信息。第一张表每行记录为200 B，共10 000条记录，一个数据页能存储8096÷200约40条记录，该表共占用10000÷40=250个数据页空间。第二张表每行记录为400 B，共

8 000条记录，一个数据页能存储8096÷400约20条记录，该表共占用8 000÷20=400个数据页空间。该数据库中数据文件约占用(250+400)×8K÷1024=5.2 MB，再预估下日志文件的容量和可能增长的情况，该数据库的大小就可初步计算出来了。

2. 使用Transact-SQL语言创建数据库

创建数据库是建立数据库对象的基础。数据库使用者不仅可以使用Transact-SQL语言创建数据库，还可以使用SQL Server Management Studio创建数据库。该部分主要介绍Transact-SQL语言的基本知识和使用Transact-SQL语言创建数据库的方法。

Transact-SQL语言是一种数据定义、操作和控制语言，它与C、C++、Java等程序设计语言表示差别较大。Transact-SQL是一种编程结构简单且很好用的专业编程语言，但是Transact-SQL不提供用户界面、文件或I/O设备且功能有限。Transact-SQL允许对SQL Server编程，以执行复杂的任务，例如声明和设置变量、分支、循环和错误检查，而不需要用另一种语言编写代码。它可以编写经常调用的带有参数的可重用例程。如果有逻辑或语法上的错误，程序将会产生错误。

Transact-SQL语言种类有三种，主要为数据定义语言、数据控制语言、数据操纵语言。具体内容在后续章节将详细介绍。创建数据库需要用数据定义语言来完成；设置或者更改数据库用户或角色权限需要用数据控制语言来完成；对数据库进行基本操作需要用数据操纵语言来完成。

创建数据库时要分配数据库的存储空间来存储数据文件和日志文件、要确定数据库的名称、是否可增长、数据文件和日志文件个数等内容。新建立的数据库建议在数据文件的逻辑文件名上加后缀“_data”，在日志文件的逻辑文件名上加后缀“_log”。

在Transact-SQL语言的命令格式中，用[ ]括起来的内容表示是可选的；[,…n]表示重复前面的内容；用< >括起来表示在实际编写语句时，用相应的内容替代；用{ }括起来表示是必选的；类似A|B的格式，表示A和B只能选择一个，不能同时都选。创建数据库的SQL语句的语法格式为：

```
CREATE DATABASE database_name
[ CONTAINMENT = { NONE | PARTIAL } ]
[ ON
      [ PRIMARY ] <filespec> [ ,...n ]
      [ , <filegroup> [ ,...n ] ]
      [ LOG ON <filespec> [ ,...n ] ]
]
[ COLLATE collation_name ]
 [;]

<filespec> ::=
{
(
    NAME = logical_file_name ,
    FILENAME = { 'os_file_name' | 'filestream_path' }
```

```
        [ , SIZE = size [ KB | MB | GB | TB ] ]
        [ , MAXSIZE = { max_size [ KB | MB | GB | TB ] | UNLIMITED } ]
        [ , FILEGROWTH = growth_increment [ KB | MB | GB | TB | % ] ]
    )
    }

    <filegroup> ::=
    {
    FILEGROUP filegroup name [ [ CONTAINS FILESTREAM] [ DEFAULT ] | CONTAINS
    MEMORY_OPTIMIZED_DATA ]
        <filespec> [ ,...n ]
    }
```

主要参数说明如下：

➢ database_name：新数据库的名称。数据库名称在服务器中必须唯一，最长为128个字符，并且要符合标识符的命名规则。每个服务器管理的数据库最多为32767个。

➢ CONTAINMENT={ NONE | PARTIAL }：指定数据库的包含状态。NONE=非包含数据库。PARTIAL=部分包含的数据库。[适用于SQL Server 2012（11.x）及更高版本。]

➢ ON：指定存放数据库的数据文件信息。<filespec>列表用于定义主文件组的数据文件，<filegroup>列表用于定义用户文件组及其中的文件。

➢ PRIMARY：用于指定主文件组中的文件。主文件组的第一个由<filespec>指定的文件是主文件。如果不指定PRIMARY关键字，则在命令中列出的第一个文件将被默认为主文件（如果没有指定 PRIMARY，那么 CREATE DATABASE 语句中列出的第一个文件将成为主文件）。

➢ LOG ON：指定显式定义用来存储数据库日志的磁盘文件（日志文件）。LOG ON后跟以逗号分隔的用以定义日志文件的 <filespec> 项列表。如果没有指定LOG ON，将自动创建一个日志文件，其大小为该数据库的所有数据文件大小总和的25%或512 KB，取两者之中的较大者。此文件放置于默认的日志文件位置。

➢ COLLATE collation_name：指定数据库的默认排序规则。排序规则名称既可以是Windows 排序规则名称，也可以是 SQL 排序规则名称。如果没有指定排序规则，则将SQL Server实例的默认排序规则分配为数据库的排序规则。不能对数据库快照指定排序规则名称。

➢ <filespec>：控制文件属性。

➢ NAME：指定数据库的逻辑名称。

➢ FILENAME：指定数据库所在文件的操作系统文件名称和路径。数据库所在文件的操作系统文件名称又称物理文件名，该操作系统文件名和NAME的逻辑名称一一对应。

➢ SIZE：指定数据库的初始容量大小。如果没有指定主文件的大小，则SQL Server默认其与模板数据库中的主文件大小一致，其他数据库文件和事务日志文件则默认为1MB。指定大小的数字size可以使用KB、MB、GB和TB后缀，默认的后缀为MB。Size中不能使用小数，其最小值为512 KB，默认值为1 MB。主文件的size不能小于模板数据库中的主文件。

➢ MAXSIZE：指定操作系统文件可以增长到的最大尺寸。如果没有指定，则文件可以不断增长直到充满磁盘。UNLIMITED 指定文件将增长到磁盘充满。在 SQL Server 中，指定为不限制增长的日志文件的最大大小为 2 TB，而数据文件的最大大小为 16 TB。

➢ FILEGROWTH：指定文件每次增加容量的大小，当指定数据为0时，表示文件不增长。增加量可以确定为以KB、MB作后缀的字节数或以%作后缀的被增加容量文件的百分比来表示。默认后缀为MB。如果没有指定FILEGROWTH，则默认值为10%，每次扩容的最小值为64KB。growth_increment指每次需要新空间时为文件添加的空间量。

➢ <filegroup>：控制文件组属性。

➢ FILEGROUP filegroup_name：文件组的逻辑名称。

➢ CONTAINS FILESTREAM：指定文件组在文件系统中存储 FILESTREAM 二进制大型对象（BLOB）。

➢ DEFAULT：指定命名文件组为数据库中的默认文件组。

➢ CONTAINS MEMORY_OPTIMIZED_DATA：指定文件组在文件系统中存储内存优化数据。每个数据库只能有一个MEMORY_OPTIMIZED_DATA 文件组。

注意：

① 创建数据库需要一定许可，在默认情况下创建数据库的权限默认地授予 sysadmin 和 dbcreator 固定服务器角色的成员。

② 只有系统管理员和数据库拥有者可以创建数据库。

③ 所有数据库都至少包含一个主文件组。所有系统表都分配在主文件组中。数据库还可以包含用户定义的文件组。

例题 5-1 创建一个只含一个数据文件和一个事务日志文件的数据库，数据库名为 Vehicle_DB，主数据库文件逻辑名称为 Vehicle_DB_data，数据文件的操作系统名称 Vehicle_DB.mdf，数据文件初始大小为 2 MB，最大值为 100 MB，数据文件大小以 10% 的增量增加。日志逻辑文件名称为 Vehicle_DB_log，事务日志的操作系统名称为 Vehicle_DB.ldf，日志文件初始大小为 2 MB，最大值 50 MB，日志文件以 1 MB 增量增加。

```
 CREATE DATABASE   Vehicle_DB
    ON
   PRIMARY
     (NAME=Vehicle_DB_data,
     FILENAME='D: \Vehicle \Vehicle_DB.mdf',
     SIZE=2MB,
     MAXSIZE=100MB,
     FILEGROWTH=10%)
LOG ON
     (NAME=Vehicle_DB_log,
     FILENAME='D: \Vehicle \Vehicle_DB.ldf',
      SIZE=2MB,
      MAXSIZE=50MB,
      FILEGROWTH=1MB)
GO
```

例题 5-2　创建一个指定多个数据文件和日志文件的数据库。该数据库名称为Vehicle_DB1，有2个5MB的数据文件和2个10MB的事务日志文件。主文件是列表中的第一个文件，并使用PRIMARY关键字显示指定。

```
CREATE DATABASE  Vehicle_DB1
ON                          数据库逻辑文件名
PRIMARY                                          数据库物理文件名
    (NAME = Vehicle_DB11_data,
  FILENAME = 'D: \Vehicle \Vehicle_DB11.mdf',
    SIZE = 5MB,
    MAXSIZE = 100,
    FILEGROWTH = 20),
( NAME = Vehicle_DB12_data,
      FILENAME = 'D: \Vehicle \Vehicle_DB12.ndf',
        SIZE = 5MB,
        MAXSIZE = 100,
        FILEGROWTH = 20)
    LOG ON
         ( NAME = Vehicle_DB11_log,
       FILENAME ='D: \Vehicle \Vehicle_DB11.ldf',
         SIZE = 10MB,
         MAXSIZE = 100,
         FILEGROWTH = 20),
         ( NAME = Vehicle_DB12_log,
       FILENAME ='D: \Vehicle \Vehicle_DB12.ldf',
         SIZE = 10MB,
         MAXSIZE = 100,
         FILEGROWTH = 20)
GO
```

注意：

数据库的数据文件和日志文件的目录一般为非系统盘，如D:\Vehicle\。

3. 用SQL Server Management Studio创建数据库

例题 5-3　使用SQL Server Management Studio创建数据库Vehicle_DB2，这比使用Transact-SQL语句创建数据库要更加容易。

具体步骤如下：

① 进入SQL Server Management Studio。

② 单击SQL服务器组，进入已经配置注册的服务器，单击“数据库”项。

③ 单击“操作”，再选择“新建数据库”或右击数据库，在快捷菜单中选择“新建数据库”，输入名称为Vehicle_DB2。

④ 该窗口有三个选项卡：“常规”选项卡、“数据文件”选项卡、“事务日志”选项卡。

⑤ 单击“数据文件”选项卡，进行相关设置，如图5-4所示。

⑥ 单击“事务日志”选项卡，进行相关设置。

⑦ 单击“确定”按钮完成创建。

图 5-4　创建数据库窗口

5.2.2　查看数据库信息

在完成数据库创建后，可以使用Transact-SQL语言或SQL Server Management Studio查看数据库相关信息，具体步骤如下：

① 在对象资源管理器中，连接到 SQL Server 数据库引擎的实例，然后展开该实例。

② 若要查看实例上的所有数据库的列表，请展开“数据库”。

1. 用Transact-SQL语言查看数据库的属性

使用系统存储过程可以查看数据库的属性。常用的存储过程有sp_helpdb、sp_spaceused、sp_filehelp、sp_helpfilegroup。

（1）查看某个数据库或所有数据库的基本信息

```
sp_helpdb  Vehicle_DB
```

运行结果如图5-5所示。

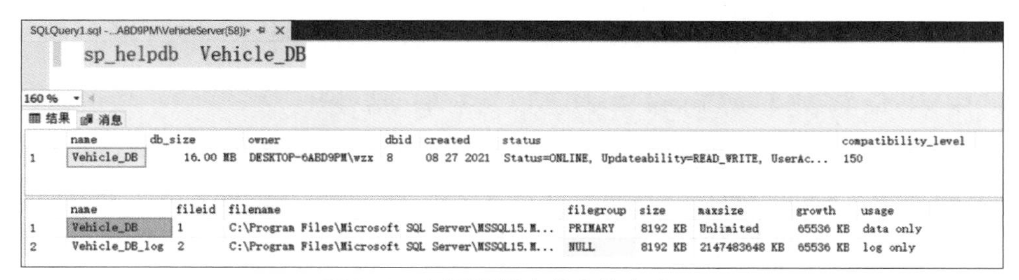

	name	db_size	owner	dbid	created	status	compatibility_level
1	Vehicle_DB	16.00 MB	DESKTOP-6ABD9PM\wzx	8	08 27 2021	Status=ONLINE, Updateability=READ_WRITE, UserAc...	150

	name	fileid	filename	filegroup	size	maxsize	growth	usage
1	Vehicle_DB	1	C:\Program Files\Microsoft SQL Server\MSSQL15.M...	PRIMARY	8192 KB	Unlimited	65536 KB	data only
2	Vehicle_DB_log	2	C:\Program Files\Microsoft SQL Server\MSSQL15.M...	NULL	8192 KB	2147483648 KB	65536 KB	log only

图 5-5　查看数据库基本信息窗口

（2）查看有关数据库中所占用空间的报表

```
sp_spaceused
```

运行结果如图5-6所示。

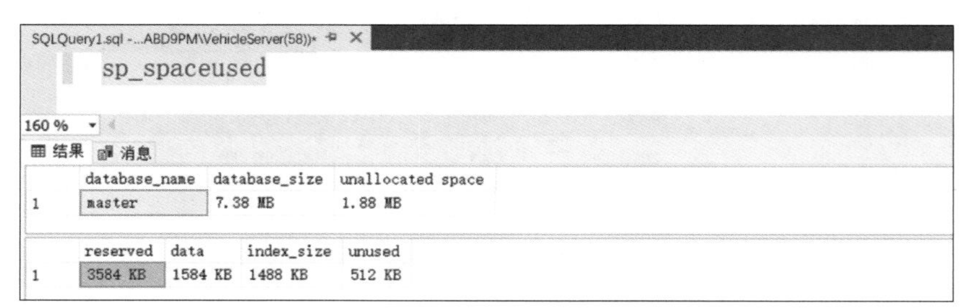

图5-6　查看数据库所占用空间的报表

（3）显示有关数据库中文件组的报表

```
sp_helpfilegroup
```

运行结果如图5-7所示。

SQLQuery1.sql -...ABD9PM\VehicleServer(58))*

sp_helpfilegroup

	groupname	groupid	filecount
1	PRIMARY	1	1

图5-7　查看数据库文件组的报表

（4）显示数据库中文件的报表

```
sp_helpfile Vehicle_DB_data
```

运行结果如图5-8所示。

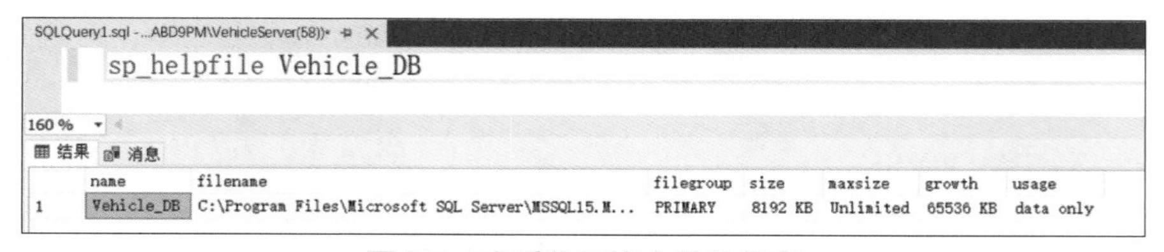

图5-8　查看数据库文件的报表

2. 用SQL Server Management Studio查看数据库的属性

进入SQL Server Management Studio，展开对象资源管理器，指向数据库右击，在弹出的快捷菜单中选择“属性”选项即可查看数据库相关信息。选中要查看的数据库如Vehicle_DB，右击，在弹出的快捷菜单中选择“属性”选项，在新打开的窗口中有“常规”“文件”“文件组”“选项”“权限”五个选项卡，用户可以根据需要进入不同的选项卡查看数据库相应的信息。

5.2.3 数据库收缩

当数据库创建完毕后，可以使用 Transact-SQL 语言或 SQL Server Management Studio 修改数据库相关属性以及删除数据库。SQL Server 允许收缩数据库中的每个文件以删除未使用的页。数据和事务日志文件都可以收缩。数据库文件可以成组或单独地进行手动收缩，也可以设置数据库使其按照指定的间隔自动收缩。

1．用 Transact-SQL 设置数据库选项

（1）使用 DBCC SHRINKDATABASE 命令收缩指定数据库中的数据文件

语法格式：

```
DBCC SHRINKDATABASE
(database_name[,target_percent][,{NOTRUNCATE |TRUNCATEONLY}])
```

主要参数说明如下：

➢ database_name：要收缩的数据库名称。

➢ target_percent：当数据库收缩后，数据库文件中剩余可用空间的百分比.

➢ NOTRUNCATE：被释放的文件空间依然保持在数据库文件中。如果未指定，将所释放的文件空间被操作系统回收。TRUNCATEONLY：将数据文件中未使用的空间释放给操作系统，并将文件收缩到上一次所分配的大小。使用 TRUNCATEONLY 时，将忽略 target_percent 的限制。

文件始终从末尾开始收缩。例如有个 5 GB 的文件，并且在 DBCC SHRINKDB 语句中部将 目标大小指定为 4 GB，则数据库引擎将从文件的最后一个 1 GB 开始释放尽可能多的空间。如果文件中被释放的部分包含使用过的页，则数据库引擎先将这些页重新放置到保留的空间中。只能将数据库收缩到没有剩余的可用空间为止。例如，某个 5 GB 的数据库有 4 GB 的数据并且在 DBCC SHRINKDATABASE 语句中将目标大小指定为 3 GB，则只能释放 1 GB。

（2）将数据库设为自动收缩

使用 ALTER DATABASE 语句可以将数据库设为自动收缩。

语法格式：

```
ALTER DATABASE database_name
SET AUTO_SHRINK on/off
```

主要参数说明如下：

➢ on ：数据库设为自动收缩。

➢ off ：数据库设为不自动收缩。

例题 5-4　修改 Vehicle_DB_data 数据文件的初始值，由 2 MB 改为 16 MB。

```
ALTER DATABASE Vehicle_DB
MODIFY FILE(NAME=Vehicle_DB_data,
SIZE=16MB)
```

> **注意：**
> 在对数据库数据文件和事务日志文件初始空间大小进行修改时，新指定的空间大小值不能小于当前文件初始空间大小值。

例题 5-5　将数据库 Vehicle_DB 收缩为原来数据文件空间的 60%。

```
DBCC SHRINKDATABASE (Vehicle_DB, 60)
```

例题 5-6　将数据库 Vehicle_DB 的收缩设为自动收缩。

```
ALTER DATABASE Vehicle_DB
SET AUTO_SHRINK on
```

2. 用 SQL Server Management Studio 设置数据库选项

① 进入 SQL Server Management Studio，展开对象资源管理器。

② 选中数据库 Vehicle_DB，单击鼠标右键，在弹出的快捷菜单中分别单击“任务”→“收缩”→“数据库”，即可进入“收缩数据库”的窗口。

③ 设定“当前分配的空间”和“可用空间”。

④ 也可以根据需要选择“在释放未使用的空间前重新组织文件”复选框，选择此选项等效于执行具有制定目标百分比选项的 DBCC SHRINKDABASE。清除此选项等效于执行具有 TRUNCATEONLY 选项的 DBCC SHRINKDABASE。如果选择此选项，用户必须输入收缩后数据库文件中可用空间的最大的百分比，值可以介于 0~99 之间。

如要将数据库设为自动收缩，可右击某个数据库，在弹出的快捷菜单中选择“属性”，再单单击“选项”选项卡，在“自动收缩”对应的下拉框中选择“true”，即可完成数据库自动收缩的设置。

删除数据库步骤如下：

① 在对象资源管理器中，连接到 SQL Server 数据库引擎的实例，然后展开该实例。

② 展开“数据库”，右击弹出快捷菜单，选择要删除的数据库，再单击“删除”按钮。

③ 确认选择了正确的数据库，然后单击“确定”按钮。

5.2.4　数据库重命名

数据库重命名要在特定状态下进行，即将数据库的并发用户数设为 1，一般情况下不要做数据库的重命名。重命名后再将数据库的并发用户数改回来。设置数据库并发用户的方法是：在 SQL Server Management Studio 先单击要改名的数据库，再依次单击“工具”“SQL Server 配置属性”“连接”，在“并发用户连接的最大数目”输入框中输入相应的数字即可。

数据库的重名的 SQL 语句的语法格式如下：

```
sp_renamedb 'old_name', 'new_name'
```

主要参数说明如下：

- old_name: 是数据库的当前名称。
- new_name: 是数据库的新名称。

例题 5-7　将数据库 Vehicle_DBMS 重命名为 VDBMS，SQL 脚本程序如下：

```
sp_renamedb Vehicle_DBMS, VDBMS
```

5.2.5 删除数据库

当某个用户数据库不需要时，可以删除以释放其占用的存储空间。

1. 利用SQL Server Management Studio删除数据库

进入SQL Server Management Studio，展开对象资源管理器，选中要删除的数据库university，右击弹出快捷菜单，选择“删除”即可。

2. 利用DROP语句删除数据库

删除数据库的SQL语句的语法格式如下：

```
DROP DATABASE database_name[,…n]
```

> 说明：
> 只有处于正常状态下的数据库，才能使用DROP语句删除。
> 当数据库处于以下状态时不能被删除：数据库正在使用；数据库正在恢复；系统数据库master、tempdb、model、msdb。

例题 5-8 使用DROP DATABASE命令将数据库VDBMS删除。

```
DROP DATABASE  VDBMS
```

5.2.6 优化数据库

在设计数据库时，必须认真考虑数据库的性能问题，设计较差的数据库在响应用户访问时，无法提供良好的性能。这需要更改数据库的结构来解决数据库的性能问题。例如数据库可能被过度规范化，这意味着数据库是由若干较小的相关的表定义的；例如，“数据库引擎优化顾问”可分析在一个或多个数据库中运行的工作负荷的性能效果等。数据库管理系统可自动优化许多服务器配置选项，因此几乎不需要系统管理员进行优化。

在SQL Server中，默认mdf文件初始大小为5MB，自增为1MB，不限增长；ldf文件初始为1MB，增长为10%，限制文件增长到一定的数目。一般设计中，使用SQL自带的设计即可，但是大型数据库设计中，最好亲自去设计其增长和初始大小。如果初始值太小，那么很快数据库就会写满。如果写满，再进行插入会是什么情况呢？当数据文件写满，进行某些操作时，SQL Server会让操作等待，自增长用了很长时间，原先的插入操作会等不及就超时取消，操作会回滚，文件自动增长也会被取消。

5.3 设置数据库选项

5.3.1 使用Transact-SQL语言设置数据库选项

语法格式如下：

```
ALTER DATABASE database_name
{
    MODIFY NAME = new_database_name
    | ADD FILE <filespec> [,…n] [TO FILEGROUP { filegroup_name}]
| ADD LOG FILE <filespec> [,…n]
| REMOVE FILE logical_file_name
| MODIFY FILE <filespec>
}
<filespec> ::=
{
    NAME = logical_file_name
    [ , NEWNAME = new_logical_name]
    [ , FILENAME = {'os_file_name' | 'filestream_path'}]
[ , SIZE = size[ KB | MB | GB | TB ]]
[ , MAXSIZE = { max_size[ KB | MB | GB | TB ] | UNLIMITED }]
[ , FILEGROWTH = growth_increment [ KB | MB | GB | TB | % ]]
[ , OFFLINE]
};
```

常用设置有：

① database_name：要修改的数据库名称。

② MODIFY NAME：指定新的数据库名称。

③ ADD FILE：向数据库中添加文件。

④ TO FILEGROUP{filegroup_name}：将指定文件添加到的文件组。filegroup_name为文件组名。

⑤ ADD LOG FILE：将要添加的日志文件添加到指定的数据库。

⑥ REMOVE FILE logical_file_name：从SQL Server的实例中删除逻辑文件并删除物理文件。除非文件为空，否则无法删除文件。logical_file_name是在SQL Server中引用文件时用的逻辑名称。

⑦ MODIFY FILE：指定应修改的文件。一次只能更改一个<filespec>属性。必须在<filespec>中指定NAME，以标识要修改的文件。如果指定了SIZE，那么新大小必须比文件当前大小要大。

5.3.2　使用SQL Server Management Studio设置数据库选项

创建数据库后，在自己创建的数据库上右击，在弹出的快捷菜单中选择“工具”选项，然后选择“选项”，就会弹出如图5-9所示“选项”对话框，在此进行个性化设置。

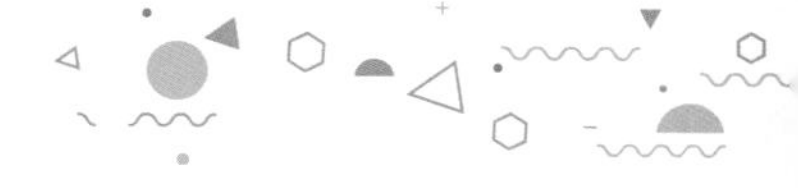

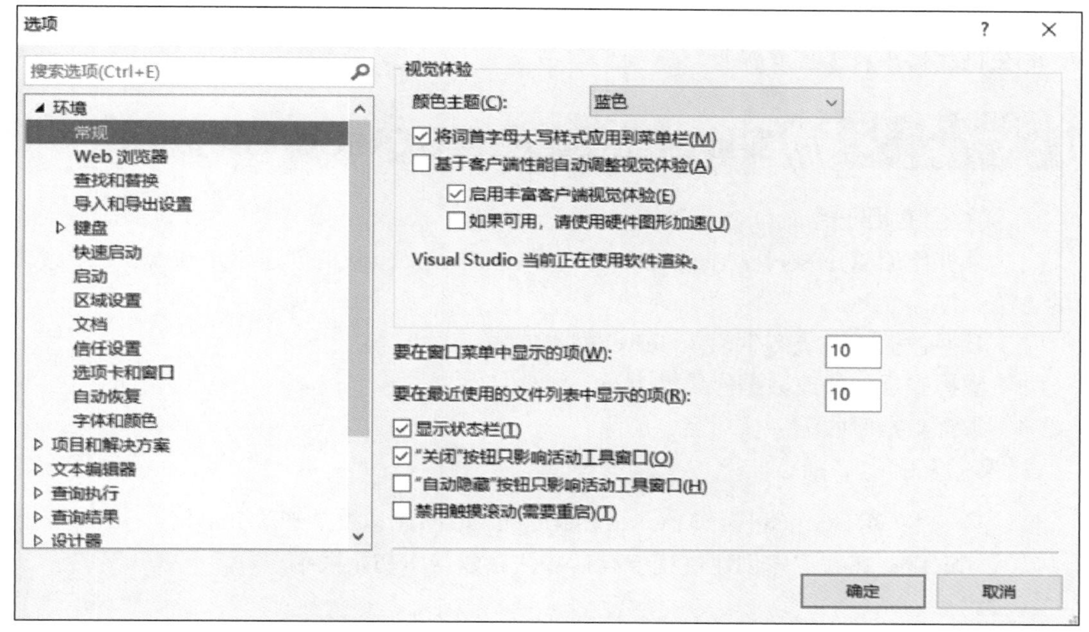

图5-9　在“选项”对话框中进行个性化设置

小　结

本章以Microsoft SQL Server为例，介绍了数据库管理系统如何建立合理的数据库，如何存储和管理数据，以及对数据库的操作。

下面对本章进行小结：

① 介绍了SQL Server数据库对象及其构成方式，重点讲解了文件与文件组、页面与盘区和事务日志。

② 介绍了使用SQL Server创建数据库的相关操作，并讲解了数据库的优化。

③ 讲解了设置数据库的选项，并简述了用Transact-SQL设置数据库的方法。

习　题

1. 简述文件和文件组的区别。

2. 简述事务日志的作用。

3. 使用SQL Server创建数据库的步骤。

4. 请使用SQL Server Management Studio创建名为Vehicle_DB的数据库，包含一个主文件、一个次要数据文件和一个日志文件。主文件的逻辑文件名为Vehicle_MS_data1，初始大小10 MB，最大值为50 MB，每次的增长值为10%；次要文件的逻辑文件名为Vehicle_DBMS_data2，初始大小为5 MB，最大值为100 MB，每次的增长值为20%；日志文件的逻辑文件名为Vehicle_DB_log，初始大小为10 MB，最大值不受限制，每次的增长值为2 MB。

5. 将第4题的要求用Transact-SQL语言完成。

6. 优化数据库的方法有哪些？

实验2：创建和管理SQL Server数据库

1. 实验目的和任务

（1）掌握使用SQL Server Management Studio和Transact-SQL创建SQL Server 2019数据库的方法。

（2）掌握数据库系统产生SQL Server脚本方法。

（3）掌握查看、修改数据库属性方法。

（4）掌握数据库收缩、重命名、删除。

2. 实验实例

实验实例1：用SQL Server Management Studio创建和维护修改数据库

实验知识点：在数据库创建过程中设计并估计数据库初始大小。

实验步骤：

（1）创建一个名称Vehicle的数据库，可采用默认的数据库文件位置。

（2）数据文件的初始大小设为5 MB，文件增长增量为按字节1 MB，文件增长方法设为自动增长上限为100 MB。

（3）日志文件的设置同数据文件。

（4）将数据库Vehicle 数据文件的初始大小改为20 MB，最大值改为120 MB，数据增长改为10%。

（5）将数据库Vehicle 日志文件的初始大小改为10 MB，最大值改为120 MB，数据增长改为5%。

（6）由Vehicle数据库生成创建数据库的Transact-SQL脚本。

实验实例2：用Transact-SQL语言创建数据库

实验知识点：使用Transact-SQL语言创建数据库的语法。

实验步骤：

（1）创建数据库Vehicle1，将上述脚本文件保存为create_Vehicle.sql。

创建一个名为Vehicle1的数据库，具体参数如下：

数据库名称	Vehicle1
数据库逻辑文件名称	Vehicle1_log
数据文件名称	c:\...\Microsoft SQL Server\MSSQL\DATA\Vehicle1_data.mdf
数据文件名称初始大小	8MB
数据文件大小最大值	100MB
数据文件增长增量	64MB
日志逻辑文件名称	Vehicle1_log

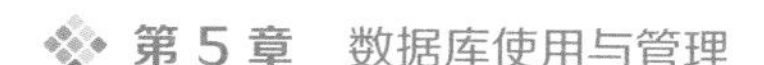

日志文件名称　　　　c:\...\ Microsoft SQL Server\MSSQL\DATA \Vehicle1_log.ldf
日志文件初始化大小　8 MB
日志文件大小最大值　100 MB
日志文件增长增量　　64 MB

（2）修改Vehicle1_log日志文件的最大值。建议使用ALTER DATABASE命令将日志文件的最大值由100 MB更改为150 MB。

（3）查看、验证创建的Vehicle1数据库。

执行sp_helpdb系统存储过程查看数据库，执行sp_spaceused系统存储过程查看数据库被分配的存储空间。

实验实例3：编辑维护数据库

实验知识点：使用数据库收缩、重命名并会删除数据库。

实验步骤：

（1）数据库收缩可优化数据库空间，使用命令dbcc shrinkdatabase(databasename)缩小数据库Vehicle1中的数据文件大小，要求数据库收缩后的数据库文件中所要的剩余可用空间百分比为10%。

（2）将数据库Vehicle1重命名为Vehicle2。在查询编辑器中键入使用命令sp_renamedb原数据库名,更改的数据库名。

（3）在查询编辑器中输入命令drop database删除数据库Vehicle2。

实验实例4：设置数据库选项

实验知识点：通过设置数据库选项，了解数据库选项的作用。

实验步骤：

（1）在SQL Server Management Studio中，单击“数据库”。

（2）右击弹出快捷菜单，选择“Vehicle”数据库，选择“属性”。

（3）在“选项”选项卡中选择“其他选项”→“状态”→“数据库为只读”→True。在查询分析器中输入创建表Car_Info的Transact-SQL语句：

CREATE TABLE Car_Info (Car_ID varchar(50), Car_Type varchar(30), Electricity float, Mileage float, Car_Colour varchar(50), Car_Seat small int, Car_No varchar(20), Car_State varchar(20))

（4）实验完毕后，请将数据库只读的选择取消。

> **注意：**
> 将数据库Vehicle设置为只读，不能在数据库中创建对象或写入数据。

3. 实验思考

（1）如果数据文件占满磁盘应如何处理？

（2）使用SQL Server Management Studio收缩数据文件空间时需要注意什么问题？收缩的语句是什么？

本章参考文献

[1]胡艳菊. SQL Server 2019数据库原理及应用[M]. 北京：清华大学出版社, 2020.

[2]王珊, 萨师煊. 数据库系统概论[M]. 5版. 北京：高等教育出版社, 2014.

[3]HAMMER M, SARIN S K. Efficient monitoring of database assertions[C]//Proceedings of the 1978 ACM SIGMOD international conference on management of data. 1978: 159-159.

[4]ABRAHAM SILBERSCHATZ, et al. Database System Concepts[M]. New York: McGraw-Hill, 2010.

[5]GORMAN K, HIRT A, NODERER D, et al. Introducing Microsoft SQL Server 2019: Reliability, scalability, and security both on premises and in the cloud[M]. Birmingham, UK: Packt Publishing Ltd, 2020.

[6]BOGGIANO T, FRITCHEY G. Query Store for SQL Server 2019[M]. Berkeley, California, USA: Apress, 2019.

[7]CREATE DATABASE[EB/OL].https://docs.microsoft.com/zh-cn/sql/t-sql/statements/create-database-transact-sql?view=sql-server-ver15&tabs=sqlpool.

[8]ZHAO Z, LU W, ZHAO H, et al. T-SQL: A Lightweight Implementation to Enable Built-in Temporal Support in MVCC-based RDBMS[J]. IEEE Transactions on Knowledge and Data Engineering, 2021, 1: 1.

[9]BOHM L. Refactoring Legacy T-SQL for Improved Performance[M]. Berkeley, California, USA: Apress, 2020.

[10]ALTER DATABASE SET 选项 (Transact-SQL) [EB/OL].https://docs.microsoft.com/zh-cn/sql/t-sql/statements/alter-database-transact-sql-set-options?view=sql-server-ver15.

[11]NOBLE E. PRO T. SQL 2019: Toward Speed, Scalability, and Standardization for SQL Server Developers[M]. Berkeley, California, USA: Apress, 2020.

[12]MODERN ELT, et al. The Definitive Guide to Azure Data Engineering[M]. Berkeley, California, USA: Apress, 2021.

第6章 数据表使用与管理

表是数据库中最重要、最基本的对象，是数据库管理的重要部分，通过云管理或者本地来存储数据。没有表，数据库也就失去了存在的意义。可以通过数据库管理系统提供的SQL语句或图形化界面对数据表进行操作。本章内容使用Transact-SQL（T-SQL）和SQL Server Management Studio（SSMS）来创建表、管理表，并利用这两种方法来向表添加约束和设置主键、外键等。

本章主要介绍数据表的使用和管理，首先讲述数据基本类型，然后讲述数据表的创建和使用、索引的创建和使用，最后讲述数据完整性的使用。

学习目标

- 掌握字段数据类型。
- 掌握数据表的创建。
- 掌握数据表的修改和重命名。
- 掌握添加、删除、修改数据表中的数据。
- 掌握索引的作用和使用。
- 掌握数据完整性的概念和使用。

6.1 字段数据类型

在数据库管理系统中，数据类型是创建表的基础。在创建表时，必须为表中的每列指派明确的数据类型。数据类型是指数据所代表信息的类型。例如，在SQL Server中提供了多种数据类型，同时允许用户自定义数据类型。下面将详细介绍这些数据类型的使用。

6.1.1 字符型数据类型

字符型数据是用一对单引号括起来由字母、数字或符号组合而成的数据，在内存中占用一个字节。例如“Rose”“1998”“&*es”都是合法的字符数据。字符数据类型主要有char、varchar和大值数据类型三种。

① **char**：固定长度的非unicode字符数据，最大长度为8000个字符；

② **varchar**：可变长度的非unicode 字符数据，最大长度为8000个字符；

③ **varchar(max)、nvarchar(max)**：大值数据类型。存储最大为（$2^{31}-1$）B的数据。大值数据类型在行为上和与之对应的较小的数据类型varchar(n)、nvarchar(n)相同。

注意：

varchar和char类型的主要区别是数据填充。如果有一列名为name，数据类型为varchar(20)的表，将值Brain存储到name列中，那么在物理上只存储5 B，但如果数据类型为char(20)，那么将使用全部20 B，SQL Server将插入拖尾空格来填满20 B。使用varchar类型可以节省空间，但会增加系统开销，所以一般小于或等于50 B的列，可存储为char数据类型，而超过这个长度，使用varchar数据类型比较合适。

6.1.2　数字型数据类型

数字型数据类型包括精确数字、近似数字两种。精确数字又分为精确整数和精确小数。

1. 精确整数

精确整数数据类型有四种，它们是bigint、int、smallint、tinyint。

- bigint：从 -2^{63} 到 $2^{63}-1$ 的整型数据。存储大小为8 B。
- int：从 -2^{31} 到 $2^{31}-1$ 的整型数据。存储大小为4 B。
- smallint：从 -2^{15} 到 $2^{15}-1$ 的整数数据。存储大小为2 B。
- tinyint：从0到255的整数数据。存储大小为1 B。

2. 精确小数

精确小数数据类型有两种：

- decimal：带定点精度和小数位数的numeric数据类型，从 $-10^{38}+1$ 到 $10^{38}-1$。
- numeric：功能上等同decimal。

注意：

decimal和numeric数据类型可存储小数点右边或左边的变长位数。如decimal(p,s)或numeric(p,s)，其中p为总位数，包括小数点左右两边的位数，s为小数点右边的位数。14.8853可表示为decimal(6,4)或numeric(6,4)。精度指的是最多可以存储的十进制数字的总位数，包括小数点左边和右边的位数，精度值的范围为1~38。

3. 近似数字

该数据类型所存储的不是数据精确值，而是这些值的近似值，类型有两种：float和real。

- float：占用8 B的存储空间，具体格式为float(n)，其中n的范围为1~53的整数值。
- real：存储正的或者负的十进制数值，占用4 B的存储空间，在 SQL Server 中，real的同义词为float(24)。

6.1.3　二进制型数据类型

二进制型数据类型包括三种：binary 、varbinary和image。

- binary (n)：固定长度的n个字节二进制数据。n是从1到8000的值。
- varbinary(n)：n个字节可变长二进制数据。n是从1到8000的值。
- varbinary(max)：大值数据类型，存储最大为($2^{31}-1$)B的数据。

6.1.4 时间/日期型数据类型

日期和时间型数据类型包括datetime 、smalldatetime、time、date、datetime2(n)和date-timeoffset数据类型。

➢ datetime：存储从1753年1月1日到9999年12月31日的日期和时间数据，每一个值要求8B，精确到百分之三秒（或3.33ms）。

➢ smalldatime：存储从1900年1月1日到2079年6月6日的日期和时间数据，每一个值要求4B，精确到1分钟。

➢ time(n)：只存储一天中的某个时间，不存储日期。这个时间基于24小时制，数据格式为：00:00:00.000000到 23:59:59.999999，需要5B的存储空间。n表示秒的小数秒精度，取值从0~7，默认的数据格式是hh:mm:ss.nnnnnnn。

➢ date：用于存储日期值，不存储时间。取值范围为0001年01月01日到9999年12月31日，需要3 B的存储空间，默认的数据格式是yyyy-MM-dd。

➢ datetime2(n)：该类型是datetime数据类型的扩展，有着更广的日期范围，取值范围为0001年01月01日到9999年12月31日，时间部分的精度是100 ns。其中n的取值从0~7，由于小数秒n的精度可以自主设置，其存储大小（Storage Size）不固定，DateTime2(n)占用的存储空间和小数秒的精度之间的关系是：

当小数秒的精度 n < 3 时，存储空间是1B（精度）+ 1B（数据）。

当小数秒的精度 n 是 3 ~ 4 时，存储空间是1B（精度）+ 7B（数据）。

当小数秒的精度 n 是 5 ~ 7 时，存储空间是1B（精度）+ 8B（数据），最大的小数秒精度是7，默认值是7。

➢ DateTimeOffset(n)：数据类型由date、time和 offset（时区偏移）三部分构成，包含了日期、时间和时区数据，其日期和时间使用是本地时间。在本地时间的基础上，使用时区偏移量（offset）来计算UTC时间，因此，DateTimeOffset(n)可以同时表示本地时间和UTC时间，默认的显示文本是：YYYY-MM-DD hh:mm:ss[.nnnnnnn] [{+|-}hh:mm]，默认值是1900-01-01 00:00:00 00:00。DateTimeOffset(n)能够表示的日期、时间和时区范围是：

表示的日期范围是：0001-01-01 到 9999-12-31。

表示的时间范围是：00:00:00 到 23:59:59.9999999，表示的时间精度是100ns。

表示的时区范围是：-14:00 到 +14:00。

设置日期的语法格式如下：

```
SET  DATAFORMAT  {format |@format_var}
```

其中，format | @format 是日期的格式。有效参数包括MDY、DMY、YMD、YDM、MYD、DYM。默认格式为MDY。

例题 6-1 设置日期格式为10/01/2021。

```
SET DATEFORMAT mdy
GO
DECLARE @datevar DATETIME
```

```
SET @datevar ='10/01/2021'
SELECT @datevar
```

注意：

SQL Server可以识别以下括在单引号中的日期和时间。

➢ 字母日期格式，如：'April 15,2021'。

➢ 数字日期格式，如：'4/15/2021'。

➢ 未分隔的字符串格式，如：'20211207'。

6.1.5　货币型数据类型

货币型数据类型表示货币数量，货币数据类型包括money和smallmoney。货币类型可以在输入数据时加上货币符号，如人民币￥、美元$等。

➢ money：货币数值介于 -2^{63} 与 $2^{63}-1$ 之间，money数据类型要求8 B，小数点后4位数字。

➢ smallmoney：货币数值介于-214748.3648与+214748.3647之间，smallmoney数据类型要求4 B。

6.1.6　Unicode数据类型

Unicode标准规定每个字符用两个字节来编码，所以在系统中使用unicode数据类型，就可以解决不同国家字符占用不同空间的问题。

unicode数据类型包括nchar、nvarchar和ntext等。

➢ nchar(n)：固定长度的Unicode 数据，最大长度为4 000个字符。

➢ nvarchar(n)：可变长度的Unicode数据，其最大长度为4 000个字符。

➢ nvarchar(max)：可变长度的Unicode数据，其最大长度为 $2^{31}-1$ 个字符。

6.1.7　特殊数据类型（时间戳、大值、系统视图systypes和types）

在SQL Server中特殊的数据类型有：bit、timestamp、uniqueidentifier、cursor、hierarchyid、SQL-Vaariant和XML等。

➢ bit：由1和0两种取值组成，使用bit数据类型可以表示真、假或on、off，但不能对bit的列使用索引。

➢ timestamp或rowversion（时间戳）：提供数据库范围内的唯一性，以二进制格式表示SQL Server活动的先后顺序。在数据库范围内，当timestamp所定义的列在更新或者插入数据行时，此列的值会被自动更新。如果建立一个名为“timestamp”的列，则该列的数据类型就会自动设为此数据类型。

➢ uniqueidentifer：全局唯一标识符（GUID），以十六进制数字表示一个全局唯一的标识。它是SQL Server 根据计算机网卡地址和CPU时钟产生的全局唯一标识符代码，该值可以通过newid( )函数获得。

➢ cursor：用于递归与迭代过程的数据临时备份。这是唯一一种不能被用于表中的数

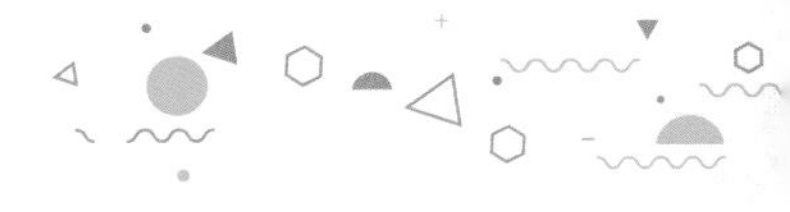

据类型，只能用作变量或存储过程参数，该类型类似于数据表。

➢ SQL-Variant：可以存储SQL Server 支持的各种数据类型，除了大值数据类型。可以方便SQL Server的开发工作。

➢ XML：存储XML数据的数据类型，可在列中或XML类型的变量中存储XML实例。

注意：

① SQL-Variant不包括text、ntext、image、timestamp、xml、varchar(max)、nvarchar(max)、varbinary(max)以及用户自定义的数据类型。

② cursor数据类型不能用于create table语句中。

6.1.8 自定义数据类型

在SQL Server中，用户可以根据需要自定义数据类型。用户可以用SQL语言或企业管理器来自定义数据类型。用户自定义数据类型定义后，它与系统数据类型一样使用。

创建自定义数据类型是为了加强数据库内部元素与基本数据类型之间的一致性。

1. 创建用户自定义数据类型

（1）使用Transact-SQL语句创建

使用系统存储过程sp_addtype创建，其语法格式如下：

```
sp_addtype  type_name ,phystype[(length)|([precision,scale]),null | not
null | identity]
```

主要参数说明如下：

➢ type_name：是用户定义的数据类型的名字。

➢ Phystype：是用户自定义数据类型所基于的系统数据类型，可以包括长度、精度、标度。

➢ null | not null | identity ：用户自定义数据类型的性质，分别为允许空值、不允许为空值、具有标识列性质。如果不指定列的性质，默认为not null。

例题 6-2 创建两个自定义数据类型。第一个为phoneNumber用户自定义数据类型，用来描述手机号码信息；第二个为birthday用户自定义数据类型，用来描述生日信息，然后操作使用它。

```
sp_addtype  phoneNumber,'varchar(11)','not null'
sp_addtype  birthday,datatime,'null'
CREATE TABLE User_Info(
    User_ID varchar(30) PRIMARY KEY,
    User_Name varchar(50),
    User_Mobilephone phoneNumber,
    User_birth birthday,
    User_PW varchar(50),
    User_Type varchar(30)
);
```

（2）使用SQL Server Management Studio创建自定义数据类型

进入SQL Server Management Studio，选择“数据库”选项，展开Vehicle_DB数据库，

单击“可编程性”，选择“类型”，右击“用户自定义数据类型”，在弹出的快捷菜单中选择“新建用户自定义数据类型”，打开对话框如图6-1所示，输入要定义的数据名称，选择数据类型，输入数据长度，确定是否允许为空，单击“确定”按钮。

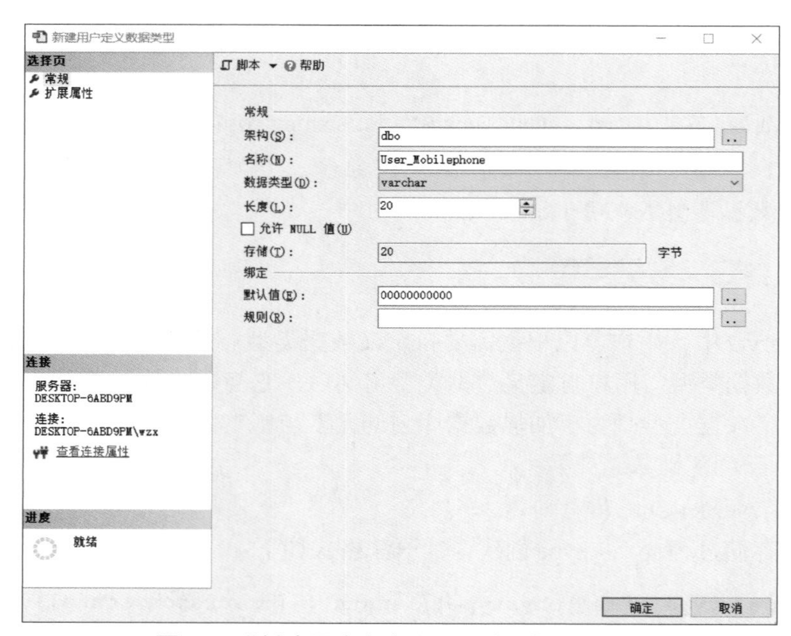

图6-1　“创建用户自定义数据类型”对话框

2. 查看用户自定义数据类型

可以用系统存储过程sp_help或企业管理器来查看用户定义的数据类型的特征，其语法格式如下：

```
sp_help  自定义数据类型名称
```

例如查看birthday用户数据类型，即可使用sp_help birthday。

3. 重命名用户自定义数据类型

使用过程sp_rename 可以很方便地重新命名一个用户自定义数据类型，其语法格式如下：

```
sp_rename  旧名称，新名称
```

例如重命名birthday用户数据类型为birthday1，即可使用sp_rename birthday birthday1。

4. 删除用户自定义数据类型

使用过程sp_droptype来删除一个已经定义且未被使用的用户自定义数据类型，其语法格式如下：

```
sp_droptype 自定义数据类型名
```

必须注意不能删除正在被表或其他数据库使用的用户自定义数据类型。例如删除postalcode用户数据类型，即可使用sp_droptype postalcode。

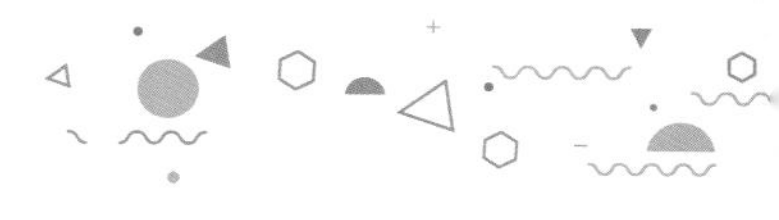

6.2 数据表操作

在学习了数据类型后，继续学习如何建立数据表进行信息存储。表是重要的数据库对象，它可以用来存储数据信息，在此基础上用户可以建立其他数据库对象，如索引、触发器、存储过程等。

6.2.1 创建表

一个数据库中的表由行和列组成，表中设计的列属性决定可存储的数据信息。表和列的名称必须遵循标识符的格式。在一个数据库中不能有同名表，在不同表中可以有相同的列名。

数据表是存储各种数据的容器，其特点为：

➢ 在数据库中表名是唯一的，在一个表中，列名是唯一的，但不同的表可以有相同的列名。

➢ 每个表最多1 024列，每行最多8 060 B的数据信息。

➢ 表中行被称为记录，列被称为字段，行和列的次序任意。

1. 使用Transact-SQL创建数据表

创建数据表语法格式如下：

```
CREATE TABLE table_name
      [column_name <data_type>
      [ NULL | NOT NULL ] | [ DEFAULT constant_expression ] | [ ROWGUIDCOL ]
      { PRIMARY KEY | UNIQUE } [ CLUSTERED | NONCLUSTERED ]
      [ ASC | DESC]
      ] [ , … n ]
```

主要参数说明如下：

➢ table_name：为新创建表指定的名字。

➢ column_name：列名称，列名称必须唯一。

➢ data_type：列的数据类型。

➢ NULL | NOT NULL：表示确定列中是否允许使用空值。在数据库中NULL是一个特殊值，不同于空字符或数字0，也不同于零长度字符串，它表示数值未知。如果某字段的空值属性为NOT NULL，表示拒绝空值；如果空值属性为NULL，表示接受空值，默认情况下系统认为字段为NULL状态。

> **注意：**
> 为了存储信息的精确性，通常情况下可以将数据表的字段设置为NOT NULL，若要测试数据列中的空值，可在WHERE子句中使用IS NULL或IS NOT NULL。

➢ DEFAULT：用于指定列的默认值。默认值是指在插入记录时没有指定字段值的情况下，自动使用的值。

➢ ROWGUIDCOL：指示新列是行GUID列。对于每个数据表，只能将其中的一个

uniqueidentifier列指定为ROWGUIDCOL列。

➢ PRIMARY KEY：主键约束，通过唯一索引对给定的一列或多列强制实体完整性的约束。每个数据表只能创建一个PRIMARY KEY约束。PRIMARY KEY约束中的所有列都必须定义为NOT NULL。

➢ UNIQUE：唯一性约束，该约束通过唯一索引为一个或多个指定列提供实体完整性。

➢ CLUSTERED | NONCLUSTERED：表示为PRIMARY KEY或UNIQUE约束创建聚集索引还是非聚集索引。

➢ [ASC | DESC]：指定加入数据表约束中的一列或多列的排序顺序，ASC为升序排列，DESC为降序排列，默认值为ASC。

➢ [,…n]：允许创建多个字段。

例题 6-3　创建车辆信息表（Car_Info），包括Car_ID（车辆编号）、Car_Type（车辆型号）、Electricity（车辆电量）、Mileage（车辆总里程）、Car_Colour（车辆颜色）、Car_Seat（车辆座位数）、Car_No（车辆牌照）和Car_State（车辆状态）信息，其中 Car_ID 为标识列。

创建车辆信息表的方法如下：

```
CREATE TABLE Car_Info(
      Car_ID varchar(30) PRIMARY KEY identity(1,1),
      Car_Type varchar(30) NOT NULL,
      Electricity float,
      Mileage float,
      Car_Colour varchar(50),
      Car_Seat smallint,
      Car_No varchar(20),
      Car_State varchar(20)
);
```

注意：

identity表示该字段的值会自动更新，不需要维护。通常情况下不可以直接给identity修饰的字符赋值，否则编译时会报错。identity(m,n)，其中m表示的是初始值，n表示的是每次自动增加的值，如果m和n的值都没有指定，则默认为（1,1）。

基于云管理的无人驾驶园区智能交互系统数据库中其他表的创建方法如下：

① 行驶记录表：

```
CREATE TABLE Car_RunRecord(
     Run_ID varchar(30) PRIMARY KEY,
     Car_ID varchar(30) FOREIGN KEY(Car_ID) REFERENCES Car_Info(
Car_ID),
     StartStation_ID varchar(30) FOREIGN KEY(StartStation_ID) REF
ERENCES Station_Info(Station_ID),
     EndStation_ID varchar(30) FOREIGN KEY(EndStation_ID) REFER
ENCES Station_Info(Station_ID),
```

```
    Avg_Speed float,
    Min_Speed float,
    Max_Speed float,
    Mileage float,
    StartTime datetime,
    EndTime datetime,
    );
```

② 车故障信息表：

```
CREATE TABLE Car_Trouble(
    Trouble_Code varchar(30) PRIMARY KEY,
    Car_ID varchar(30) FOREIGN KEY(Car_ID) REFERENCES Car_Info(Car_ID),
    Trouble_Time datetime,
    Trouble_Name varchar(100)
    );
```

③ 站点信息表：

```
CREATE TABLE Station_Info(
    Station_ID varchar(30) PRIMARY KEY,
    Space_ID varchar(30) FOREIGN KEY(Space_ID) REFERENCES Space_Info
(Space_ID),
    Station_Name varchar(50),
    Station_X float,
    Station_Y float
    );
```

④ 场地信息表：

```
CREATE TABLE Space_Info(
    Space_ID varchar(30) PRIMARY KEY,
    Space_Name varchar(50),
    Site_Num smallint
    );
```

⑤ 用户表：

```
CREATE TABLE User_Info(
    User_ID varchar(30) PRIMARY KEY,
    User_Name varchar(50),
    User_Mobilephone varchar(20),
    User_PW varchar(50),
    User_Type varchar(30),
    User_birth datetime
    );
```

⑥ 车记录表：

```
CREATE TABLE Car_Hailing (
     Hailing_ID varchar(30) PRIMARY KEY,
     User_ID varchar(30) FOREIGN KEY(User_ID) REFERENCES User_Info
(User_ID),
     Car_ID varchar(30) FOREIGN KEY(Car_ID) REFERENCES Car_Info(Car_ID),
     StartStation_ID varchar(30) FOREIGN KEY(StartStation_ID) REFER
ENCES Station_Info(Station_ID),
     EndStation_ID varchar(30) FOREIGN KEY(EndStation_ID) REFERENCES
Station_Info(Station_ID),
     Hire_Time datetime,
     Finish_Time datetime
     Mileage float
     );
```

2. 使用SQL Server Management Studio创建数据表

下面以数据库Vehicle_DB中表User_Info为例，介绍使用SQL Server Management Studio创建表的过程。

① 进入SQL Server Management Studio，分别单击“数据库”→“Vehicle_DB”→“表”，再单击菜单“操作”→“新建表”。

② 依次输入字段名User_ID、User_Name、User_Mobilephone、User_birth、User_PW、User_Type及相应的数据类型、字段长度等设置值，保存数据表名为User_Info。注意，User_Mobilephone 和User_birth字段的数据类型使用用户自定义的数据类型phoneNumber和birthday，具体操作如图6-2所示。

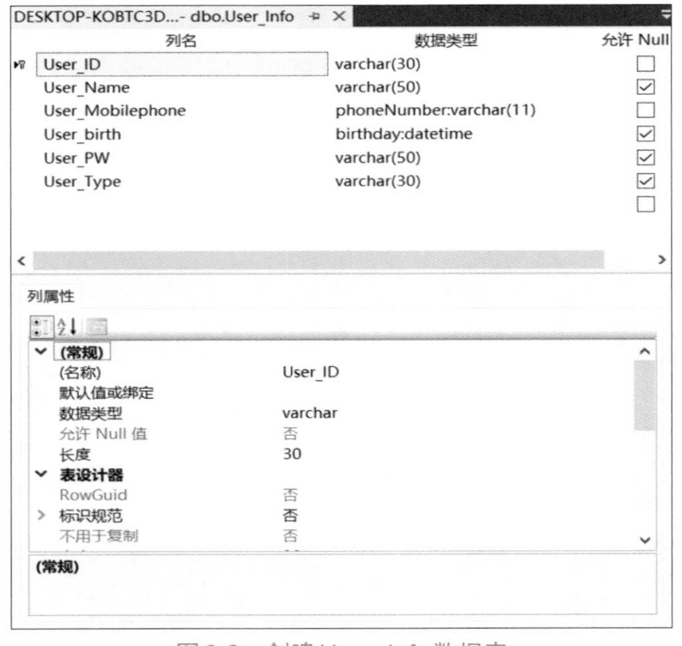

图6-2　创建User_Info数据表

③ 选择要设置为计算列的列，在对应“列属性”的设计框中单击“计算所得的列规范”项左边的“+”，在展开的“公式”项对应的输入栏输入公式设置计算列与标识列。标识列的设置：选择要设置为标识列的列，在对应“列属性”的设计框中单击“标识规范”项左边的“+”，在展开的“公式”项对应的“标识增量”和“标识种子”对应的输入栏中输入标识增量和标识种子值即可。

3. 向表中添加约束

SQL Server允许在表中添加约束。添加约束的目的是为保证数据的完整性。也就是说，约束主要用于保证数据的一致性及有效性。约束主要有主键、外键、唯一性、默认值和检查等。

➢ 主键：每个表都可以设置主键，但只能有一个主键约束。主键用于强制列不允许为空，列值必须唯一。

注意：

主键可以是任何一列，也可以是多列组合。

➢ 外键：一个表的主键可做另一个表的外键。外键可强制实现数据库的应用完整性。

➢ 唯一性：唯一性约束容易与主键相混淆。唯一性约束强制某列不允许插入重复值，可以有空值。

➢ 默认值：当表中某列通常为一个特定值，使用默认值约束可以在插入数据时省去不少工作。

➢ 检查约束：检查某个被插入的值是否符合事先设计的逻辑条件，验证数据的有效性。

（1）使用 SQL Server Management Studio 添加约束

进入SQL Server Management Studio，分别单击“数据库”→“Vehicle_DB”→“表”，右击User_Info表，在弹出的快捷菜单中选择“设计”。

（2）建立主键约束

右击要设为主键的列，如“User_ID”，在弹出的快捷菜单中选择“设置主键”，如图6-3所示。

（3）建立默认值约束

选择要设默认值的列，如“User_Type”，在“列属性”窗口定位到“默认值或绑定”属性，在属性框的右侧输入默认值，如“普通用户”，如图6-4所示。

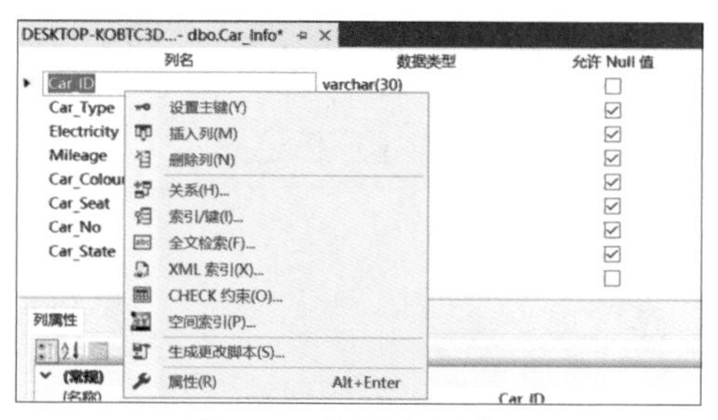

图 6-3　设置主键窗口

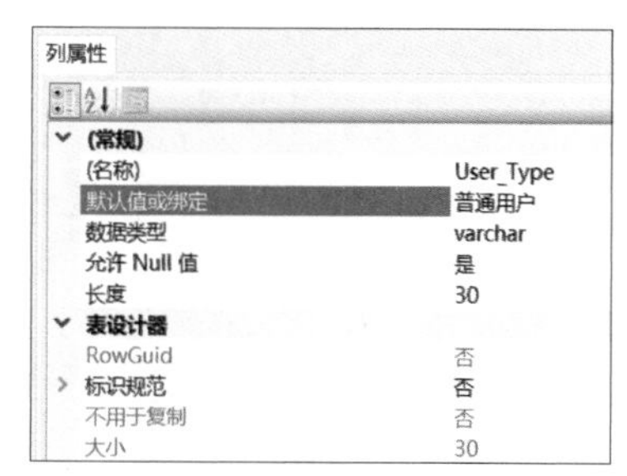

图 6-4　“默认值或绑定”设置

（4）建立外键约束：站点的外键

① 展开约车表，右击“键”文件夹，在弹出的快捷菜单中选择“新建外键”，在弹出

的“外键关系”对话框中的“名称”属性的值文本框中输入自定义的外键名，如图6-5所示。

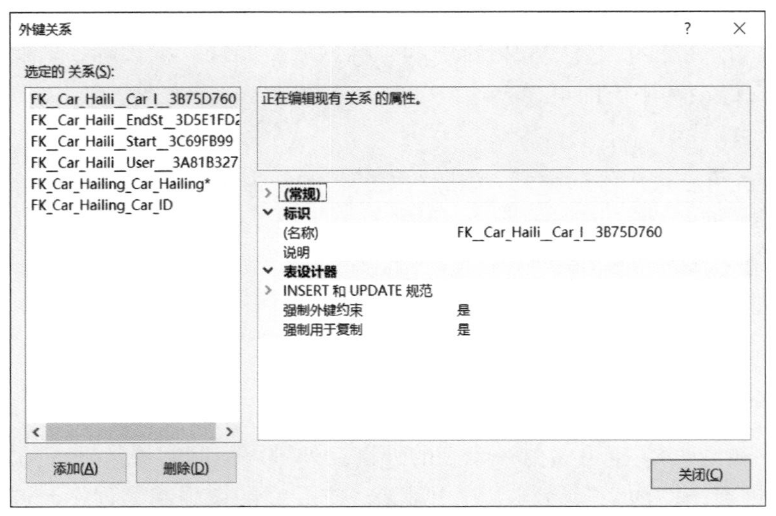

图6-5　外键设置窗口

② 单击“表和列规范”属性，单击随之出现的省略号按钮，在“主键表”的下拉菜单里选择表，在“主键表”下拉列表中选择设为外键的属性，左右两侧选择的属性一致，如图6-6所示。

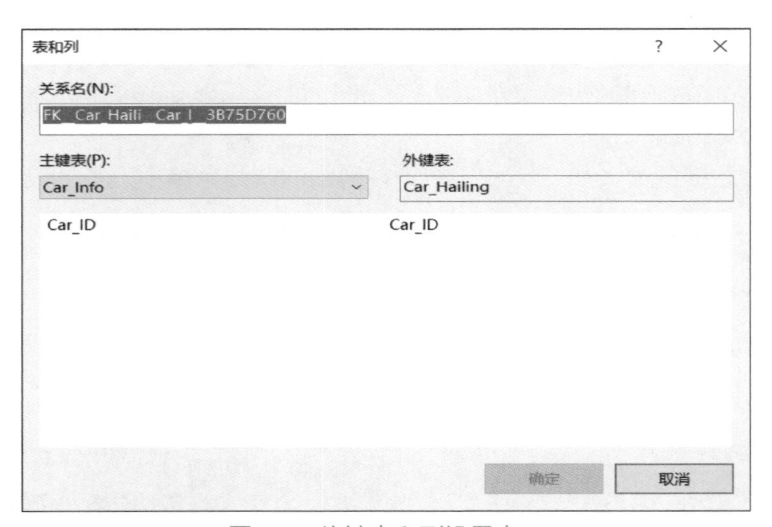

图6-6　外键表和列设置窗口

③ 单击“确定”→“关闭”→“保存”→“是”。

（5）建立唯一性约束

① 选择要建立唯一性约束的列，右击，在弹出的快捷菜单中选择“索引/键”，单击“添加”，如图6-7所示。

② 将“类型”的属性框设置为“唯一键”，从“是唯一的”属性框的下拉列表中选择

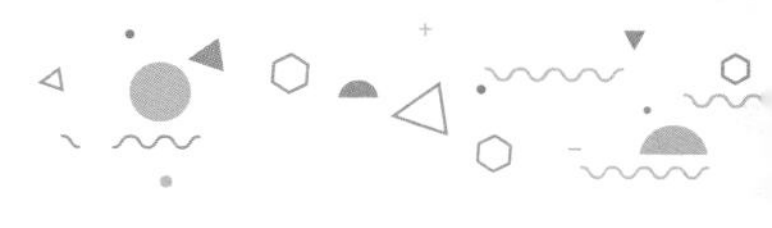

“是”，单击“列”属性框，单击随之出现的“...”按钮，在弹出框的“列名”下拉列表中选择要排序的属性，在右侧的下拉列表中选择“升序”或“降序”，如图6-8所示。

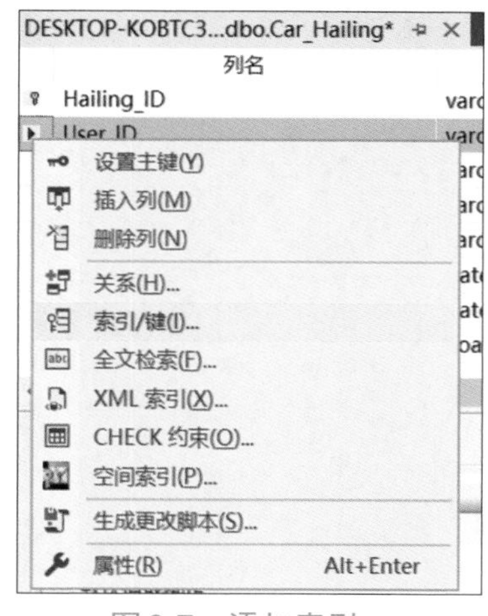

图6-7　添加索引

图6-8　索引设置顺序

③ 单击“确定”→“关闭”→“保存”。也可在“约束”上建立约束，右击“约束”，从弹出的快捷菜单中选择“新建约束”。

④ 单击“表达式”，单击随之出现的“...”按钮，在弹出的对话框中输入约束条件，如图6-9所示。

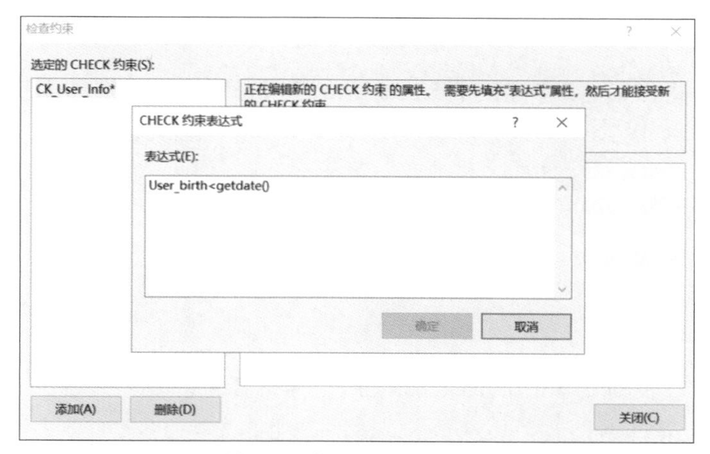

图6-9　设置约束表达式

6.2.2　修改表结构

用户在创建完数据表之后可能会由于实际需要对表的结构进行修改，这时就需要使用修改表结构的语句。

1. 使用Transact-SQL修改表结构

使用ALTER TABLE语句可以为表添加或删除列，也可以修改列性质，其语法格式如下：

```
ALTER TABLE table
         {
          [ ALTER COLUMN column_name
         { new_data_type [ ( precision [ , scale ] ) ]
          [ NULL | NOT NULL ]}]
         | ADD
           { [ < add_column_name add_data_type > ]} [ ,...n ]
           | DROP COLUMN {drop_colum_name } [ ,...n ]
         }
```

主要参数说明如下：

- column_name：要修改的列名。
- new_data_type：要修改列的新数据类型。
- precision：是指定数据类型的精度。
- scale：是指定数据类型的小数位数。
- add_column_name：要添加到表中的列名。
- add_data_type：要添加到表中的列的数据类型。
- drop_colum_name：要从表中删除的列名。
- [,...n]：可以有多个列。

例题 6-4　将例题6-2中建的表User_Info的User_Name字段的长度改为20且非空。

```
ALTER TABLE User_Info
ALTER COLUMN User_Name varchar(20) NOT NULL
```

例题 6-5　将例题6-2中建的表User_Info增加一个用户性别和用户年龄字段，字段名字可以为User_Sex和User_Age。

```
ALTER  TABLE  User_Info
ADD  User_Sex varchar(10)

ALTER TABLE USE_Info
ADD  User_Age int
```

例题 6-6　将表User_Info的新增加的字段User_Sex删除。

```
ALTER TABLE User_Info
DROP COLUMN User_Sex
```

2. 使用SQL Server Management Studio修改表的结构

在SQL Server Management Studio中，选中要查看的数据表，右击，在弹出的快捷菜单中选择“修改”，打开表设计器即可修改表结构。基本步骤如下：

① 启动SQL Server Management Studio。

② 单击“数据库”→“Vehicle_DB”→“表”，SQL Server Management Studio右边区域显示数据库Vehicle_DB中所有的表。

③ 右击要修改的表User_Info，在弹出的快捷菜单中选择“设计表”，系统将弹出如图6-10所示的窗口。

④ 如要增加一列，先选择新增加列的新位置，然后右击，在弹出的快捷菜单中选择“插入列”，这时，窗口会在选定列的前面出现一个空行，只要在空行里输入相应的列信息就可以了。

⑤ 如要删除一列，可右击要删除的列，在弹出的快捷菜单中选择“删除列”。

⑥ 如要更改列的名称、数据类型、长度可以在此窗口上直接修改，如图6-10所示，修改User_ID的数据类型为text。

⑦ 修改完成后，单击工具栏上的“保存”按钮即可。

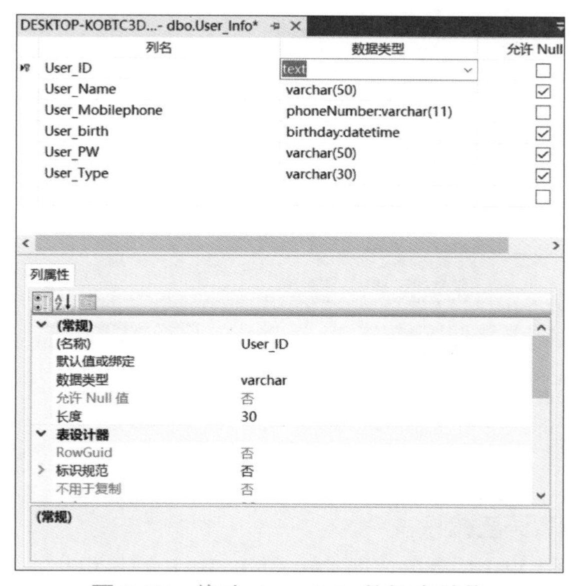

图6-10　修改User_Info数据表结构

6.2.3　表的重命名

对表重命名可以修改表名，但修改表的名字将影响访问数据表的应用程序以及其他数据库对象对该表的使用，故对数据表的重命名要慎重使用。

1. 使用Transact-SQL语言对表重命名

重命名表使用系统存储过程sp_rename，语法格式如下：

```
sp_rename table_old_name , table_new_name
```

主要参数说明如下：

➢ table_old_name：原有表名。

➢ table_new_name：新表名。

例题 6-7　将表User_Info表改名为User。

```
sp_rename User_Info,User
```

2. 使用SQL Server Management Studio进行

进入SQL Server Management Studio，单击“数据库”→“Vehicle_DB”→“表”，右击要删除或重命名的表，如将Staffroom改为Staff room，在弹出的快捷菜单中选择“重命名表”即可，如图6-11所示。

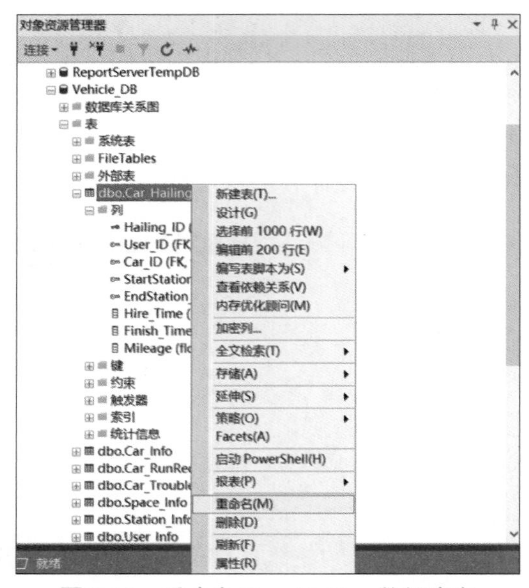

图6-11　重命名Car_Hailing数据表名

6.2.4　删除表

1. 使用Transact-SQL语言删除表

删除表使用DROP TABLE命令，且DROP TABLE语句可以一次性删除多个表，表之间用逗号分开。DROP TABLE命令的语法格式如下：

```
DROP TABLE    table_name
```

注意：

在使用DROP TABLE语句删除数据表时需要考虑几个问题。

- 系统表不能用DROP TABLE语句删除。
- DROP TABLE语句不能删除正被其他表中的外键约束参考的表，如果需要删除此表，必须先将外键去掉。
- 删除表的同时，该表所涉及的触发器及各种约束也将被删除。

2. 使用SQL Server Management Studio删除表

进入SQL Server Management Studio，分别单击“数据库”→“Vehicle_DB”→“表”，右击要删除的表Car_Hailing，在弹出的快捷菜单中选择“删除”，在弹出的窗口中单击“确定”按钮即可，如图6-12所示。

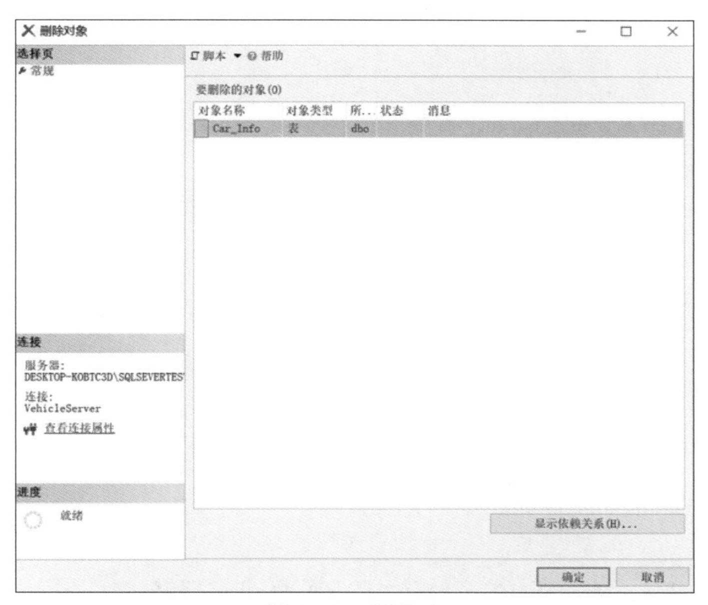

图 6-12　删除表

6.2.5　查看表属性

可以通过系统存储过程 sp_help 来查看表中数据列相关的信息，其语法格式如下：

```
sp_help table_name
```

例题 6-8　查看数据库 Vehicle_DB 中数据表 User_Info 的基本信息。

```
sp_help  User_Info
```

系统返回查询结果如图 6-13 所示。

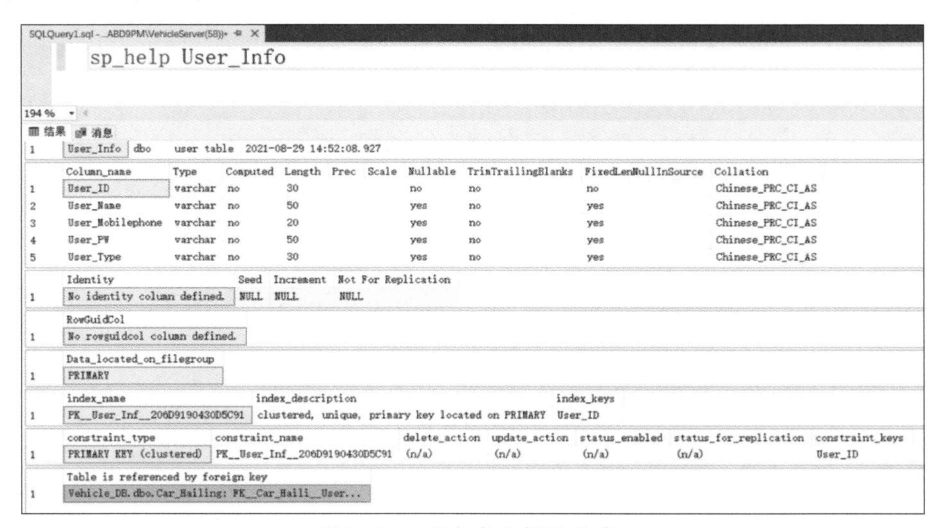

图 6-13　查询表中相关信息

可以通过系统存储过程sp_spaceued来查看表行数及表格所用存储空间信息，其语法格式如下：

```
sp_spaceused table_name
```

使用系统存储过程sp_depends可以查看表的相关性关系，即表与表之间所建立的关联，其语法格式如下：

```
sp_depends  table_name
```

例题 6-9　查看实例数据库Vehicle_DB中与数据表Car_Info有相关信息的表名。

```
sp_depends [Car_Info]
```

系统返回查询结果如图6-14所示。

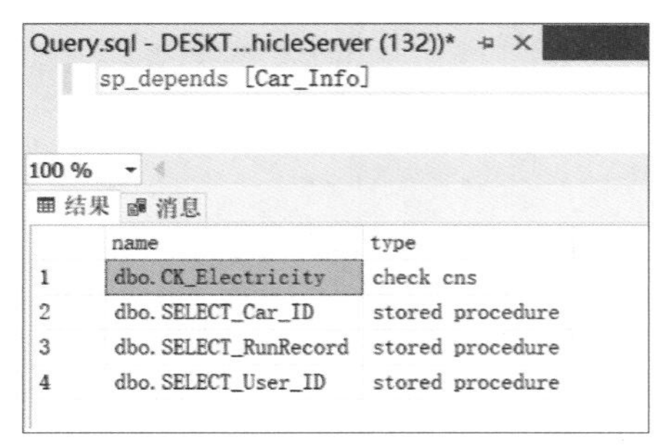

图6-14　查询表中相关性信息

6.3 添加、修改和删除表记录

数据表创建以后，存放数据的容器就有了，但这只是一个空容器，需要向表中存放数据，数据表才有意义。向表中插入数据是创建表之后执行的操作，插入数据的类型需要在表结构中定义，对于不需要的数据应及时删除以免浪费系统存储空间。

6.3.1 使用Transact-SQL语言添加、修改、删除表记录

1. 添加数据记录

向数据表中添加数据记录可使用INSERT INTO语句，其语法格式如下：

```
INSERT [INTO ]
{table_name |view_name} [(column_list)]
   { VALUES (values_list) |SELECT_statement }
```

其主要参数说明如下：

- table_name |view_name：要插入数据的表名及视图名。
- column_list：要插入数据的字段名。
- values_list：与column_list相对应的字段的值。
- SELECT_statement：通过查询向表插入数据的条件语句。

> **注意：**
>
> 在使用INSERT INTO语句向表添加数据时要考虑的问题：
>
> - 当完全按照表中列的顺序来设置VALUES子句中的值时，可以在INSERT INTO子句中省略表中列名。
> - 向表中添加数据时，数字数据可以直接插入，但是字符数据和日期数据要用英文单引号引起来，否则系统会报错。

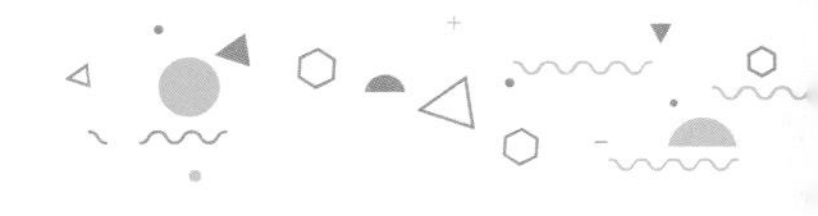

➢ 对于具有IDENTITY属性的列，其值由系统给出，用户不必往表中插入数据。

➢ 具有NULL属性或者有一个默认值的字段，用户可不向该字段插入数据。

➢ 如果在INSERT语句中包含SELECT语句，一次插入多行数据记录。

例题 6-10 向用户信息表User_Info中插入一行数据记录，一行基本信息如下：用户编号为标识列；用户账号为LiHua；手机号码为12345678910；用户生日为10/1/2001；用户密码为123qwer；用户类型为普通用户。

```
INSERT INTO  User_Info
VALUES
('LiHua', '12345678910', '10/1/2001', '123qwer', '普通用户')
```

2. 更新数据

在SQL Server中，对数据的修改是通过UPDTAE语句实现的。使用UPDATE语句可以一次修改一行数据，也可以一次修改多行数据记录，其语法格式如下：

```
UPDATE { table_name | view_name}
SET { column_list |variable_list }=expression
[WHERE search_conditions ]
```

主要参数说明如下：

➢ table_name | view_name：要更新数据的表名或视图名。

➢ column_list |variable_list：要更新数据的字段列表或变量列表。

➢ expression：更新后新的数据值。

➢ WHERE search_conditions：更新数据所应满足的条件。

注意：

UPDATE只能在一张数据表上实现，且更新后的数据必须满足数据表的约束条件。

例题 6-11 将示例题6-10插入的用户账号“LiHua”改为“YangYang”。

```
UPDATE User_Info
SET User_Name='YangYang'
WHERE User_Name='LiHua'
```

3. 删除数据

当用户不需要数据表中的数据时，可以将其删除，以节约系统存储空间，对表中数据记录删除可以用DELETE语句来实现，语法格式如下：

```
DELETE [FROM] table_name
  WHERE search_conditions
```

注意：

➢ DELETE语句使用要非常谨慎，最好配合后面章节介绍的WHERE子句一起使用。

➢ 在删除表中数据记录时，表结构依然存在于数据库中。如果要删除表结构，应该使用DROP TABLE语句。

例题 6-12 将用户编号为“1”的用户记录删除。

```
DELETE FROM User_Info
WHERE User_ID='1'
```

如果想删除User_Info表中的所有数据，直接执行DELETE FROM User_Info或者DELETE User_Info即可。

6.3.2 使用SQL Server Management Studio添加、修改、删除表记录

在SQL Server Management Studio中，选中要查看的数据表，右击，在弹出的快捷菜单中选择“编辑前200行”，可以打开查询表数据的窗口。该窗口显示了表中已经存储的数据。当用户要添加数据记录时，分别单击“数据库”→“Vehicle_DB”→“表”，右击要添加数据的表，如表Car_Info，在弹出的快捷菜单中选择“编辑前200行”。将光标定位在空白行某个字段的编辑框中，就可以输入新数据，具体显示如图6-15所示。

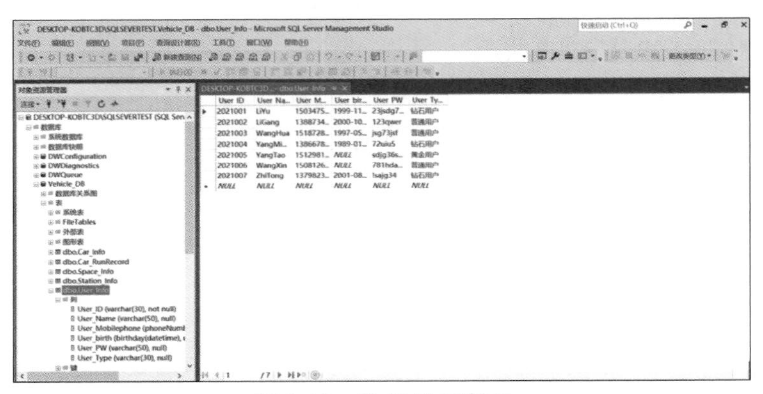

图6-15　数据显示窗口

当修改数据记录时，可以把鼠标定位在SQL Server Management Studio窗口任一列上，对此单元格的数据进行修改，也可以右击单元格，在弹出的快捷菜单中选择“删除”将某条记录删除掉。

需要注意的是，带有约束条件的表中字段，比如数据类型、空值约束、CHECK约束（如取值范围）等，在添加记录、修改记录、删除记录时都不能违反完整性约束，否则系统会报错。

6.4 索引的创建与管理

6.4.1 SQL Server 索引概述

SQL Server以数据页的形式存储，每8个相连的数据页被称为一个区域或扩展。当用户在进行数据查询时扫描表所占用的所有页信息，称其为“表扫描”。那么为什么数据库

要引用索引的概念呢？使用索引进行数据操作时是采用遍历索引树结构的方式，以加快检索速度。索引是网络数据库SQL Server中又一个常用而重要的数据库对象。创建索引可以大大提高数据库的检索速度，改善数据库性能。

索引是一个单独的、物理的数据库结构，是为了加速对表中的数据行的检索而创建的一种分散存储结构。索引是针对一个表而建立的，每个索引页面中的行都含有逻辑指针，指向数据库表中的物理位置，以便加速检索物理数据。索引使用要注意适度，因为过多使用索引会占用存储空间和系统开销。

实例分析

在有500行记录的User_Info表中查找用户编号是20210105的记录中的用户名称（User_Name）字段。如果没在这张表上针对用户编号建立索引，则数据库管理系统在执行操作时必须遍历表中每一行，显示符合要求的字段。这种遍历每一行记录并完成查询的过程即上面提到的“表扫描”。

SQL Server执行一次表扫描，将依此读取所有数据页。对只有500行数据的小表来说，执行一次表扫描并不算很麻烦，但如果是User_Info表的数据记录的10000倍，记录总量达到5000000行，这么多信息又该如何操作呢？就算只有一条记录，并且记录就在第1页上，SQL Server也不得不在所有的数据页中查找用户编号是20210105的用户名称（User_Name）。

如果在用户编号字段上增加一个索引，由于该索引包括一个指向数据的指针，所有使用该索引完成查询的方式与表扫描不同。数据库管理系统只沿着索引排列的顺序对仅有一列数据的索引表进行读取，直至找到符合要求的用户编号。然后，沿着索引指针的指向转移到数据表上，查找到相应的数据。由于索引总是按照一定的顺序进行排列，所以对索引进行扫描的速度要大大快于对表进行扫描的速度。

用户可以在任何字段上建立索引吗？建立索引是不是有利于数据检索呢？下面我们来分析一下创建索引的优缺点。

1. 创建索引的优点

① 可以加快数据记录检索速度。

② 通过创建唯一索引，可以保证数据记录的唯一性。

③ 在使用ORDER BY和GROUP BY子句进行检索数据时，可以显著减少查询中分组和排序的时间。

④ 查询优化器依靠索引起作用。这主要是因为在执行查询时，SQL Server会自动对查询进行优化，而这优化是由索引来进行的，可以加速连接表查询和执行排序或分组查询的速度。

⑤ 如果在创建索引时定义了唯一性，则强制执行唯一性。

⑥ 可以加速表和表之间的链接。

2. 创建索引的缺点

① 创建索引要花费时间和占用存储空间。创建索引需要占用存储空间，如创建聚簇索引需要占用的存储空间是数据库表占用空间的1.2倍。

② 建立索引加快了数据检索速度，却减慢了数据修改速度。一个数据表如果建立大量

索引会影响插入、删除和更新语句的性能，更改表中的数据时，所涉及的索引都要进行调整。修改的数据越多，涉及维护索引的开销也就越大。如果将一些数据行插入到一个已经放满行的数据页面上，还必须将这个数据页面中最后一些数据移到下一个页面中去，这样还必须改变索引页中的内容，以保持数据顺序的正确性，故对建立了索引的表执行修改操作要比未建立索引的表执行修改操作所花的时间要长。

注意：

对创建索引的建议：

1. 考虑创建索引的列

如果在一个列上创建索引，该列就称为索引列。索引列中的值称为关键字值。考虑创建索引的列有如下这些：

① 在经常需要搜索的列上，可以加快搜索的速度。

② 在作为主键的列上，强制该列的唯一性和组织表中数据的排列结构。

③ 在经常用在连接的列上，这些列主要是一些外键，可以加快连接的速度。

④ 在经常需要排序的列上创建索引，因为索引已经排序，这样查询可以利用索引的排序，加快查询速度。

⑤ 在经常使用 WHERE 子句的列上创建索引，可以加快判断速度。

⑥ 在经常根据范围搜索的列上创建索引，因为索引已按照一定的顺序排列，范围是连续的，可加快搜索速度。

2. 不考虑创建索引的列

建立索引需要产生一定的存储开销，在进行插入和更新数据操作时，维护索引也要花费时间和空间，因此没有必要对表中的所有列都建立索引。创建索引与否以及在哪些列上建立索引，要看建立索引和维护索引的代价与因建立索引所节省的时间相比哪个更合算。一般来说，如下一些列不考虑建立索引：

① 很少或从来不在查询中引用的列，因为系统很少或从来不根据这个列的值去查找数据行。

② 只有两个或很少几个值的列（如性别，只有两个值“男”或“女”），以这样的列创建索引并不能得到建立索引的好处。

③ 对于那些定义为 text，image 和 bit 数据类型的列不应该增加索引。

④ 当修改性能远远大于检索性能时，不建议创建索引，因为修改性能和检索性能是相互矛盾的，增加索引，会提高检索性能，降低修改性能；减少索引，会提高修改性能，但会降低检索性能。

6.4.2　索引分类

1. 聚簇索引和非聚簇索引

在 SQL Server 中，根据索引对数据表中记录顺序的影响，索引可以分为聚簇索引（Clustered Index）和非聚簇索引（Nonclustered Index）。

如果在一个表中建立了聚簇索引，那么表中的数据页会依照该索引的顺序来存放。由于一个数据表只能有一种实际的存储顺序，所以在一个数据表中只能建立一个聚簇索引。

例如有一个数据表名为User_Info中，在建立聚簇索引以前，记录的原始存储顺序如表6-1所示。

表 6-1　记录的原始存储顺序

编　号	姓　名	性　别	用户类型
1001	刘亮	男	普通用户
1002	赵华	男	钻石用户
1003	王楠	男	普通用户
1004	李磊	男	黄金用户

如果基于字段“姓名”建立了一个聚簇索引，那么表中的记录将会自动按照姓名的拼音顺序进行存储，如表6-2所示。

表6-2　建立一个聚簇索引

编　号	姓　名	性　别	用户类型
1004	李磊	男	黄金用户
1001	刘亮	男	普通用户
1003	王楠	男	普通用户
1002	赵华	男	钻石用户

在插入记录时，如果没有建立聚簇索引，记录会添加为表中的最后一条。也就是说，记录的存储顺序将按照输入记录的顺序进行存储。如果建立聚簇索引，则按照索引所在列顺序排列。

非聚簇索引不会影响数据表中记录的实际存储顺序。例如数据表User_Info，若基于“姓名”创建了非聚簇索引，虽然索引顺序是按照字母排序的，但是在数据表中记录的实际存储顺序不会因索引的创建而发生变化。也正因为上述原因，可以在一个表中创建多个非聚簇索引，但是每个表最多可以有249个非聚簇索引。

（1）聚簇索引说明

① 每张表只能有一个聚簇索引。

② 由于聚簇索引改变表的物理顺序，所以应先建聚簇索引，后创建非聚簇索引。

③ 创建索引所需的空间来自用户数据库。

④ 主键是聚簇索引的良好候选者。

（2）非聚簇索引说明

① 创建非聚簇索引实际上是创建了一个表的逻辑顺序对象。

② 索引包含指向数据页上的行指针。

③ 一张表可创建不多于249个非聚簇索引。

④ 创建索引时，默认为非聚簇索引。

2. 唯一索引和复合索引

无论是聚簇索引还是非聚簇索引，如果考虑到索引键值是否重复，可设置为唯一索引；如果考虑索引字段组成情况，可设置为组合索引。

（1）唯一索引

创建唯一索引的字段或字段组合的值在表中必须具有唯一性，即表中任何两条记录的索引值都不能相同。如果表中基于某个字段或字段组合有两条以上的记录中拥有相同的值，将不能基于字段或字段组合创建唯一索引。

（2）复合索引

由多个字段的组合创建的索引，称为复合索引。复合索引同时也可以是唯一索引。复合索引中单独的字段值却可以重复。

最多可以由16个字段组合成一个复合索引，其所有字段必须在同一个表中。

3. 基于行的索引

基于行的索引是传统的索引，这种索引实现依据数据页中的行。

（1）群集索引

群集索引基于键列存储和排序数据。每个表只有一个群集索引，当表定义包括主键约束时，就会默认创建群集索引。

（2）非群集索引

非群集索引包含索引键值和行定位器，行定位器指向实际的数据行。如果没有群集索引，行定位器就是该行的指针。如果存在群集索引，行定位器就是该行的群集索引键。非群集索引主要有以下两种：

① 覆盖索引：是在叶级包含非键列的非群集索引，可以改进查询性能、覆盖更多的查询以及减少I/O操作。

② 筛选索引：可以采用WHERE子句指示将要索引哪些行。采用筛选索引可以改进查询性能和计划质量、减少索引维护成本和减少索引存储成本。

4. 基于列的索引

基于列的索引是在数据页中只存储列数据。这些索引基于VertiPaq引擎实现，允许采用高压缩率，能够在内存中处理大型数据集，通常在数据仓库事实表中使用。

> **注意：**
> 基于行的索引，数据通常存储在一个或多个数据页中；而基于列的索引，数据存储在多个不同的页面中，每一列对应一个页。

6.4.3 创建索引

1. 使用Transact-SQL语言创建索引

创建索引使用的是CREATE INDEX语句，且只有数据表的拥有者才可以创建索引。在创建索引之前首先要明确规定该列是否已经有索引。此外用户也可以在视图上创建索引，但创建视图时必须带参数SCHEMABINDING。使用Transact-SQL创建索引的语法格式如下：

```
CREATE [UNIQUE] [CLUSTERED | NONCLUSTERED] INDEX index_name
ON table_name (column_name  [ ASC | DESC ] [ ,...n ] )
    [WITH
        [PAD_INDEX]
        [[, ] FILLFACTOR = fillfactor]
        [[, ] DROP_EXISTING]
    ]
```

主要参数说明如下：

➢ UNIQUE：指定创建的索引是唯一索引。如果不使用这个关键字，创建的索引就不是唯一索引。

➢ CLUSTERED|NONCLUSTERED：指定被创建索引的类型。使用CLUSTERED创建的是聚簇索引；使用NONCLUSTERED创建的是非聚簇索引。这两个关键字中只能选其中的一个。

➢ index_name：为新创建的索引指定名字。

➢ table_name：创建索引的基表名字。

➢ column_name：索引中包含的列名字。

➢ ASC|DESC：确定某个具体的索引列是升序还是降序排序。默认设置为升序（ASC）。

➢ FILLFACTOR：是指叶级索引页的数据充满度，也称为填充因子。其值由参数fillfactor给出。索引是由叶级索引页和非叶级索引页组成，系统是按照盘区（Extents）为单位给索引分配空间，而一个盘区是由8页组成。一个索引可能由多个盘区组成，这些页有可能是不连续的。这样，一个索引的一些数据可能在硬盘的中间，而另一些数据可能在硬盘的边缘。这种不连续势必会影响查询速度。填充因子值是 1 到 100 之间的一个百分比。在大多数情况下，服务器范围的默认值 0 是最佳选项。如果将填充因子设置为 0，只填满页级索引页。如果向已满的索引页添加新行，数据库引擎将把大约一半的行移到新页中，以便为该新行腾出空间。这种重组称为页拆分。页拆分可为新记录腾出空间，但是执行页拆分可能需要花费一定的时间，此操作会消耗大量资源。此外，它还可能造成碎片，从而导致 I/O 操作增加。正确选择填充因子值可提供足够的空间以便随着向基础表中添加数据而扩展索引，从而减少页拆分可能性。例如，指定填充因子的值为 80 表示每个叶级页上将有 20% 的空间保留为空，以便随着在基础表中添加数据而为扩展索引提供空间。

> **注意：**
> 填充因子值 0 和 100 的意义是相同的。

➢ PAD_INDEX：FILLFACTOR指定的是叶级索引页的数据填满度，PAD_INDEX指定索引非叶级中每个索引页上保持开放的空间，即非叶级的索引页的数据充满度。PAD_INDEX 必须和FILLFACTOR一起使用，而且FILLFACTOR的值决定了PAD_INDEX指定的充满度。PAD_INDEX 选项只有在指定了 FILLFACTOR 时才有用，因为 PAD_INDEX 使用由 FILLFACTOR 所指定的百分比。

➢ DROP_EXISTING：删除先前存在的、与创建索引同名的聚簇索引或非聚簇索引。

例题 6-13　在Vehicle_DB数据库中场地信息表Space_Info的场地编号字段上创建唯一聚簇索引。

```
CREATE UNIQUE CLUSTERED INDEX Space_Info_ID_Ind
ON [Space_Info](Space_ID)
```

> **注意：**
> ① 当在一个表上创建PRIMARY KEY约束或UNIQUE约束时，数据库管理系统自动创建唯一性索引。不能在已经创建PRIMARY KEY约束或UNIQUE约束的列上创建索引。

定义PRIMARY KEY约束或UNIQUE约束与创建标准索引相比应是首选的方法。

② 唯一索引既可以采用聚簇索引的结构，又可以采用非聚簇索引的结构。其特征为不允许两行具有相同的索引值，可用于实施实体完整性。

③ 在创建索引过程中，表将被锁定。在非常大的表上创建索引或创建聚簇索引要花很长时间。在创建操作完成之前，将不能访问该表，所以最好在非峰值时间建立索引。

例题 6-14　在Vehicle_DB数据库的数据表User_Info上创建一个名为User_Info_Complex_Index的非聚簇复合索引，索引关键字为User_Name、User_Mobilephone，升序，填充因子50%。

```
CREATE NONCLUSTERED INDEX User_Info_Complex_Index
ON User_Info(User_Name ASC , User_Mobilephone ASC)
WITH
FILLFACTOR = 50
```

注意：

对复合索引说明需要注意的是：

- 在一个复合索引中索引列最多可以为16列。
- 复合索引列的顺序将影响系统查询速度，应首先定义最具唯一性的列,(列1，列2)上的索引不同于(列2，列1)上的索引。
- 使用复合索引可减少表上创建索引的数量。

2. 使用Transact-SQL语言维护和管理索引

删除索引的语法格式如下：

```
DROP INDEX  table.index [,…n]
```

例题 6-15　删除了例题6-13建立的索引。

```
DROP INDEX  Space_Info .Space_Info_ID_Ind
```

在创建索引之前或在创建索引之后，可以用sp_helpindex或sp_help系统存储过程查看表的索引。

例题 6-16　用系统存储过程sp_helpindex查看Vehicle_DB数据库中表User_Info的索引信息。

```
sp_helpindex User_Info
```

用户可以使用sp_ rename系统存储过程更改索引名称。

例题 6-17　用系统存储过程sp_ rename将表User_Info的索引User_Info_Complex_Index重新命名为User_Info_Com_Index。

```
sp_rename 'User_Info.User_Info_Complex_Index','User_Info_Com_Index','INDEX'
```

3. 使用SQL Server Management Studio创建索引

使用Microsoft SQL Server Management Studio创建索引的步骤如下：

① 启动SQL Server Management Studio工具，在“对象资源管理器”中，展开“数据库”→“Vehicle_DB”→“表”→“User_Info”。

② 展开表User_Info，在“索引”上右击，在弹出的快捷菜单中选择“新建索引…”命令，选择“聚集索引”或“非聚集索引”。

③ 弹出“新建索引”窗口，在“索引名称”文本框中输入索引的名称User_Info_Ind，如图6-16所示。

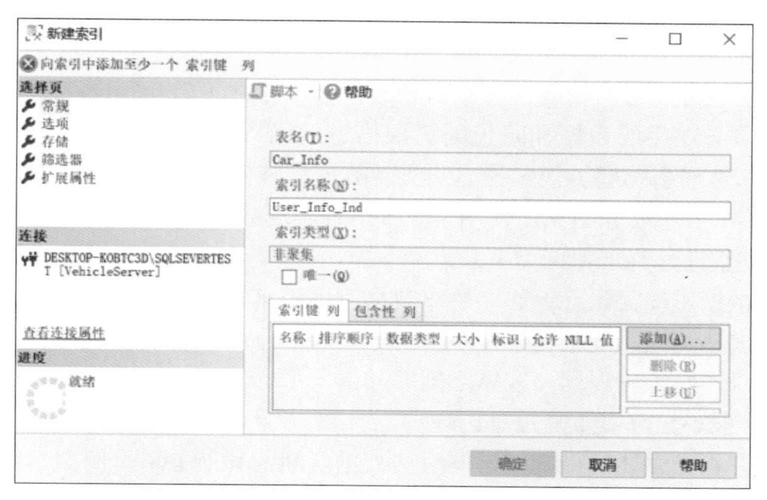

图6-16　“新建索引”窗口

④ 单击“添加…”按钮，弹出如图6-17所示对话框，选择要在其上创建索引的列为User_ID。

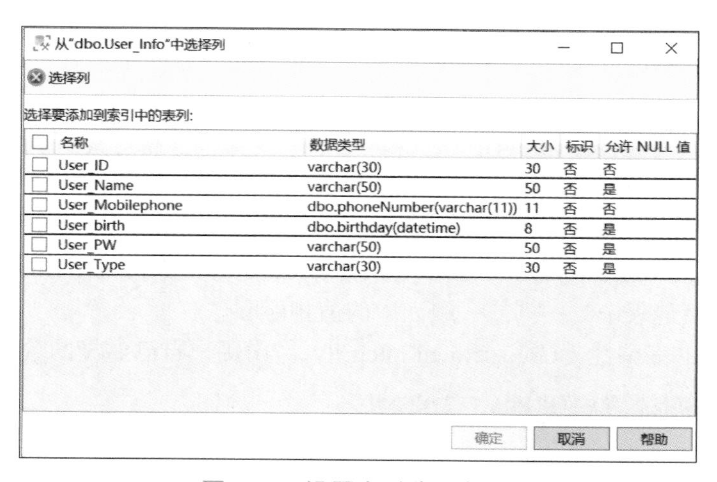

名称	数据类型	大小	标识	允许 NULL 值
User_ID	varchar(30)	30	否	否
User_Name	varchar(50)	50	否	是
User_Mobilephone	dbo.phoneNumber(varchar(11))	11	否	否
User_birth	dbo.birthday(datetime)	8	否	是
User_PW	varchar(50)	50	否	是
User_Type	varchar(30)	30	否	是

图6-17　设置索引选项窗口

⑤ 单击“确定”按钮，回到“新建索引”窗口。

⑥ 在“索引键列”下面单击“升序”，在下拉列表中选择排列顺序。

⑦ 单击“确定”按钮，即完成了索引的创建过程。

6.5 实现数据完整性约束

数据库中数据表的设计要充分考虑数据存储的有效性，即数据要保证正确。如果数据库中存储有不正确的数据值，则该数据库称为已丧失数据完整性。数据完整性（Data Integrity）的设计是数据表设计的一个重要组成部分。数据完整性可以在表结构创建或修改现有表结构时实现，但是建议使用前者方式即数据输入之前设计数据完整性，这样可以避免无效数据的输入。

数据完整性是指数据的精确性（Accuracy）和可靠性（Reliability）。它是防止数据库中存在不符合语义规定的数据和防止因错误信息的输入输出造成无效操作或错误信息而提出的。数据库管理系统提供很多种方式实现数据完整性，例如主键、外键、唯一键、规则、默认值等。本节主要介绍如何使用SQL Server实现数据完整性。

设计数据完整性是为了保证如下几点：

① 录入的数据正确无误。例如在约车数据库系统车辆信息表中每一个的车辆总里程都不能多于600 000，否则系统报错。

② 数据的录入必须确保同一表格之间的和谐关系。例如，约车数据库系统用户信息表中的用户编号字段不允许有重复信息出现。

③ 数据的存在必须能确保维护不同表格数据之间的和谐关系。例如，约车数据库系统车辆信息表和行驶记录表中的车辆编号一定要相对应，否则会出现有行驶记录却没有车辆编号的记录。

数据完整性可以进行如下分类：

① 实体完整性（Entity Integrity）：保证一个表中的每一行必须是唯一的（元组的唯一性）。为保证实体完整性，需指定一个表中的一列或一组列作为它的主键（Primary Key）。一个表中每行的主键必须确实含有一个值。一个表只能含有一个主键，如需要从其他列中除去重复的值，可以将一个或一组非主键列指定为一个候选键或唯一值键。

② 域完整性（Domain Integrity）：保证一个数据库包含有意义的值，即保证表的某一列的任何值是该列域（即合法的数据集合）的成员。方法是限制列的数据类型、精度、范围、格式和长度等。

③ 参照完整性（Referential Integrity）：实现在多个表之间，要求一列或一组列中的值必须要与相关的其他表中的一列或一组列中的值相匹配。

④ 用户定义的完整性（User-defined Integrity）：由用户自己定义的数据特征。

6.5.1 实现数据完整性约束的对象

完整性约束条件是实现数据完整性的核心内容，其作用的对象可以是列、元组和关系。

1. 列级约束

➢ 对数据类型的约束：包括数据类型、长度、精度等。

➢ 对数据格式的约束：例如规定用户编号的前四位表示注册年份，第五位和第六位表示月份编号，第七位和第八位表示注册次序编号。日期格式可以是YY.MM.DD或者

MM.DD.YY。

➢ 对取值范围或取值集合的约束：例如对车辆总里程的取值范围为 0 ~ 600 000；用户性别可能是“男”或者“女”。

➢ 对空值的约束：列是否允许为空。

2. 元组约束

元组的约束是元组中各个字段之间的联系，例如：开始日期小于结束日期。

3. 关系约束

关系约束是指若干元组之间、关系之间联系的约束。比如车辆信息表中的车辆颜色受车辆信息表的车辆型号的约束等。

6.5.2 数据完整性约束的类型

数据完整性约束有六种类型：非空约束、默认约束、检查约束、主键约束、唯一约束、外键约束。

➢ 非空约束（NOT NULL）：指出表中的某些列不允许有空值出现，实现方法可以是在建表时将该列声明为NOT NULL。

➢ 默认约束（DEFAULT CONSTRAINTS）：当向数据库中的表插入数据时，如果用户没有明确给出某列的值，数据库管理系统自动为该列输入指定值。

➢ 主键约束（PRIMARY KEY CONSTRAINTS）：要求主键的列上没有具有相同值的行，也没有空值。

➢ 唯一约束（UNIQUE CONSTRAINTS）：要求表中所有行在指定的列上没有完全相同的列值。

➢ 外键约束（FOREIGN KEY CONSTRAINTS）：要求正被插入或更新的列（外键）的新值，必须在被参照表（主表）的相应列（主键）中存在。

6.5.3 使用约束实现数据完整性

SQL Server所提供的实现完整性约束措施究竟能解决哪些问题呢？我们可以为某一字段或多个字段的组合设置一些约束条件，当向这些字段中输入数据时，SQL Server会根据约束信息检查输入的字段值，从而保证数据输入的正确性。

1. 使用Transact-SQL创建约束

创建约束可以在创建表时实现，也可以在修改表结构时实现。使用CREATE TABLE语句创建约束的语法格式如下：

```
CREATE TABLE table_name
      (column_name data_type
      [[CONSTRAINT constraint_name]
      {PRIMARY KEY [CLUSTERED | NONCLUSTERED]
      | UNIQUE [CLUSTERED | NONCLUSTERED]
      | [FOREIGN KEY] REFERENCES ref_table [(ref_column) ]
      | DEFAULT constant_expression
```

```
        | CHECK(logical_expression)}
        ] [,...n]
    )
```

主要参数说明如下：

➢ table_name：创建约束所在的表的名称。

➢ column_name：列名。

➢ data_type：数据类型。

➢ constraint_name：约束名。

使用ALTER TABLE语句创建约束的语法格式如下：

```
ALTER TABLE table_name
ADD [ CONSTRAINT ] 约束名
    {PRIMARY KEY [CLUSTERED | NONCLUSTERED]
    | UNIQUE [CLUSTERED | NONCLUSTERED]
    | [FOREIGN KEY] REFERENCES ref_table [(ref_column) ]
    | DEFAULT constant_expression
    | CHECK(logical_expression)}
] (column_name [, … n])
```

主要参数说明见使用CREATE TABLE语句创建约束的语法说明。

2. 使用主键约束

主键可以保证数据表中一个字段或多个字段组合值的唯一性，注意不允许该字段值为空值。

（1）使用Transact-SQL实现主键约束

对主键的操作有三种：

① 创建表格时定义。

② 在一个没定义主键的表格中定义。

③ 修改或删除表上已定义的主键。

为数据表设置主键约束的语法格式如下：

```
CONSTRAINT constraintname
PRIMARY KEY[CLUSTERED|NONCLUSTERED]
{(Column[…,n])}
```

参数说明如下：

➢ constraintname：如果默认，系统将会自动为创建的约束命名。

➢ [CLUSTERED|NONCLUSTERED]：指定约束类型。约束类型分为聚簇的（CLUSTERED）和非聚簇的（NONCLUSTERED）。如果默认，即为聚簇的（CLUSTERED）。

可以使用**sp_helpconstraint tablename**来查看表中的约束。

例题 6-18　在Vehicle_DB数据库中创建User_Info（用户数据表），包括User_ID（用户编号）、User_Name（用户账号）、User_Mobilephone（手机号码）、User_PW（用户密码）、User_Type（用户类型），将User_ID（用户编号）设置为主键。查看表中的约束。

方法1：

```
CREATE TABLE User_Info(
     User_ID varchar(30) CONSTRAINT PK_User_ID PRIMARY KEY,
     User_Name varchar(50),
     User_Mobilephone varchar(20),
     User_PW varchar(50),
     User_Type varchar(30)
     );
```

方法2：

```
CREATE TABLE User_Info(
     User_ID varchar(30) NOT NULL,
     User_Name varchar(50),
     User_Mobilephone varchar(20),
     User_PW varchar(50),
     User_Type varchar(30)
     );

ALTER TABLE User_Info
ADD CONSTRAINT PK_User_ID PRIMARY KEY(User_ID)

sp_helpconstraint User_Info
```

注意：

设置主键须注意：

➢ 每个表只能有一个主键约束：主键约束的值必须是唯一的；不允许有空值。

➢ 修改表上已经建立的主键时，只能先删除原来的主键再重新建立一个新的主键。当一列受到主键约束时，不允许修改这一列的长度。

➢ 当主键被别的表中的外键所引用时，不允许删除主键。除非首先将引用主键的外键删除。当主键成为其他表外键时，不允许删除主键。

➢ 当在不符合主键要求的表中增加主键时，SQL Server会返回错误的信息，并拒绝执行增加约束的操作。

（2）使用SQL Server Management Studio实现主键（Primary Key）约束

使用SQL Server Management Studio创建主键约束的具体步骤如下：

① 启动SQL Server Management Studio。

② 单击“数据库”→“Vehicle_DB”→“表”，SQL Server Management Studio右边区域显示数据库Vehicle_DB中所有的表。

③ 右击“表”，在弹出的快捷菜单中选择“新建表”，建立用户信息表，将其命名为“User_Info”，表结构如图6-18所示。

④ 在打开的表设计窗口中，选中需要设置主键约束的字段，然后单击工具栏中的“设

置主键”按钮，主键约束即设置成功。设置了主键约束的字段后，会在该字段左边的选择栏上添加一个钥匙图案。

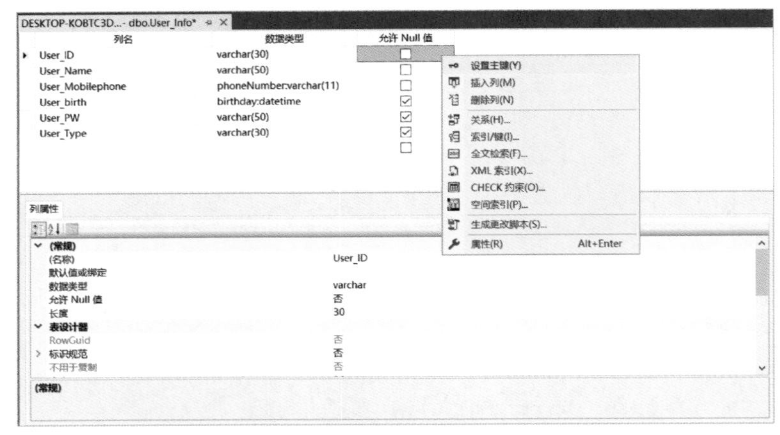

图6-18　在“设计表”设置主键

如果主键包括多个字段，可以按【Ctrl】键将多个字段选中，然后按照设置单字段主键的方式设置即可，但是一个表中只能设置一个主键约束。

3. 使用唯一性（Unique）约束

唯一性约束主要是用来确保在数据表中被约束的列上数据的唯一性。但是唯一性约束与主键约束是有区别的，主要表现在：

① 唯一性约束主要用在非主键的一列或多列上要求数据唯一的情况。

② 唯一性约束允许该列上存在NULL值，而主键决不允许出现这种情况。

③ 可以在一个表上设置多个唯一性约束，而在一个表上只能设置一个主键。

（1）使用Transact-SQL实现唯一性约束

对唯一性约束的操作有四种：

① 创建表格时定义唯一性约束，唯一性约束是表格定义的一部分。

② 在一个没定义唯一约束的表格中定义唯一性约束，所定义的列是已经有数据但没有重复值的列或列的集。

③ 在一个已经定义唯一约束的表格中定义唯一性约束，所定义的列也是已经有数据但没有重复值的列或列的集合。

④ 修改或删除表上已定义的唯一性约束。

为数据表设置唯一性约束的语法格式如下：

```
CONSTRAINT constraintname
    UNIQUE [CLUSTERED|NONCLUSTERED]
    {(Column[…,n])}
```

例题 6-19　在Vehicle_DB数据库中创建用户信息表User_Info，包括User_ID（用户编号）、User_Name（用户账号）、User_Mobilephone（手机号码）、User_PW（用户密码）、User_Type（用户类型），将User_ID（用户编号）设置为主键，将User_ID（用户编号）和

User_Name（用户账号）组合作为唯一约束条件。

方法1：

```
CREATE TABLE User_Info(
      User_ID varchar(30) CONSTRAINT PK_User_ID PRIMARY KEY,
      User_Name varchar(50) CONSTRAINT UN_User_ID_Name UNIQUE(User_ID,
User_Name),
      User_Mobilephone varchar(20),
      User_PW varchar(50),
      User_Type varchar(30)
);
```

方法2：

```
CREATE TABLE User_Info(
      User_ID varchar(30) CONSTRAINT PK_User_ID PRIMARY KEY,
      User_Name varchar(50),
      User_Mobilephone varchar(20),
      User_PW varchar(50),
      User_Type varchar(30)
);

ALTER TABLE User_Info
ADD CONSTRAINT UN_User_ID_Name
UNIQUE(User_ID, User_Name)
```

注意：

设置唯一性约束须注意：

➢ 允许为NULL。

➢ 一个表中可以有多个唯一性约束。

➢ 一个唯一性约束可以包含多个字段。

➢ 指定在同一列中不能有相同的值。

（2）使用SQL Server Management Studio实现唯一性约束

使用SQL Server Management Studio创建唯一性约束的具体步骤如下：

① 启动SQL Server Management Studio。

② 单击“数据库”→“Vehicle_DB”→“表”，SQL Server Management Studio右边区域显示数据库Vehicle_DB中所有的表。

③ 右击用户信息表User_Info，在弹出的快捷菜单中选择“修改表”表结构，如图6-19所示，为设置唯一性约束的表打开表设计器，选择工具栏中的“索引和键”按钮。

④ 打开表的属性窗口选择“新建”命令为该创建索引，此时系统分配的名称出现在“索引名”框中。在列名下展开字段的列表，选择需要附加约束的字段。若要将约束附加到多个字段，在后继行中选择其他的字段，本例中选择了用户账号字段“User_Name”建立唯一键，如图6-20所示，设置表和索引属性的菜单命令，选择“唯一键”复选框。

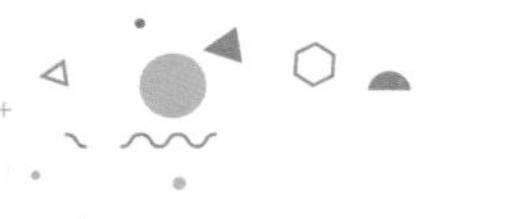

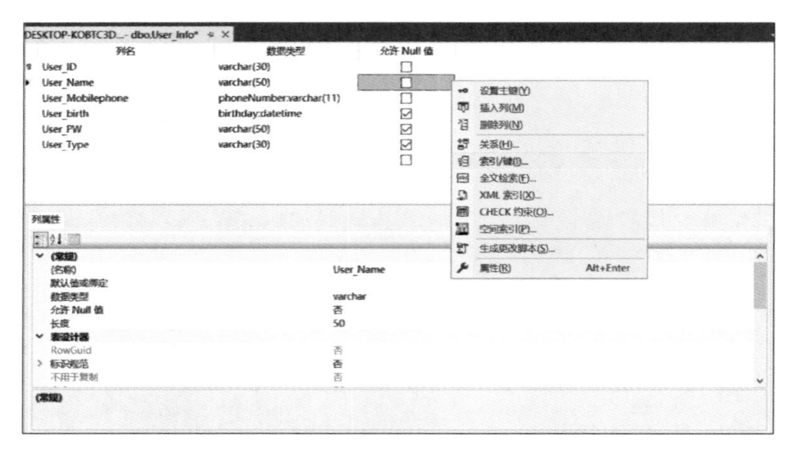

图6-19　在“设计表”选择设置唯一键

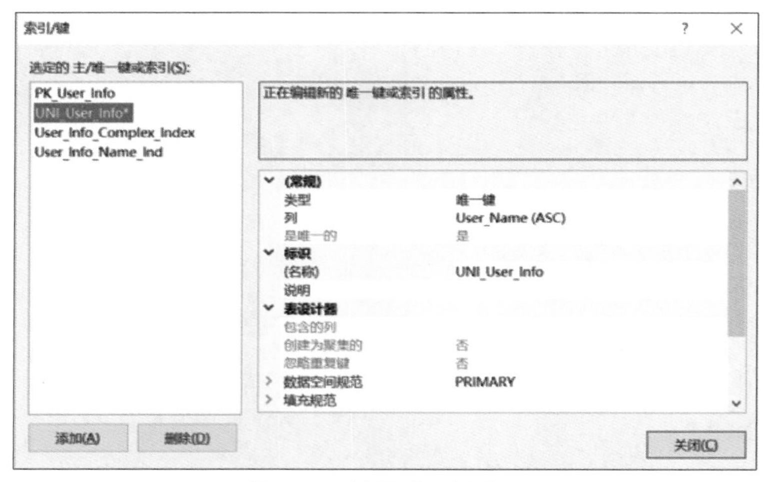

图6-20　设置唯一键窗口

4. 使用外键（Foreign Key）约束

外键约束是用于建立两个数据表之间关联的一个或多个字段。如果需要一个数据表中的一个或多个字段对应于另一个数据表中的主键字段或唯一性约束字段，就要通过定义外键约束实现两个表之间的关联。外键约束和检查约束都可以判断输入数值的有效性。所不同的是它们判断输入值有效与否的方式，外键约束从一个表中获得有效数值的列表，而检查约束基于逻辑表达式进行判断。

（1）使用 Transact-SQL 语言实现外键约束

对外键约束的操作有三种：

① 创建表格时，定义外键约束。

② 在已经创建的表上添加外键约束。

③ 修改或删除已经定义的外键约束。

为数据表设置外键约束的语法格式如下：

```
CONSTRAINT  constraintname
FOREIGN KEY
REFERENCES  ref_table  [(ref_column)]
[ON DELETE {CASCADE | NO ACTION}]
[ON UPDATE { CASCADE | NO ACTION}]
[NOT FOR REPLICATION]
```

主要参数说明如下：

➢ constraintname：如果默认，系统将会自动为创建的约束命名。

➢ ref_table：外键约束所引用的数据表名称。

➢ (ref_column[，…n])：外键约束所引用的数据表中的一个字段或多字段。

➢ ON DELETE {CASCADE | NO ACTION}：如果指定CASCADE，则在从父表（被引用的表）中删除被引用记录时，将从引用表中删除引用记录；如果指定NO ACTION，则在删除父表中删除被引用记录时，系统将返回一个错误信息并拒绝删除操作。该选项的默认值为NO ACTION。

➢ ON UPDATE { CASCADE | NO ACTION}：如果指定CASCADE，则在父表中更新被引用记录时，将在引用表中更新引用记录；如果指定NO ACTION，系统将返回一个错误消息并拒绝更新操作。

➢ NOT FOR REPLICATION：如果指定这个参数，则在数据通过复制添加到数据表时，不执行外键约束检查。

例题 6-20　将Vehicle_DB数据库场地信息表Space_Info中的Space_ID（场地编号）字段设置为站点信息表Station_Info中Station_ID（站点编号）字段的外键。

```
ALTER TABLE Station_Info
ADD CONSTRAINT FK_Station_Space_ID FOREIGN KEY(Station_ID)
REFERENCES Space_Info(Space_ID)
```

注意:

设置外键须注意：确保当前列中的值在被引用的表中相应的列中也有。只能引用被引用表中的主键或UNIQUE列。外键指定的列与被引用表中主键或UNIQUE列的数据类型相匹配。

（2）使用SQL Server Management Studio实现外键约束

使用SQL Server Management Studio创建外键约束的具体步骤如下：

① 启动SQL Server Management Studio。

② 单击“数据库”→“Vehicle_DB”→“表”→“Station_Info”，SQL Server Management Studio右边区域显示数据库Vehicle_DB中所有的表。

③ 右击“键”，将弹出如6-21所示快捷菜单，选择“新建外键”，系统将弹出图6-22所示的“外键关系”对话框，以命名外键名称。

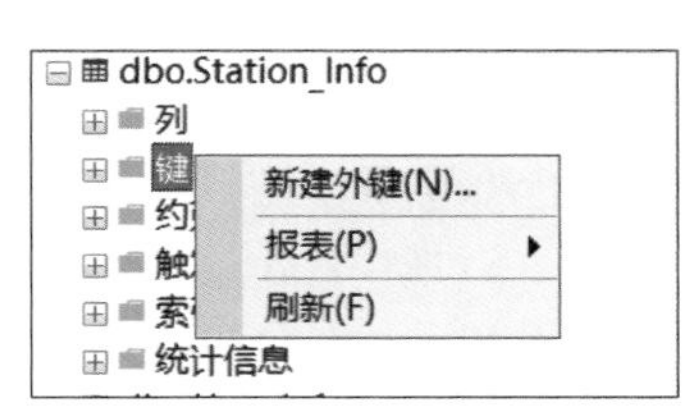

图6-21　选择“新建外键”

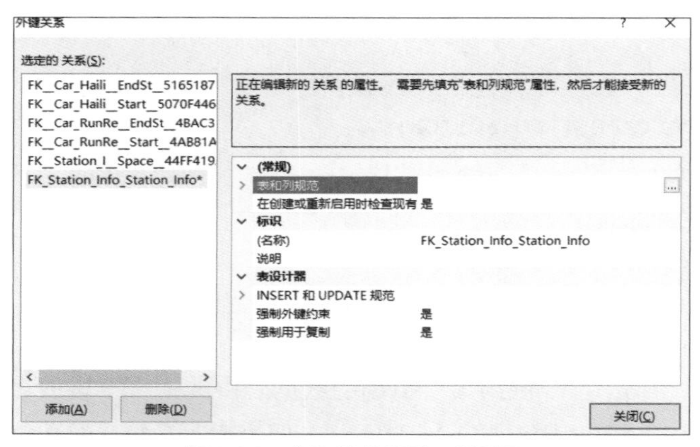

图6-22　“外键关系”对话框

④ 选择图6-22中的“…”按钮，系统继续弹出图6-23所示的“表和列”对话框来设置主键表和外键表信息，将Station_Info表中的Station_ID字段关联上Space_Info表中的Space_ID主键字段，作为其外键。

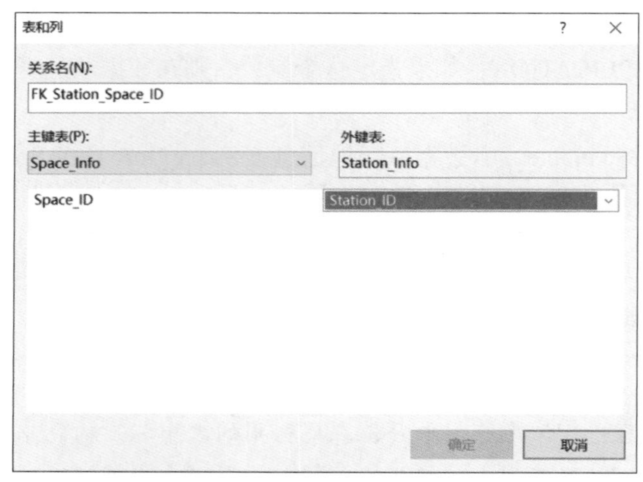

图6-23　设置主键和外键关联

5. 使用检查（CHECK）约束

检查约束通过检查数据表中字段的输入值是否符合设定的检查条件来强制数据的完整性。如果输入值不符合检查条件，系统将拒绝这条记录。例如通过创建检查约束，可将车辆信息表中“车辆总里程”字段的取值范围限制在0至600000之间，从而防止车辆总里程超出正常范围。

（1）使用Transact-SQL实现检查约束

对检查约束的操作有三种：

① 创建表格时，定义检查约束。

② 在已经创建的表上添加检查约束。

③ 插入或更新（Insert或Update）已经定义的检查约束。

为数据表设置检查约束的语法格式如下：

```
CONSTRAINT constraintname
CHECK (logical_expression)
```

参数说明如下：

➢ logical_expression：用于检查的逻辑表达式。

其他同前所述。

例题 6-21　将Vehicle_DB数据库车辆信息表Car_Info中Electricity（车辆电量）的取值范围设置为0至100。

```
ALTER TABLE Car_Info
ADD CONSTRAINT CK_Electricity CHECK(Electricity>=0 AND Electricity<=100)
```

注意：

设置检查约束须注意：

➢ 当向数据库中的表执行插入或更新操作时，检查插入的新列值是否满足CHECK约束条件。

➢ 不能在具有IDENTITY属性，或具有timestamp或uniqueidentifier数据类型的列上放置CHECK约束。

➢ CHECK条件不能含有子查询。

（2）使用SQL Server Management Studio实现检查约束

使用SQL Server Management Studio创建检查约束的具体步骤如下：

① 启动SQL Server Management Studio。

② 单击“数据库”→“Vehicle_DB”→“表”，SQL Server Management Studio右边区域显示数据库Vehicle_DB中所有的表。

③ 右击车辆信息表Car_Info，在弹出的快捷菜单中选择“设计”，表结构如图6-24所示为设置唯一性约束的表打开表设计器，选择工具栏中的“CHECK约束”按钮。

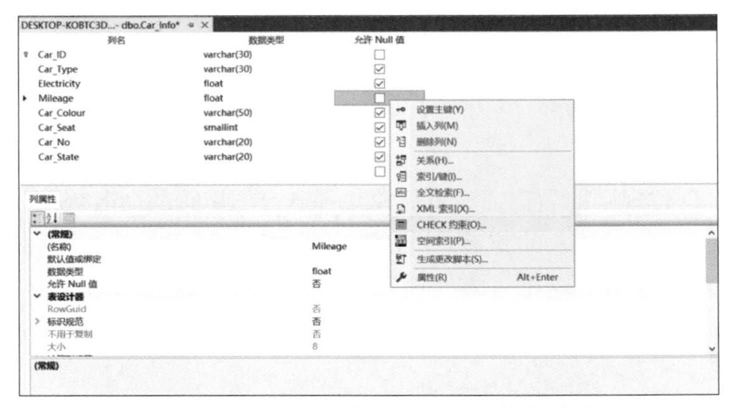

图6-24　在“设计表”选择设置检查约束

④ 在“检查约束”对话框中设置约束名称为CK_Mileage，如图6-25所示，主要用于约束车辆总里程，在“约束表达式”文本框中输入一条件表达式，例如在本例中，希望把车辆总里程的取值范围限定在0至600000，可以输入如下的条件表达式：

Mileage>=0 and Mileage<=600000。

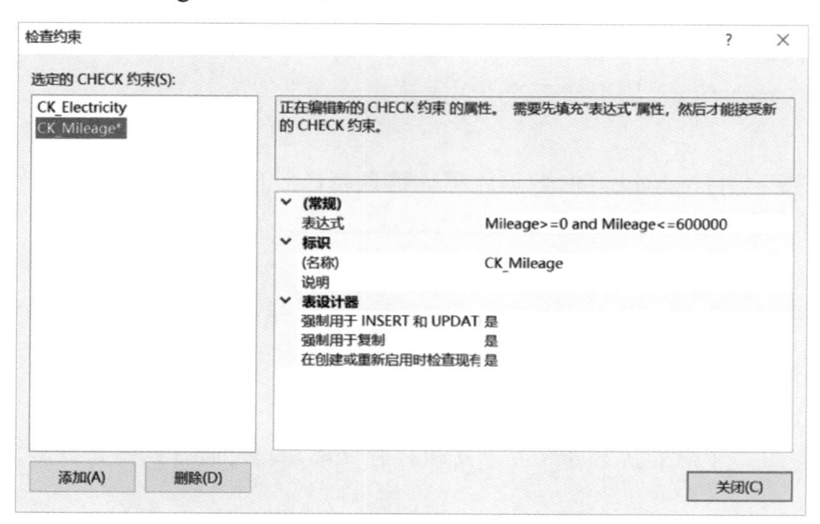

图6-25　设置“检查约束”对话框

6. 使用规则（RLUE）

规则是数据库对象之一，且可以和某列或用户定义的数据类型绑定在一起，限制输入新值的取值范围。它通常用于执行一些与检查约束相同的功能。规则用来验证一个数据库中的数据是否处于一个指定的值域范围内，是否与特定的格式相匹配。当数据库中数据值被更新或被插入时，就要检查新值是否遵循规则，如果不符合规则就拒绝执行更新或插入等操作。

使用规则一般分为四个步骤，分别是**创建规则、绑定规则、解除绑定规则和删除规则**。下面一一介绍规则的使用方法。

（1）创建规则

为数据表创建规则的语法格式如下：

```
CREATE RULE rulename
   AS condition_expression
```

主要参数说明如下：

➢ rulename：创建规则的名称，应遵循SQL Server标识符的命名规范。

➢ condition_expression：定义规则的条件表达式。该表达式可以是WHERE语句中任何有效的表达式，而且可以包含诸如算数符、关系运算符和谓词（如IN、LIKE、BETWEEN）之类的元素，但是在该规则表达式中不能引用字段或其他数据库对象。

（2）绑定规则

规则创建之后，只有将其绑定到某个列或用户自定义数据类型才能有效。使用系统存

储过程 sp_bindrule 可实现与表中的列及用户自定义数据类型的绑定。

绑定规则的语法格式如下：

```
sp_bindrule rulename, object_name
```

主要参数说明如下：

➢ rulename：由 CREATE RULE 语句创建的规则名字，它将与指定的列或用户定义数据类型相捆绑。

➢ object_name：指定要与该规则相绑定的列名或用户定义数据类型名。如果指定的是表中的列，其格式为“table.column”，否则被认为是用户定义数据类型名。

注意：

设置规则绑定时须注意：

➢ 绑定的规则只适用于受 INSERT 和 UPDATE 语句影响的行。

➢ 不能将规则绑定到系统数据类型或 timestamp 列。

（3）解除规则

使用系统存储过程 sp_unbindrule 可以解除由 sp_unbindrule 绑定到列或用户定义数据类型的规则。但被解除的规则仍然存在于数据库中。

解除规则的语法格式如下：

```
sp_unbindrule  rulename , object_name
```

具体参数说明如上所述。

（4）删除规则

在解除完规则绑定后用户可以使用 DROP RULE 删除由 CREATE RULE 命令创建的规则。

删除规则的语法格式如下：

```
DROP  RULE rule_name
```

具体参数说明如上所述。

注意：

删除规则绑定时须注意：

➢ 在删除规则之前需先从列中或用户定义数据类型中解除绑定。

➢ 只有规则所有者可以删除规则。

例题 6-22 建立规则并进行字段绑定，将 Vehicle_DB 数据库用户信息表（User_Info）中手机号码（User_Mobilephone）设置为 11 位字符数据，录入数据信息对所绑定的规则进行验证，最后将其删除。

```
CREATE RULE R_User_Phone
AS Datalength(@User_Mobilephone)=11
sp_bindrule R_User_Phone, 'User_Info.User_Mobilephone'

INSERT INTO User_Info VALUES
```

```
    ('2021001','小明','123456789','10/01/2000','123qwer','普通用户')
结果:
消息 513，级别 16，状态 0，第 1 行
列的插入或更新与先前的 CREATE RULE 语句所指定的规则发生冲突。该语句已终止。冲突发生于
数据库 'Vehicle_DB'，表 'dbo.User_Info'，列 'User_Mobilephone'。
语句已终止。
    INSERT INTO User_Info VALUES
    ('2021001','小明','12345678910','10/01/2000','123qwer','普通用户')
结果:
(1 行受影响)

    sp_unbindrule 'User_Info.User_Mobilephone'
    DROP RULE R_User_Phone
```

注意:

规则的作用和CHECK约束基本相同，区别在于一个列只能应用一个规则，但是却可以应用多个检查约束，且CHECK约束是标准方法。

7. 使用默认值

如果在插入记录时没有指定某字段的值，那么默认值将指定字段中所使用的值。默认值的使用方法与规则十分相似，首先需要创建一个默认值，然后将默认值与特定的表字段或用户自定义数据类型进行绑定。取消绑定即解除默认值的设定。

对默认值的操作有两种：

① 在CREATE TABLE中使用DEFAULT关键字创建默认值定义，将常量表达式指派为列的默认值。在这种方法中，定义的一个默认值只应用在某个特定的列上。

② 使用CREATE DEFAULT语句创建默认对象，然后使用sp_bindefault系统存储过程将它绑定到列上。在这种方法中，可以将一个已创建的默认绑定在多个列中。

使用默认值同规则的使用，一般分为四个步骤，分别是创建默认值、绑定默认值、解除默认值绑定和删除默认值。下面介绍默认值的使用方法。

(1) 创建默认值

为数据表设置默认值的语法格式如下：

```
CREATE  DEFAULT  defaultname
AS  constant_expression
```

主要参数说明如下：

➢ defaultname：默认值名称必须符合标识符的规则。

➢ constant_expression：此处为只包含常量值的表达式，该表达式中不能包含任何字段或其他数据库对象的名称。

默认值创建后，可使用系统存储过程sp_helptext查看默认值的SQL脚本。其语法格式如下：

```
sp_helptext  defaultname
```

（2）绑定默认值

创建默认值后，就可以使用sp_bindefault将其绑定到字段或用户定义数据类型。执行该操作的sp_bindefault语法格式如下：

```
sp_bindefault defaultname, 'object_name'
```

主要参数说明如下：

➢ defaultname：由CREATE DEFAULT语句创建的默认值名称。

➢ object_name：默认值将要绑定到的数据表和字段的名称或用户定义的数据类型。如果指定的是表中的列，其格式为"table_name.column"；否则被认为是用户自定义数据类型名。

注意：

设置默认值绑定时须注意：

➢ 绑定的默认值只适用于受INSERT语句影响的行。

➢ 不能将默认值绑定到系统数据类型或timestamp列。

➢ 若绑定了一个默认值到用户定义数据类型，又给使用该数据类型的列绑定了一个不同的默认值或规则，则绑定到列的默认值和规则有效。

（3）解除默认值绑定

一个默认值被绑定到表中的列或用户自定义的数据类型之后，可使用系统存储过程sp_unbinddefault解除其绑定。

解除默认值绑定的语法格式如下：

```
sp_unbindefault 'object_name'
```

主要参数说明如下：

➢ object_name：要解除和默认值绑定的表的列名或用户自定义数据类型名。如果指定的是表中的列，其格式为"table_name.column"，否则被认为是用户定义数据类型名。

绑定解除后，作为数据库对象的默认值仍然存在于数据库中。

（4）删除默认值

如果一个默认值不再使用了，可以用DROP语句将其删除。删除默认值的语法格式如下：

```
DROP DEFAULT defaultname
```

注意：

删除默认值绑定时须注意：

➢ 如果要删除一个默认值，必须解除这个默认值的所有绑定，否则该默认值就不能被删除掉。

➢ 只有默认值的所有者可以删除默认值。

例题 6-23　建立规则并进行字段绑定，将Vehicle_DB数据库用户信息表User_Info中User_Mobilephone（手机号码）设置默认值为00000000字符，录入数据信息对所绑定的规则进行验证，然后解除这个绑定，绑定解除后将该默认值删除。

```
CREATE DEFAULT D_Phone AS '00000000'
```

```
sp_bindefault D_Phone, 'User_Info.User_Mobilephone'
INSERT INTO User_Info
(User_ID,User_Name,User_birth,User_PW,User_Type)
VALUES ('2021001','小明','10/01/2000','123qwer','普通用户')
```

结果：
（1 行受影响）

```
sp_unbindefault  'User_Info.User_Mobilephone'
DROP DEFAULT D_Phone
```

小　结

本章以Microsoft SQL Server为例，介绍数据表的相关操作。数据表是一种重要的数据库对象，创建数据表时要首先分析所选定的数据类型，然后对数据存储的容量进行分析，在数据表创建之后，要在表及表之间增加数据完整性约束以增加限制。

下面对本章所讲主要内容进行小结：

① 介绍了字符型、数字型、二进制型、时间/日期型、货币型、Unicode等数据类型以及特殊数据类型、自定义数据类型。

② 介绍了数据表的操作，包括创建表，设计表结构；修改表；删除表；重命名表；向表中添加、修改和删除表记录。

③ 介绍了索引分类及创建方法，分析了创建索引的优缺点。

④ 介绍了数据完整性分类和实现数据完整性约束的对象，包括非空约束、默认约束、检查约束、主键约束、唯一约束、外键约束；此外还介绍了规则和默认值的操作。

习　题

1. 什么是约束？本章主要讲了哪几种约束？

2. 什么是规则和默认值？它们的作用分别是什么？

3. 设计一个图书馆管理数据库系统，包含图书表、管理员表、用户表、借阅记录表，有效使用主键、外键、唯一性约束及检查约束完成数据库的完整性设计。要求如下：

① 图书编号、管理员编号和用户编号唯一。

② 管理员的年龄在20~60之间。

③ 借阅记录表中要有图书编号、用户编号和管理员编号的字段。

4. 尝试在SQL Server Management Studio中设置默认值。

5. 设置为IDENTITY列的作用是什么？

实验3：创建和维护SQL Server数据表

1. 实验目的和任务

（1）掌握创建、查看、重命名及删除用户自定义数据类型的方法。

（2）掌握使用SQL Server Management Studio和Transact-SQL创建SQL Server数据表的方法。

（3）掌握数据表系统产生SQL Server脚本方法。

（4）掌握如何添加和删除数据列。

（5）能够向数据表中添加、删除及修改数据的方法。

2. 实验实例

实验实例1：创建用户自定义数据类型

实验知识点：在数据库中创建数据类型，并且使用、验证用户自定义数据类型。

实验步骤：

（1）输入并执行下面语句，创建用户自定义数据类型。

```
sp_droptype  credit
sp_addtype credit int , NULL
```

思考：创建的数据类型名称是什么？类型是什么？如何使用用户自定义数据类型？

（2）使用Transact-SQL语句创建一个名为coursename，数据长度为50，不定长字符，不允许为空的自定义的数据类型。

（3）使用系统存储过程sp_rename将自定义数据类型coursename重新命名为cname。

实验实例2：创建数据表

实验知识点：在数据库OrderMag中创建数据表。

实验步骤：

在创建的OrderMag数据库中，分别使用T_SQL语句和SSMS建立如下三张表：

（1）Store(Pno, Pname, Ptype，Pnum)

库存(零件号，零件名称，零件类别，零件数量)

（2）Order(Ono, Cno, Pno, Onum, Osum, Odate)

订单(订单号，顾客号，定购零件号，定购数量，订单金额，签订日期)

（3）Customer(Cno, Cname, Ctel, Caddr, Czip)

顾客（顾客号，顾客名称，电话，地址，邮编）

具体格式要求如表6-3~表6-5所示。

表6-3 Store库存表

字 段 名	说 明	数据类型与长度
Pno	零件号	char(6)
Pname	零件名称	varchar(20)
Ptype	零件类别	char(4)
Pnum	零件数量	int

表6-4　Orders 订单表

字　段　名	说　　明	数据类型与长度
Ono	订单号	char(6)
Cno	用户编号	char(6)
Pno	订购零件号	char(6)
Onum	订购数量	Int
Osum	订单金额	Int
Odate	订购日期	datetime

表6-5　Customer用户表

字　段　名	说　　明	数据类型与长度
Cno	用户编号	char(6)
Cname	用户名称	varchar(20)
Ctel	电话	varchar(12)
Caddr	地址	varchar(50)
Czip	邮编	char(6)

实验实例3：添加和删除数据列

实验知识点：使用ALTER TABLE语句修改表结构。

实验步骤：

（1）使用ALTER TABLE向订单表中添加一列，供货方式，字符型，长度为50。

（2）可以输入SELECT * FROM Orders校验表里面字段。

（3）使用ALTER TABLE将新插入的列删除。

（4）可以输入SELECT * FROM Orders校验表里面字段。

思考：如何修改Osum字段使它为money数据类型?

实验实例4：数据表编辑

实验知识点：实现对数据表中数据信息的插入、编辑、删除等操作。

实验步骤：

（1）使用Transact-SQL语言实现对三张表的数据插入，参考表6-6~表6-8。

表6-6　Store库存表数据

Pno	Pname	Ptype	Pnum
P1	齿轮	传动	200
P2	蜗杆	传动	30
P3	螺栓	标准	120
P4	垫圈	标准	500
P5	螺母	标准	1020

表6-7 Orders订单表数据

Ono	Cno	Pno	Onum	Osum	Osum
O1	C2	P2	100	1000	2016-4-8
O2	C3	P3	10	100	2018-5-2
O3	C1	P2	20	200	2017-4-5
O4	C1	P4	2	20	2019-2-4
O5	C3	P5	1	10	2019-3-1

表6-8 Customer用户表数据

Cno	Cname	Ctel	Caddr	Czip
C1	京东	010-62350310	北京	100491
C2	比亚迪	021-23232323	上海	
C3	LG	0755-2325123	深圳	412100
C4	阿里巴巴		北京	
C5	香港航空	852-56545236	香港	142553

（2）使用Transact-SQL语言修改把Store表中所有零件的数量增长一倍。

（3）使用SQL Server Management Studio实现把Store表中所有零件的数量增长一倍。

（4）把Orders表中签订日期在2016年之前的数据删除。

实验实例5：生成Transact-SQL脚本

实验知识点：如何将数据库中每个对象的结构和定义生成Transact-SQL脚本，脚本可以用来在数据库服务器之间转移数据库中对象的结构。

实验步骤：

（1）打开SQL Server Management Studio，单击“数据库”，选择“OrderMag”，然后选择“表”，查找数据处理表Orders。

（2）右击数据表Orders弹出快捷菜单，选择“编写表脚本为”，在“create to”中选中“新查询编辑窗口”。

（3）在SQL Server Management Studio右边区域显示Orders表的创建Transact-SQL脚本。

（4）将脚本保存为Orders.sql。

（5）重新打开生成脚本窗口，仔细察看每一项。

3. 实验思考

（1）用户自定义数据类型和SQL Server数据库管理系统定义的数据类型有什么区别?

（2）如果数值列中存在NULL，会产生什么结果？空值有意义吗?

（3）生成Transact-SQL脚本和用户自己创建的Transact-SQL脚本有什么区别吗?

实验4：设计和实现数据完整性

1. 实验目的和任务

（1）掌握主键与外键的使用方法。

（2）掌握CHECK约束的使用方法。

（3）掌握规则和默认值的使用方法。

2. 实验实例

实验实例：创建数据库的完整性约束

实验知识点：为数据库中的表的字段设置完整性约束。

实验步骤：

（1）按照表6-9~表6-11所示，为数据库的三张表分别建立完整性约束。

表6-9　Store库存表完整性约束

字段名	说明	数据类型与长度	完整性约束
Pno	零件号	Char(6)	主码
Pname	零件名称	varchar(20)	Not null
Ptype	零件类别	Char(4)	
Pnum	零件数量	Int	默认值 0

表6-10　Orders 订单表完整性约束

字段名	说明	数据类型与长度	完整性约束
Ono	订单号	Char(6)	主码，
Cno	用户编号	char(6)	引用 Custome
Pno	订购零件号	char(6)	引用 Store
Onum	订购数量	Int	默认值 0
Osum	订单金额	Int	默认值 0
Odate	订购日期	datetime	

表6-11　Customer用户表完整性约束

字段名	说明	数据类型与长度	完整性约束
Cno	用户编号	Char(6) 字符型	主码
Cname	用户名称	varchar(20)	Not null
Ctel	电话	varchar(12)	Not null
Caddr	地址	varchar(50)	
Czip	邮编	char(6)	

（2）编写语句测试主键的作用。

（3）编写语句测试外键的作用。

（4）编写语句测试检查约束的作用。

（5）使用检查规则实现上表中检查约束的功能。

（6）使用默认值规则实现上表中Default约束的功能。

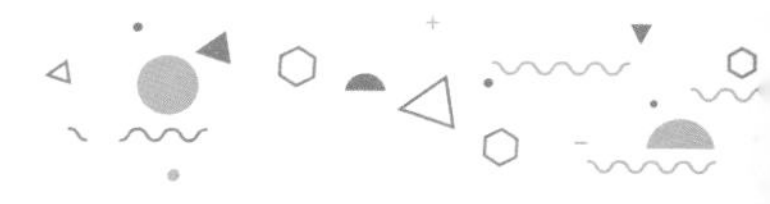

（7）编写语句测试默认值约束的作用。

3. 实验思考

（1）外键创建成功有什么前提条件？

（2）检查约束与规则有什么区别？

（3）删除规则有什么前提条件？

（4）默认值的创建可以分几步实现？

本章参考文献

[1]王珊，萨师煊. 数据库系统概论[M]. 5版. 北京：高等教育出版社，2014.

[2]Microsoft. 日期和时间类型 [EB/OL].[2021-11-10].https://docs.microsoft.com/zh-cn/sql/t-sql/data-types/date-and-time-types?view=sql-server-ver15.

[3]FAGIN R. Multivalued dependencies and a new normal form for relational databases[J]. ACM Transactions on Database Systems (TODS), 1977, 2(3): 262-278.

[4]BEERI C, FAGIN R, HOWARD J H. A complete axiomatization for functional and multivalued dependencies in database relations[C]//Proceedings of the 1977 ACM SIGMOD international conference on Management of data. 1977: 47-61.

[5]WARD B. Pro SQL Server on Linux: Including Container-Based Deployment with Docker and Kubernetes[M].Berkeley, California, USA: Apress, 2018.

[6]Microsoft. 唯一约束和 CHECK 约束 [EB/OL] .[2021-11-10].https://docs.microsoft.com/zh-cn/sql/relational-databases/tables/unique-constraints-and-check-constraints?view=sql-server-ver15.

[7]DOMDOUZIS K, LAKE P, CROWTHER P. Concise Guide to Databases: A Practical Introduction[M]. England: Springer Nature, 2021.

[8]林子雨，赖永炫，林琛，等. 云数据库研究[J]. 软件学报，2012.23(5):1148-1166.

[9]SILBERSCHATZ A, KORTH H F, SUDARSHAN S. Database system concepts[M]. New York: McGraw-Hill, 1997.

[10]TAIPALUS T. The effects of database complexity on SQL query formulation[J]. Journal of Systems and Software, 2020, 165: 110576.

[11]MARCOZZI M, VANHOOF W, HAINAUT J L. Relational symbolic execution of SQL code for unit testing of database programs[J]. Science of Computer Programming, 2015, 105: 44-72.

第7章 Transact-SQL查询

数据库管理系统存储数据的意义在于把数据信息组织在一起，可以方便地在云或者网络中进行查询。本章内容使用Transact-SQL（T-SQL）和SQL Server Management Studio（SSMS）对数据库系统进行查询，即对已经存在于数据库中的数据按特定的组合、条件或次序进行检索。Transact-SQL语言扩展了标准SQL（Structured Query Language）语言的功能，为方便用户直接完成应用程序的开发，在SQL语言里加入了程序流的控制结构（如if结构、while结构等）、局部变量和其他一些功能。Transact-SQL语言集成了数据定义语言（Data Defining Language，DDL）和数据操作语言（Data Manufacturing Language，DML）等多种数据库功能，其最重要、最核心的内容就是查询功能。

查询语言用来对存在于各种数据库中的数据按照特定的组合、条件表达式或者一定顺序进行检索。用户可以使用查询语言与数据库中的数据进行交互。查询可以一次性执行，也可以将查询语言永久性地保存起来，以便将来继续使用。

本章主要介绍查询规范、条件查询、查询排序、高级查询等内容。

学习目标

- 掌握查询语言的基本结构。
- 掌握使用WHERE指定查询条件。
- 掌握查询结果集排序。
- 掌握使用GROUP BY进行分组查询。
- 掌握使用统计函数在查询中统计数据。
- 熟悉使用联接进行多表查询。
- 熟悉使用嵌套进行查询。

7.1 SELECT语句概述

1. 查询语句结构

查询功能是数据库的最基本也是最重要的功能。如果用户希望查询数据库表中的数据，可以使用Transact-SQL语言中的SELECT语句来完成任务。

SELECT语句有三个基本的组成部分：SELECT子句、FROM子句和WHERE子句。其一般格式为：

```
SELECT [ALL|DISTINCT] column_list
[INTO new_table_name]
FROM table_list
[WHERE search_condition]
[GROUP BY group_by_list]
[HAVING search_condition]
[ORDER BY order_list [ASC | DESC]
```

主要参数说明如下：

➢ SELECT：此关键字用于从数据库中检索数据。

➢ ALL|DISTINCT：ALL 指定在结果集中可以包含重复行，ALL 是默认设置；关键字 DISTINCT 指定 SELECT 语句的检索结果中不包含重复的行。

➢ column_list：描述进入结果集的列，它是由逗号分隔的表达式列表，如果 column_list 使用 *，表明指定返回源表中的所有列。每个列表中的表达式通常是对从中获取数据的源表或视图列的引用，但也可能是其他表达式，例如常量或 Transact-SQL 函数。

➢ INTO new_table_name：表示用检索出的结果集创建一个新的数据表。new_table_name 是新数据表的名称。

➢ FROM table_list：指定将要查询的对象。这些对象包括 SQL Server 本地服务器中的基表、本地 SQL Server 中的视图、链接表。链接表是从 SQL Server 进行访问的 OLE DB 数据源中的表，这种访问方式称为分布式查询。

➢ WHERE search_condition：指定筛选条件，只有满足该条件的记录才能被检索出来。

➢ GROUP BY group_by_list：根据 group_by_list 提供的字段将结果集分组。

➢ HAVING search_condition：HAVING 子句将对 GROUP BY 子句选择出来的结果进行再次筛选，最后输出符合 HAVING 子句中条件的记录。

➢ ORDER BY order_list [ASC | DESC]：定义结果集中的记录排列顺序。order_list 指定排序时需要依据的字段列表。ASC 表示升序，DESC 表示降序。ORDER BY 是一个重要的子句，要想获得有序的查询结果，必须使用 ORDER BY 子句，但默认情况下为字段列表升序排序。

2. 查询语句注意事项

在使用 SELECT 语句时，如果对引用的数据库对象不加以限制，有可能产生歧义。故使用 SELECT 语句时应注意以下事项：

① 在数据库中，可能存在对象名称重复的现象。如两个用户对数据库都拥有建表的权限，并定义了两个同名的表，则在引用时，需要用用户名来限定数据表名称。例如两个用户同时定义了一个名为 User_Info 的表，在引用用户 ID 为“Vehicle”的用户定义的 User_Name 表示，其语句为：

```
SELECT * FROM Vehicle.User_Name
```

② 被引用的表所在的数据库不是当前数据库，需要用数据库名来限定数据表名称。例如引用 Vehicle_DB 数据库中的 Car_Info 表，其语句为：

```
SELECT * FROM Vehicle_DB.Car_Info
```

③ 有时为了避免字段引用的歧义，如果不同表有同名的字段时，需要用表名来限定字段名。例如查询Space_Info表中的Space_ID字段和此Space_ID字段所对应的Station_Info表中的Space_ID字段，其语句为：

```
SELECT Station_Info.Station_X,Station_Info.Station_Y,Space_Info.Space_Name
FROM Station_Info JOIN Space_Info ON
Station_Info.Space_ID= Space_Info.Space_ID
```

3. 简单的SELECT子句

简单的SELECT子句格式为：

```
SELECT column_list [,...n] FROM table_name
```

其功能是从指定表中查询所有信息或指定列的信息。

例题 7-1　查询全体用户的用户账号和手机号码。

```
SELECT User_Name,User_Mobilephone
FROM User_Info
```

4. 改变列标题显示

在默认情况下，执行上面的SQL语句后，查询结果中显示的列标题是列名。有时为了查看方便，用户可以为列标题显示明了的标题名称，这里可以将其称为“列别名”。

用户在SELECT语句中可以用“'列标题'=列名或'列标题'AS 列名”来改变列标题的显示。

例题 7-2　查询全体用户的用户账号和手机号码，在检索出的列名上分别加上“用户账号”和“手机号码”标题名称。

```
SELECT '用户账号'=User_Name, '手机号码'=User_Mobilephone FROM User_Info
SELECT User_Name as '用户账号', User_Mobilephone as '手机号码'  FROM User_Info
```

运行结果如图7-1所示。

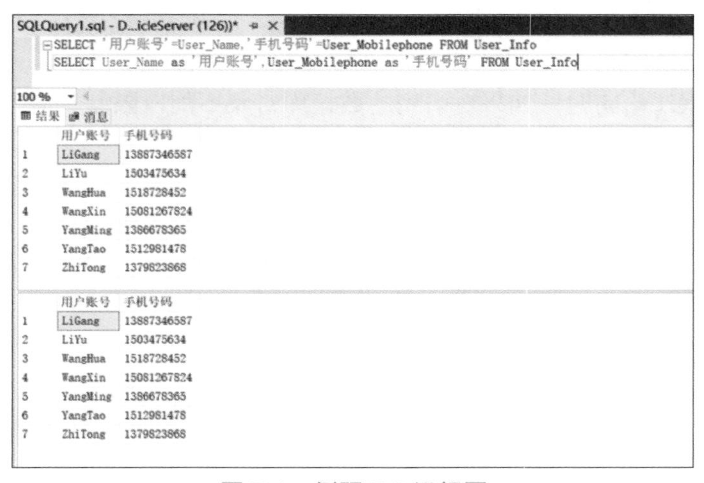

图 7-1　例题 7-2 运行图

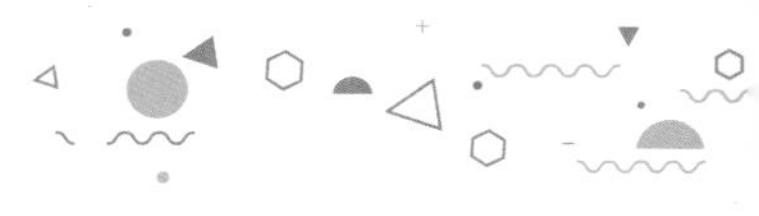

5. 使用DISTINCT和ALL关键字

在SELECT子句中，可以通过使用ALL或DISTINCT关键字来控制查询结果集的显示。ALL关键字表示检索所有的数据，包括重复的数据行；DISTINCT关键字表示仅显示不重复的数据行，对于重复的数据行，则只显示一次。默认使用ALL关键字。

例题 7-3　查询注册过账号的用户类型。

```
SELECT DISTINCT User_Type
FROM User_Info
```

运行结果如图7-2所示。

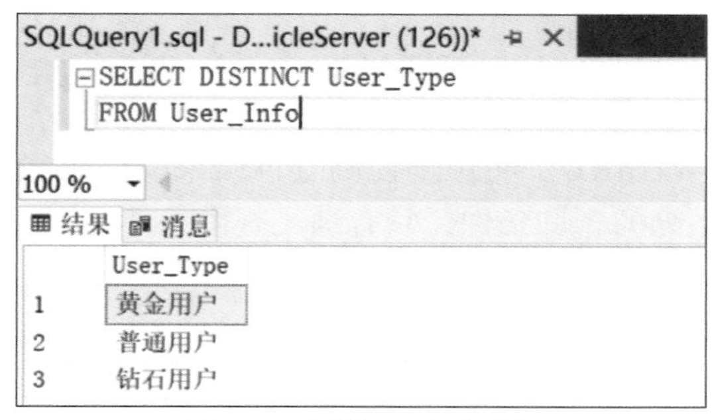

图7-2　例题7-3运行图

6. 使用TOP关键字

TOP关键字主要用来显示返回结果集的记录的个数，可以有两种方式来确定结果集的记录个数。

① 确定数字：

```
TOP n
```

n表示从结果集中返回的记录个数。

② 确定百分比：

```
TOP n PERCENT
```

n表示从结果集中返回的记录数目的百分比。

例如，TOP 10 表示指定返回结果集中的前10条记录；TOP 10 PERCENT表示指定返回结果集中的前10%记录。

> **注意：**
> TOP和ORDER BY结合使用时，是先将查询的内容排序，然后再取前n个记录。如果单独使用TOP，则从返回的结果中直接取前n个记录，但这样做通常没有意义。

例题 7-4　查询用户信息表中用户编号顺序排在前10的用户编号和用户账户。

```
SELECT TOP 10 User_ID,User_Name
FROM User_Info
ORDER BY User_ID ASC
```

注意：

在使用ORDER BY时，如果查询出最后一个值有相同的几个，用WITH TIES可以都返回，而不是严格控制为n记录。

例题 7-5　查询车辆编号为2021001的最大速度排在前10的行驶记录编号，并列排名需完全显示。

```
SELECT TOP 10 WITH TIES Run_ID
FROM Car_RunRecord
WHERE Car_ID='2021001' Order by Max_Speed ASC
```

7.2　WHERE子句

SELECT语句中的WHERE子句用来控制查询结果的记录集合，用户可以在查询的WHERE子句中指定一系列的查询条件，只有满足查询条件的记录才能构成结果集，其语法格式如下：

```
SELECT  column_list
FROM    table_list
WHERE   SELECT_condition
```

其中WHERE子句的连接查询和限定条件，可以为比较运算符、逻辑运算符组合条件、范围查询、模式匹配、空值判断、可选值列表。下面将一一介绍查询限定条件的使用。

7.2.1　使用比较运算符

比较运算符是搜索条件中最常用的。使用含有比较条件的WHERE子句对表中数据进行查询。系统在执行这种条件查询时，会逐行地对表中的数据进行比较，检查它们是否满足条件。在WHERE子句中结合比较运算符可以使用算术运算符加、减、乘、除和求余进行算术运算。比较运算符如表7-1所示。

表 7-1　比较运算符

运 算 符	含　义	运 算 符	含　义
=	等于	<>	不等于（SQL-92 兼容）
>	大于	!>	不大于
<	小于	!<	不小于
>=	大于或等于	!=	不等于
<=	小于或等于		

例题 7-6　查询User_Info表中所有用户类型为“普通用户”的用户信息。

```
SELECT * FROM User_Info
WHERE User_Type='普通用户'
```

如果想查询不包括“普通用户”用户类型的其他用户信息，则可以使用：

```
SELECT * FROM User_Info
WHERE User_Type<>'普通用户'
```

例题 7-7　查询User_Info表中所有年龄大于20的用户信息。

```
SELECT * FROM User_Info
WHERE (2021- year(User_birth)) > 20
```

或者

```
SELECT * FROM User_Info
WHERE NOT (2021-year(User_birth)) <= 20
```

> **注意：**
> 在WHERE子句中，若该列为字符类型、文本类型、时间类型等数据信息，则需要使用单引号将查询条件引起来，并且注意单引号内的字符串要区分大小写。

7.2.2　使用逻辑运算符组合条件

除了以上几个查询条件外，通常需要使用逻辑运算符才能组成完整的查询条件，即在WHERE子句中，可以使用逻辑运算符把若干个查询条件合并起来，组成较复杂的查询条件。这些逻辑运算符包括AND、OR和NOT。

- AND运算符表示只有在所有的条件都为真时，才返回真。
- OR运算符表示只要有一个条件为真，就可以返回真。
- NOT运算符表示取反。

> **注意：**
> 当一个WHERE子句同时包含多个逻辑运算符时，其优先级从高到低依次为NOT、AND、OR。用户也可以用括号改变优先级。

例题 7-8　查询User_Info表中所有普通用户或者班级年龄大于20的用户编号、用户账号和手机号码。

```
SELECT User_ID,User_Name,User_Mobilephone
FROM User_Info
WHERE User_Type ='普通用户' OR (2021- year(User_birth)) > 20
```

7.2.3　使用范围查询条件

如果需要返回某一个字段的值介于两个指定数值之间的记录信息，那么可以使用范围查询条件来完成。谓词BETWEEN…AND…和NOT BETWEEN…AND…可以用来查找属性值在或不在指定范围内的数据信息。其中，BETWEEN后是范围的下限，AND后是范围的上限。使用范围查询条件的关键字一般应用于数字型数据。使用范围查询条件子句的语法格式如下：

```
SELECT column_list
FROM  table_name
WHERE expression  [NOT] BETWEEN expression1 AND expression2
```

使用范围查询条件可以分为内含范围条件、排除范围条件和可选值范围条件。

1. 内含范围条件

要求返回记录的某字段值在两个指定范围以内，包含边界值。用BETWEEN…AND…指定。

例题 7-9　查询年龄在25～40之间的用户编号、用户账号和手机号码。

```
SELECT User_ID, User_Name, User_Mobilephone
FROM User_Info
WHERE (2022-year(User_birth)) BETWEEN 25 AND40
```

2. 排除范围条件

要求返回记录的某字段值在两个指定范围以外，不包含边界值。用NOT BETWEEN …AND…指定。

例题 7-10　查询车辆总里程不在20000～100000之间的车辆编号、车辆类型、车辆牌照。

```
SELECT Car_ID, Car_Type, Car_No
FROM Car_Info WHERE Mileage NOT BETWEEN 20000 AND 100000
```

3. 可选值范围条件

有时用户往往需要在某个可选列表中查询信息，如查询系编号为01、02和03的学生信息。用户可以使用基于IN关键字的WHERE子句对表中数据进行查询，系统将逐行检查表中的数据是否在或不在IN关键字设定的列表内。IN关键字一般应用于字符型数据。IN子句的语法格式如下：

```
SELECT  column_list
FROM    table_name
WHERE   expression   [NOT] IN  (value_list)
```

例题 7-11　查询在用户信息表中用户类型为“普通用户”“黄金用户”“钻石用户”的用户编号、用户账户。

```
SELECT User_ID,User_Name
FROM User_Info
WHERE User_Type IN ('普通用户','黄金用户','钻石用户')
```

例题 7-12　查询在用户信息表中用户编号为2021002，2021003，2021004的用户信息。

```
SELECT * FROM User_Info
WHERE User_ID IN ('2021002','2021003','2021004')
```

7.2.4 使用模式匹配查询条件

使用模式查询条件用来返回满足匹配格式的所有记录。LIKE关键字搜索与指定模式匹配的字符串、日期或时间值，即查询仅是包含或类似某种样式的字符。例如查询学院中姓李的老师的信息就可以使用模式查询条件。LIKE 子句的语法格式如下：

```
SELECT   column_list
FROM     table_name
WHERE    expression   [NOT] LIKE  'string'   [ESCAPE '<转换字符>']
```

模式包含要搜索的字符串string，字符串中可包含4种通配符的任意组合。搜索条件中可用的通配符如表7-2所示。

表7-2 LIKE关键字中的通配符及其含义

通 配 符	含 义
%	包含零个或多个字符的任意字符串
_（下画线）	任何单个字符
[ ]	代表指定范围内的单个字符，[] 中可以是单个字符（如 [acef]），也可以是字符范围（如 [a–f]）
[^]	代表不在指定范围内的单个字符，[^] 中可以是单个字符（如 [^acef]），也可以是字符范围（如 [^a–f]）

在使用通配符前需要强调，带有通配符的字符串必须使用单引号引起来。下面是一些带有通配符的示例：

- LIKE 'C%'：返回以“C”开始的任意字符串。
- LIKE '%语言'：返回以“语言”结束的任意字符串。
- LIKE '%海淀区%'：返回包含“海淀区”的任意字符串。
- LIKE '_教授'：返回以“教授”结束的3个字符的字符串。
- LIKE '[ABC]%'：返回以“A”“B”“C”开始的任意字符串。
- LIKE '[A-Z]语言'：返回3个字符长的字符串，结尾是“语言”，第1个字符的范围是从A到Z。
- LIKE 'A[^B]%'：返回以“A”开始、第2个字符不是“B”的任意字符串。

例题 7-13 查询所有姓张的用户的基本信息。

```
SELECT *
FROM User_Info
WHERE User_Name LIKE '张%'
```

例题 7-14 查询所有不姓王的用户编号和用户类型。

```
SELECT User_ID,User_Type
FROM User_Info
WHERE User_Name NOT LIKE '王%'
```

例题 7-15 查询地址在“北京联合大学”的站点的站点编号、站点经度坐标、站点维度坐标。

```
SELECT Station_ID,Station_X,Station_Y
FROM Station_Info
WHERE Station_Name LIKE '%北京联合大学%'
```

例题 7-16　查询用户账号为“Xiao_Ming”的用户编号、用户类型和手机号码。

```
SELECT User_ID,User_Type,User_Mobilephone
FROM User_Info
WHERE User_Name LIKE 'Xiao\_Ming' ESCAPE '\'
```

注意：

如果使用的匹配字符中含有通配符，可以使用转义字符，要使用ESCAPE关键字，对通配符进行转义。

7.2.5　使用IS NULL条件

在用户数据表中有些字段在定义时是可空值的字段，例如学生的出生日期、家庭地址和邮编都可取空值。空值通常用NULL表示，它仅仅是一个符号，既不等于0，也不等于空格，它不能像0那样进行算术运算。当用户搜索某一字段值为空值时，可以用IS NULL或IS NOT NULL判定。使用空值判断的SELECT语法格式如下：

```
SELECT  column_list
FROM    table
WHERE   column_name  IS  [NOT]  NULL
```

例题 7-17　查询在用户信息表中手机号码为空值的用户编号、用户账号、用户生日。

```
SELECT User_ID,User_Name,User_birth
FROM User_Info
WHERE User_Mobilephone IS NULL
```

说明：

将WHERE子句中的查询和限定条件总结为：

- 比较运算符：>、<、>=、<=、<>。
- 范围说明：BETWEEN…AND…（在某个范围内）、NOT BETWEEN…AND…（不在某个范围内）。
- 可选值列表：IN（在某个列表中）、NOT IN（不在某个列表中）。
- 模式匹配：LIKE（和指定字符串匹配）、NOT LIKE（和指定字符串不匹配）。
- 空值判断：IS NULL（为空）、IS NOT NULL（不为空）。
- 逻辑组合条件：AND（与）、OR（或）。
- 以上条件逻辑组合：NOT、AND、OR。

7.3 使用ORDER BY进行数据排序

通过ORDER BY子句，可以改变查询结果的显示顺序。ORDER BY 子句的语法格式如下：

```
SELECT   column_list
FROM   table_name
[ORDER BY   column_name|expression   [ASC|DESC]
[,column_name|expression [ASC|DESC]...]
```

例题 7-18 查询Car_Info表中车辆座位数为5且车辆颜色为“白色”的车辆基本信息，并按照车辆总里程降序排序。

```
SELECT *
FROM Car_Info
WHERE Car_Seat=5 AND Car_Colour ='白色'
ORDER BY Mileage DESC
```

> **注意：**
> 使用ORDER BY时，请注意以下几点：
> - 如果没有指定是升序，还是降序，则默认为升序。
> - 可以对多达16个列执行ORDER BY语句。
> - ORDER BY结果依赖于数据库管理系统安装时确定的字符集排序规则。

7.4 使用聚集函数实现汇总结果查询

7.4.1 常用聚集函数介绍

用户在查询数据时，往往希望能够得到诸如共多少条数据记录、某班考试平均分、最高分、最低分等特殊要求的信息。在查询中使用聚集函数可以满足上述要求。聚集函数包括SUM、AVG、COUNT、COUNT(*)、MAX、MIN。它们的作用是在查询结果集中生成汇总值。除了COUNT(*)以外，其他聚集函数能处理单个字段中的全部符合条件的数据值，从而生成一个结果集。聚集函数的说明如表7-3所示。

表7-3 聚集函数说明

函数语法说明	功　能
SUM([AL|DISTINCT] 表达式)	返回数字表达式所有值的总和
AVG([AL|DISTINCT] 表达式)	返回数字表达式所有值的总平均值
COUNT([AL|DISTINCT] 表达式)	返回表达式中值的个数
COUNT(*)	返回选定的行数
MAX(表达式)	返回表达式中的最大值
MIN(表达式)	返回表达式中的最小值

注意：

如果某一个数据列上使用了聚集函数，那么该选择列包含聚集函数，可以通过 GROUP BY 语句进行分组汇总。

7.4.2　聚集函数查询实例

例题 7-19　查询出生年份为“2000”的用户总人数。

```
SELECT COUNT (*)
FROM User_Info
WHERE year(User_birth)='2000'
```

例题 7-20　计算车辆颜色为“白色”的车辆平均总里程。

```
SELECT AVG(Mileage)
FROM Car_Info
WHERE Car_Colour = '白色'
```

例题 7-21　查询已经报修过的车辆总数。

```
SELECT COUNT ( DISTINCT Car_ID)
FROM Car_Trouble
```

7.5　使用Transact-SQL进行高级查询

7.5.1　GROUP BY子句实现对查询结果分组

单独使用7.4节聚集函数是对表中的所有记录的某个字段进行汇总，而GROUP BY可以将表中的记录按某个字段进行分组，字段中相同的值为一组，然后对每个组做汇总计算。GROUP BY关键字后面跟着用于分组的字段名称列表，这个列表可以决定查询结果集分组的顺序。使用GROUP BY子句的语法格式如下：

```
SELECT column_list
FROM table_name
WHERE search_condition
[GROUP BY [ALL] aggregate_expression[…n]
[HAVING search_condition]
```

主要参数说明如下：

- WHERE子句：作用为分组汇总满足WHERE条件的行。
- ALL：如果GROUP BY子句使用ALL关键字，WHERE子句将不起作用。
- aggregate_expression：分组表达式。
- HAVING子句：排除不满足分组条件的查询信息。
- search_condition：对分组汇总后数据进入结果集的筛选条件。

注意：

所有在GROUP BY子句中指定的字段名都必须出现在SELECT语句中的选择列表中，而出现在SELECT语句中的选择列表要么出现在GROUP BY中，要么出现在聚集函数中，否则报错。

说明：

➢ GROUP BY子句的作用是将查询结果依据设置的条件分成多个组。

➢ GROUP BY后面的字段名列表决定查询结果集分组的依据和顺序。

➢ 若使用了该子句，SELECT 后的字段列表只能是聚集函数或GROUP BY子句中列出的字段名。

➢ 只有使用了GROUP BY子句，SELECT子句中所使用的汇总函数（如SUM、COUNT、MIN、MAX等）才会起作用。

➢ GROUP BY子句的列表中最多只能有8 060B。

➢ 不要在含有空值的列上使用GROUP BY子句，因为空值将作为一个组来处理。

➢ 如果GROUP BY子句使用ALL关键字，WHERE子句将不起作用。

1. 不带HAVING的GROUP BY子句

单独使用GROUP BY子句可以将查询结果按字段列表进行分组，字段值相等的为一组，其目的是细化聚集函数的作用对象。如果未对查询结果分组，聚集函数将作用于整个查询结果；而对查询结果分组后，聚集函数将分别作用于每个分组，使查询结果更适合用户需求。

例题 7-22　使用GROUP BY子句检索每辆车运行的记录次数。

```
SELECT COUNT ( DISTINCT Run_ID) as '次数',Car_ID as '车辆编号'
FROM Car_RunRecord
GROUP BY Car_ID
```

例题7-22的代码运行结果如图7-3所示。

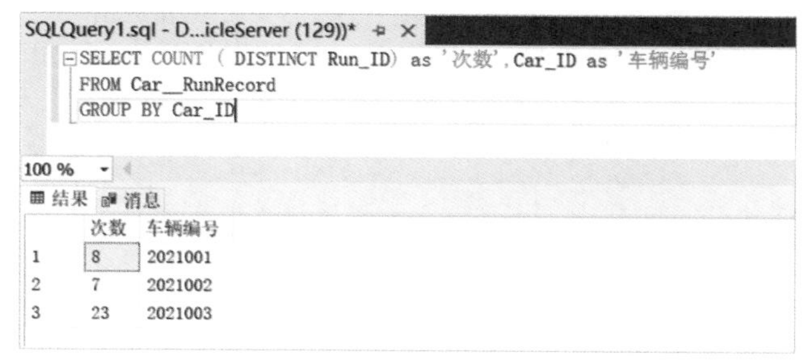

图7-3　例题7-22运行图

例题 7-23　使用GROUP BY子句检索车辆颜色为“黑色”的车辆中最远总里程。

```
SELECT MAX( Mileage) as '最远总里程'
FROM Car_Info
```

```
WHERE Car_Colour='黑色'
GROUP BY Car_Colour
```

例题7-23的代码运行结果如图7-4所示。

2. 带HAVING的GROUP BY 子句

在对数据进行分组查询时，可以用HAVING子句对分组汇总后进入结果集的各组进行限制，可对GROUP BY子句选择出来的结果进行再次筛选，最后输出符合HAVING子句中条件的记录。用户在使用HAVING子句时是针对GROUP BY子句筛选分组结果。

HAVING子句的语法与WHERE子句的语法类似，不同的是HAVING子句中可以包含聚合函数。

例题 7-24　查询约车记录中，两次以上总里程大于20的车辆编号及总里程在20以上的记录数量。

```
SELECT Car_ID as '用户编号',COUNT(*) as '记录数量'
FROM Car_Hailing
WHERE Mileage>20
GROUP BY Car_ID
HAVING COUNT(*)>2
```

例题7-24的代码运行结果如图7-5所示。

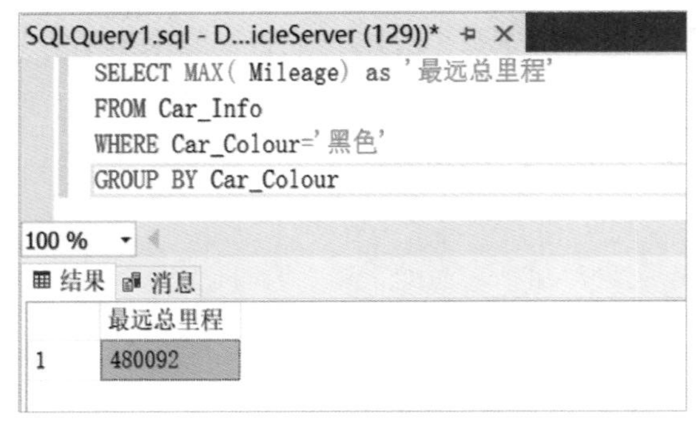

图7-4　例题7-23运行图

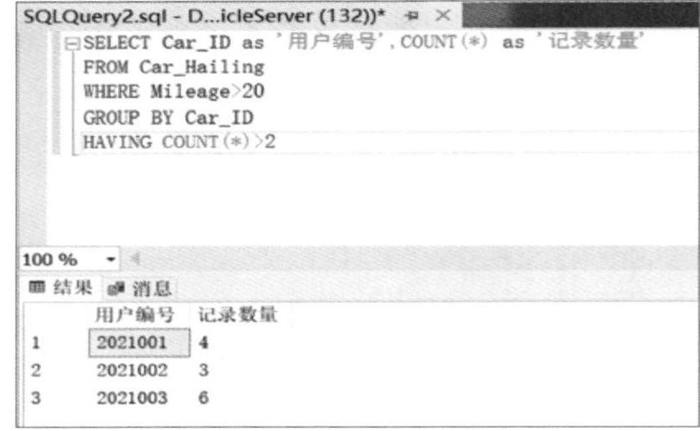

图7-5　例题7-24运行图

> **注意：**
> WHERE、GROUP BY、HAVING子句的作用和顺序如下：
> - WHERE子句用来筛选FROM子句中指定操作所产生的记录。
> - GROUP BY子句将WHERE子句的结果集进行分组。
> - HAVING子句将从经过分组后的中间结果集中筛选记录。

7.5.2　使用UNION子句合并查询结果

UNION子句的作用是把两个或多个SELECT语句查询的结果组合成一个结果集。UNION子句的语法格式如下：

```
SELECT_statement UNION [ALL] SELECT_statement [...n]
```

其中SELECT_statement为查询语句。

例题 7-25　查询行驶过的和发生过故障的车辆编号。

```
SELECT Car_ID
FROM Car_RunRecord
UNION
SELECT Car_ID
FROM Car_Trouble
```

例题 7-26　查询车辆颜色是“白色”或“黑色”的车辆编号。

```
SELECT Car_ID
FROM Car_Info
WHERE Car_Colour='白色'
UNION
SELECT Car_ID
FROM Car_Info
WHERE Car_Colour='黑色'
```

注意：

使用UNION运算符组合的结果集必须满足下列条件：

- 从几个表中返回的若干字段必须在第一个选择语句处生成字段别名。
- UNION所连接的查询字段数目相同。
- 结果集中相应字段的数据类型兼容。
- 在进行结果集合并时，重复行会从结果集中删除，如果使用ALL关键字，结果集中会包含所有行信息。

INTERSECT运算符表示交集运算，结果集中包含了执行交操作的结果集中所共有的数据。

EXCEPT运算符表示差集运算，结果集中包含了执行差操作的结果集中所共有的数据。

上述两种运算符用法大致与UNION子句相同，在这里就不一一举例了。

7.5.3　使用联接进行多表查询

联接是两元运算，可以对两个或多个表进行查询，结果通常包含多个表中的字段。联接查询有两种形式：联接谓词形式和使用联接关键字的形式。

1. 联接谓词形式

联接谓词形式就是在WHERE子句中使用比较运算符给出联接条件对表进行联接。

例题 7-27　查询每个用户的基本信息和约车记录。

```
SELECT User_Info.*,Car_Hailing.*
FROM User_Info,Car_Hailing
WHERE User_Info.User_ID=Car_Hailing.User_ID
```

例题 7-28　查询年龄在18岁以下的用户基本信息和约车记录。

```
SELECT User_Info.*,Car_Hailing.*
FROM User_Info,Car_Hailing
WHERE User_Info.User_ID=Car_Hailing.User_ID AND (2021-year(User_birth)<18)
```

注意：

使用联接谓词形式注意：

➢ 当比较运算符为“=”时为等值联接。

➢ 例题7-28的结果集中包含有相同字段：学号。若在结果集中去掉相同的字段名，则为自然联接。

2. 使用联接关键字形式

使用联接关键字的语法格式如下：

```
SELECT  column_list
FROM   {table_name  [join_type]
JOIN  table_name  ON connection_condition}
WHERE   search_condition
```

主要参数说明如下：

➢ FROM子句：通过JOIN子句给出联接时使用到的表名。

➢ join_type：联接的类型，有内联接、交叉联接、外联接三种。

内联接（INNER JOIN）：内联接按照所指定的联接条件合并两个表，返回满足条件的行。

交叉联接（CROSS JOIN）：交叉联接包括两个表中所有行的笛卡儿积。如一个表有2条记录，另如一个表有3条记录，交叉联接后将会产生6条记录。但是从逻辑语义来说，交叉联接的用途不大，因此不经常使用。

外联接（OUTER JOIN）：外联接除了包括满足联接条件的行外，还包括其中某个表的全部行。只能用在两个表之间进行，外联接除了包括满足联接条件的行外，还可以使结果集中包含不满足联接条件的记录，但这些不满足联接条件的记录将显示空值（是无效力的）。

➢ connection_condition：表与表之间的联接条件。

➢ search_condition：表中行数据进入结果集所应满足的条件。

内联接可以使用比较运算符进行表间某（些）列数据的比较操作，并列出这些表中与联接条件相匹配的数据行。根据内联接使用的比较方式不同，内联接又分为等值联接、不等值联接和自然联接三种。

例题 7-29　查询每个用户的基本信息和约车记录。

```
SELECT User_Info.*,Car_Hailing.*
FROM User_Info INNER JOIN Car_Hailing
ON User_Info.User_ID=Car_Hailing.User_ID
```

例题 7-30　查询年龄在18岁以下的用户基本信息和约车记录。

```
SELECT User_Info.*,Car_Hailing.*
```

```
FROM User_Info INNER JOIN Car_Hailing
ON User_Info.User_ID=Car_Hailing.User_ID
AND (2021-year(User_birth)<18)
```

在使用等值联接、不等值对两个表进行联接时，在结果集中会出现重复列，如两表中都存在学号（stuid）字段，如果在进行等值联接时目标列不使用“*”而使用选择列，从而把结果集中重复的属性列去掉，就成了自然联接。以例题7-30而言，查询用户信息和其约车信息，将查询语句中的“*”改为所对应表中列名即可。

注意：

使用内联接需注意：参与内联接的表中有相同的字段和字段值，通过这些相同的值将不同表中的数据合并，内联接是SQL服务器的默认联接方式。

除了内联接方式，用户还可以使用三种外联接关键字，分别是 LEFT OUTER JOIN、RIGHT OUTER JOIN 和 FULL OUTER JOIN。

- **LEFT OUTER JOIN 表示左外联接**，结果集将包括数据表1中的所有记录。若数据表1的某一条记录在数据表2中没有匹配的记录，那么结果集相应记录中的有关数据表2的所有字段将为NULL。
- **RIGHT OUTER JOIN 表示右外联接**，结果集将包括数据表2中的所有记录。若数据表2的某一条记录在数据表1中没有匹配的记录，那么结果集相应记录中的有关数据表1的所有字段将为NULL。
- **FULL OUTER JOIN 表示完整外联接**，使用完整外联接进行查询的结果集将包括两个数据表中的所有记录，当某一条记录在另一个数据表中没有匹配记录时，则另一个数据表的选择列表字段将指定为NULL。

例题 7-31 使用左外联接检索车辆颜色为“白色”的车辆基本信息和行驶记录。

```
SELECT Car_Info.*,Car_RunRecord.*
FROM Car_Info LEFT OUTER JOIN Car_RunRecord
ON Car_Info.Car_ID=Car_RunRecord.Car_ID
AND Car_Info.Car_Colour='白色'
```

例题7-31的运行结果如图7-6所示。

SQLQuery1.sql - D...icleServer (131))*

```
SELECT Car_Info.*,Car__RunRecord.*
FROM Car_Info LEFT OUTER JOIN Car__RunRecord
ON Car_Info.Car_ID=Car__RunRecord.Car_ID
AND Car_Info.Car_Colour='白色'
```

100 %

结果 消息

	Car_ID	Car_Type	Electricity	Mileage	Car_Colour	Car_Seat	Car_No	Car_State	Run_ID	Car_ID	Mileage
1	2021001	微型车	90	37646	白色	6	京A435	1	001	2021001	234
2	2021001	微型车	90	37646	白色	6	京A435	1	002	2021001	23
3	2021001	微型车	90	37646	白色	6	京A435	1	1327	2021001	345
4	2021001	微型车	90	37646	白色	6	京A435	1	1329	2021001	345
5	2021001	微型车	90	37646	白色	6	京A435	1	1247	2021001	63
6	2021001	微型车	90	37646	白色	6	京A435	1	1428	2021001	64
7	2021001	微型车	90	37646	白色	6	京A435	1	1492	2021001	23
8	2021002	小型车	100	480092	黑色	5	京B323	1	NULL	NULL	NULL
9	2021003	紧凑型车	95	5346	黑色	5	京A343	1	NULL	NULL	NULL
10	2021004	小型车	88	23732	白色	5	京C324	1	NULL	NULL	NULL
11	2021005	微型车	97	8736	白色	6	京C133	1	NULL	NULL	NULL

图7-6　例题7-31运行图

例题 7-32 使用完整外联接检索车辆信息和其报修信息。

```
SELECT Car_Info.*,Car_Trouble.*
FROM Car_Info FULL OUTER JOIN Car_Trouble
ON Car_Info.Car_ID=Car_Trouble.Car_ID
```

例题7-32的运行结果如图7-7所示。

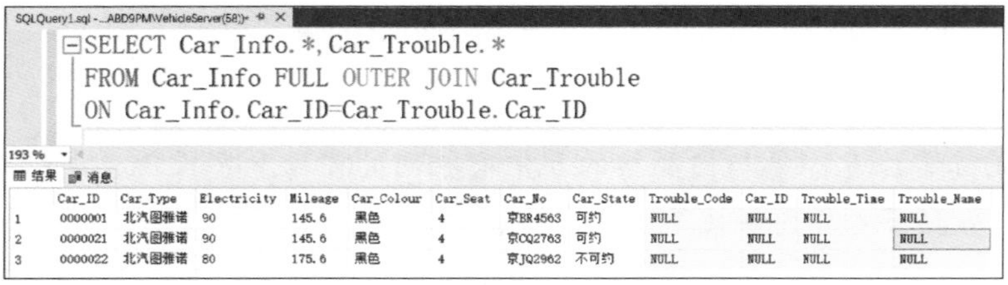

```
SELECT Car_Info.*, Car_Trouble.*
FROM Car_Info FULL OUTER JOIN Car_Trouble
ON Car_Info.Car_ID=Car_Trouble.Car_ID
```

	Car_ID	Car_Type	Electricity	Mileage	Car_Colour	Car_Seat	Car_No	Car_State	Trouble_Code	Car_ID	Trouble_Time	Trouble_Name
1	0000001	北汽图雅诺	90	145.6	黑色	4	京BR4563	可约	NULL	NULL	NULL	NULL
2	0000021	北汽图雅诺	90	145.6	黑色	4	京CQ2763	可约	NULL	NULL	NULL	NULL
3	0000022	北汽图雅诺	80	175.6	黑色	4	京JQ2962	不可约	NULL	NULL	NULL	NULL

图7-7 例题7-32运行图

7.5.4 嵌套查询

嵌套查询是在一个外层查询（主查询）中包含另一个内层查询（子查询），通过子查询先挑选出部分数据，作为主查询的数据来源或搜索条件。

嵌套查询具有以下特点：

① 子查询通常需要包括以下内容：

➢ 包含标准SELECT查询。

➢ 包含一个或多个表或者视图名的标准FROM子句。

➢ 可选的WHERE子句。

➢ 可选的GROUP BY子句。

➢ 可选的HAVING子句。

② 子查询通常使用圆括号括起来。

③ 子查询可以再包含子查询。

④ 子查询中不能包含COMPUTER子句。

⑤ 以比较操作符引导的子查询的选择列表只能包括一个表达式或列名，否则SQL Server会报错。

⑥ 子查询可以嵌套在外部的SELECT、INSERT、UPDATE或DELETE语句的WHERE或HAVING子句内，或者其他子查询中。

嵌套查询可以使用IN或NOT IN关键字、EXISTS和NOT EXISTS关键字以及比较运算符。

7.5.5 使用IN或NOT IN

在嵌套查询中，子查询的结果往往是一个集合，所以IN关键字是嵌套查询中最常使用的谓词。

子查询分为单值子查询和多值子查询。单值子查询是指子查询返回的是一行数据集信

息；多值子查询是指子查询返回的是一组行数据集信息。单值子查询可以用“=”、IN 或NOT IN 和其外部查询相联系；多值子查询则必须使用IN 或NOT IN 和其外部查询相联系。

IN 关键字表示给定的值包含在指定的子查询返回结果集中；NOT IN 关键字表示给定的值不在指定的子查询返回结果集中。

例题 7-33 查询与车辆编号为“2021001”车辆是同一个颜色的车辆信息。

解题步骤：

① 确定“2021001”车辆的车辆颜色。

```
SELECT Car_Colour
FROM Car_Info
WHERE Car_ID='2021001'
```

查找结果为“白色”。

② 查找所有车辆颜色为“白色”的车辆信息。

```
SELECT * FROM Car_Info
WHERE Car_Colour='白色'
```

将第①步查询嵌套到第②步查询中，构成嵌套查询，查询代码如下：

```
SELECT * FROM Car_Info
WHERE Car_Colour IN
(SELECT Car_Colour
FROM Car_Info
WHERE Car_ID='2021001'
)
```

例题 7-34 查询乘坐过车辆编号为“2021001”的车辆的用户编号和用户类型。

```
SELECT User_ID,User_Type
FROM User_Info
WHERE User_Id
IN
(SELECT User_ID
FROM Car_Hailing
WHERE Car_ID='2021001')
```

例题7-34运行结果如图7-8所示。

例题 7-35 查询未乘坐过车辆编号为“2021001”的车辆的用户账户和手机号码。

```
SELECT User_Name,User_Mobilephone
FROM User_Info
WHERE User_Id
NOT IN
(SELECT User_ID
FROM Car_Hailing
```

```
WHERE Car_ID='2021001')
```

例题7-35运行结果如图7-9所示。

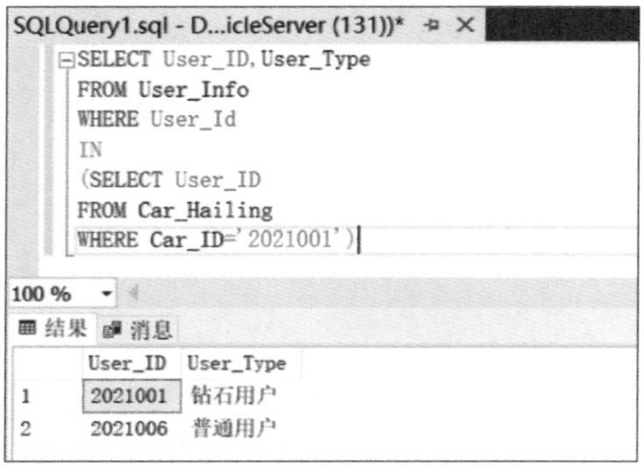

SQLQuery1.sql - D...icleServer (131))*

```
SELECT User_ID, User_Type
FROM User_Info
WHERE User_Id
IN
(SELECT User_ID
FROM Car_Hailing
WHERE Car_ID='2021001')
```

100 %

结果　消息

	User_ID	User_Type
1	2021001	钻石用户
2	2021006	普通用户

图7-8　例题7-34运行图

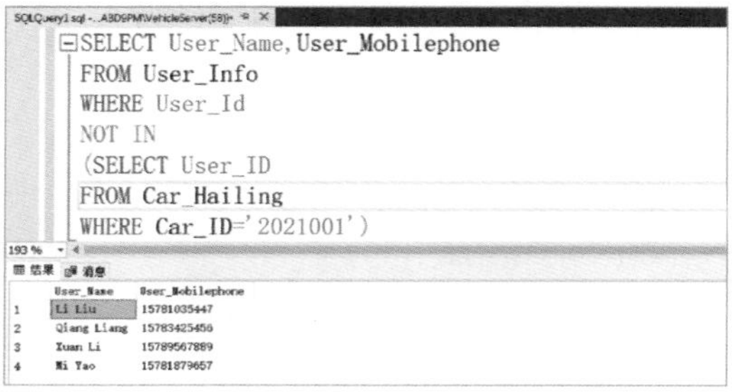

```
SELECT User_Name, User_Mobilephone
FROM User_Info
WHERE User_Id
NOT IN
(SELECT User_ID
FROM Car_Hailing
WHERE Car_ID='2021001')
```

193 %

结果　消息

	User_Name	User_Mobilephone
1	Li Liu	15781035447
2	Qiang Liang	15783425456
3	Xuan Li	15789567889
4	Mi Yao	15781879657

图7-9　例题7-35运行图

7.5.6　使用EXISTS或NOT EXISTS关键字

EXISTS或NOT EXISTS关键字用来确定数据是否在查询列表中存在。带有EXISTS谓词的子查询不返回任何数据，只产生逻辑真值“TRUE”或逻辑假值“FALSE”。

例题 7-36　查询乘坐过车辆编号为“2021001”的车辆且总路程在30公里以上的用户账户。

```
SELECT User_Name
From User_Info
WHERE EXISTS
(SELECT *
FROM Car_Hailing
WHERE User_ID=User_Info.User_ID AND Car_ID='2021001' AND Mileage>30
)
```

注意：

使用EXISTS或NOT EXISTS关键字注意以下两条：

- 在EXISTS或NOT EXISTS关键字之前不能使用字段名称、常量或其他表达式。
- 由EXISTS指定的子查询通常没有其他非子查询的表达法。

小结：

联接与嵌套查询的区别：联接可以合并两个或多个表中数据，而嵌套查询的结果只能来自一个表，子查询的结果是用来作为选择结果数据时进行参照的。

7.5.7　使用any或all

1. 使用any关键词

使用any关键词表示父查询只要满足子查询的任意一个条件即可，其作用与IN关键词

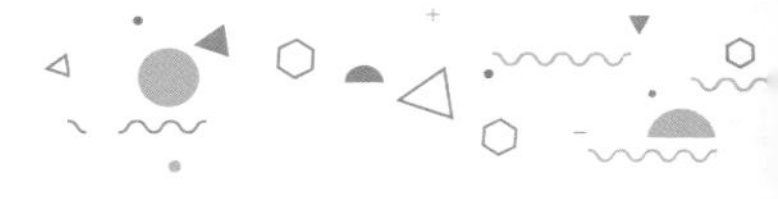

类似都可看成是在符合子查询的条件下，再根据父查询进行筛选。

例题 7-37 查找乘坐过车辆编号为“2021001”的车辆的用户编号和手机号码。

```
SELECT User_ID,User_Mobilephone
FROM User_Info
WHERE User_ID=ANY
(SELECT User_ID
FROM Car_Hailing
WHERE Car_ID='2021001')
```

例题7-37的运行结果如图7-10所示。

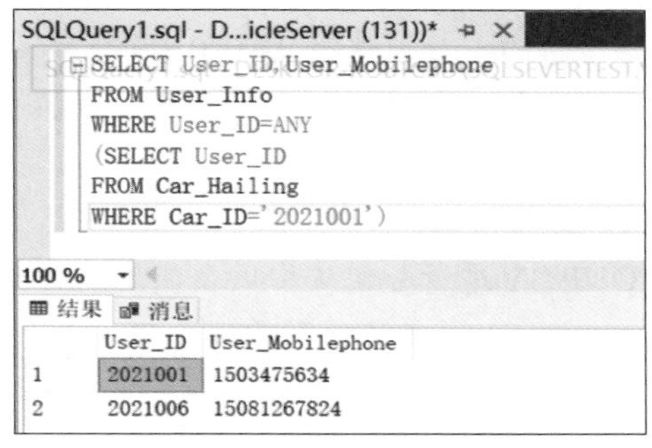

图7-10 例题7-37运行结果

2. 使用ALL关键字

使用ALL关键字表示所有被GROUP BY 子句分类的数据集都将出现在结果集中，即使该列不满足WHERE子句中给出的查询要求。

例题 7-38 使用ALL关键字查询车辆编号为“2021001”的约车记录的最长总里程。

```
SELECT MAX(Mileage) AS '最长总里程',Hailing_ID AS '约车编号'
FROM Car_Hailing
WHERE Car_ID= '2021001'
GROUP BY ALL Hailing_ID
```

例题7-38的运行结果如图7-11所示。

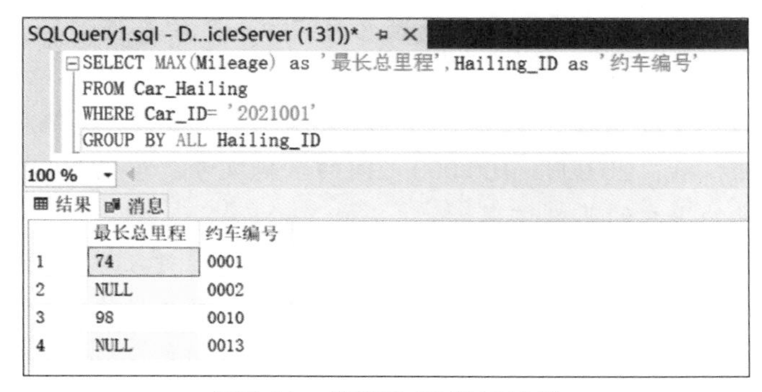

图7-11 例题7-38运行结果

从结果集中可以看出，检索的结果中包含课程编号为1001和1002的记录，但是最高成绩为NULL。这说明在使用ALL关键字查询时，结果集中会出现所有GROUP BY子句产生的组信息，但有些是不符合WHERE子句条件的记录，聚集函数会返回空值。

小　结

本章以Microsoft SQL Server为例，介绍了使用Transact-SQL语言进行查询的相关操作。查询对于数据库管理员来说是重要的数据库操作，可以使用查询语言与数据库中数据进行交互。查询可以一次性执行，也可以将查询语言永久性地保存起来。

下面对本章所讲主要内容进行小结：

① 介绍了查询语言的基本结构，如何使用WHERE指定查询条件，其中包括比较运算符查询条件、范围查询条件、模式查询条件、空值判断查询条件、可选值列表查询条件、逻辑运算符合并查询条件。

② 介绍了如何将查询结果集排序。

③ 介绍了如何使用GROUP BY进行分组查询以及使用统计函数在查询中进行统计。

④ 介绍了如何使用Transact-SQL语言进行高级查询。

习　题

1. 模糊查询有哪些通配符？分别是什么含义？

2. WHERE子句的限制条件有哪些？

3. 带GROUP BY的查询语句中SELECT后的目标列有什么特点？

4. 根据基于云管理的无人驾驶园区智能交互系统数据库，完成如下功能的SQL语句：

A. 查询全体用户的用户账号和手机号码；

B. 查询全体车辆的车辆编号和车辆总里程，在检索出的列名上分别加上“车辆编号”和“车辆总里程”标题名称；

C. 查询注册过的车辆的车辆颜色。

D. 查询车辆信息表中车辆编号为前10号的车辆编号和车辆颜色。

E. 查询行驶信息表中，最高时速在前10名的车辆编号，并列排名需完全显示。

F. 查询车辆信息表Car_Info中所有车辆颜色为“白色”的车辆信息。

G. 查询行驶记录表Car_RunRecord中所有总路程大于10公里的车辆信息。

H. 查询车辆信息表Car_Info中所有白色车或者座位数大于4的车辆编号和车辆状态。

I. 查询车辆总里程不在20 000～100 000之间的车辆编号、车辆类型、车辆牌照。

J. 查询所有姓张的用户的基本信息。

K. 查询地址在“朝阳区”站点的站点编号、站点经度坐标、站点维度坐标。

L. 查询在用户信息表中手机号码为空值的用户编号、用户账号、用户生日。

M. 查询Car_Info表中车辆座位数为5且车辆颜色为“白色”的车辆基本信息，并按照车辆总里程降序排序。

N. 计算车辆颜色为“白色”的车辆平均总里程。

O. 查询已经报修过的车辆总数。

P. 计算车辆总里程大于10000公里的车辆总数。

Q. 使用GROUP BY子句检索每辆车的行驶记录次数。

R. 使用GROUP BY子句检索车辆编号为“30001”被网约车的次数。

S. 查询约车记录中，两次以上总里程是20以上的车辆编号及其约车的记录数量。

实验5：数据表查询

1. 实验目的和任务

（1）掌握什么是数据查询。

（2）掌握使用Transact-SQL进行数据查询的方法。

（3）掌握简单SELECT查询语句应用。

（4）掌握复杂SELECT查询语句应用，包括分组汇总查询、多表联接查询、嵌套查询。

2. 实验实例

实验实例1：简单查询（包括基于单表查询）

实验知识点：熟悉SELECT语句的基本语法。

实验步骤：

（1）查询三个表中的内容。

（2）查询所有订单的金额，并按照金额的降序排列。

（3）查询签订日期在2009年的所有订单的信息。

（4）查询顾客姓名中含有“北京”的顾客姓名和电话。

（5）查询库存数量少于100的零件号和名称。

（6）查询邮编为空的顾客的情况。

思考：查询语句的含义是什么？

实验实例2：复杂查询（基于多表查询）

实验知识点：实现复杂的SELECT查询语句应用，包括分组汇总查询、多表联接查询、嵌套查询。

实验步骤：

（1）查询订单金额大于100的顾客的名称和电话。

（2）查询所有签订订单的顾客的名称和邮编。

（3）统计每类零件的数量分别为多少。

（4）统计每个顾客签订订单的次数。

（5）查询所有顾客签订订单的情况（包括没有签订订单的顾客）。

（6）查询没有卖过一次的零件号（没有订单）。

（7）查询每个顾客签订订单的金额总数。

（8）查询所有订单金额的平均值。

（9）查询至少签订过两次订单的顾客信息。

3. 实验思考

（1）数据别名的作用是什么？

（2）使用WHERE子句进行多表查询和联接关键字进行多表查询各自有什么特点？

（3）外连接与内联接的区别在哪里？

本章参考文献

[1]林子雨，赖永炫，林琛，等. 云数据库研究[J]. 软件学报，2012.23(5):1148-1166.

[2]WOODY B. SQL Server 2019 Big Data Clusters Crash Course[M]. Berkekey, California, USA: Apress, 2020.

[3]王珊，萨师煊. 数据库系统概论[M]. 5版. 北京：高等教育出版社，2014.

[4]Microsoft.SELECT (Transact-SQL) [EB/OL] .[2021-11-10].https://docs.microsoft.com/zh-cn/sql/t-sql/queries/SELECT-transact-sql?view=sql-server-ver15

[5]Microsoft. 比较运算符[EB/OL]] .[2021-11-10].https://docs.microsoft.com/zh-cn/sql/mdx/comparison-operators?view=sql-server-ver15.

[6]ILBA M. Parallel algorithm for improving the performance of spatial queries in SQL: The use cases of SQLite/SpatiaLite and PostgreSQL/PostGIS databases[J]. Computers & Geosciences, 2021: 104840.

[7]Microsoft. 描述的聚集索引和非聚集索引[EB/OL]] .[2021-11-10].https://docs.microsoft.com/zh-cn/sql/relational-databases/indexes/clustered-and-nonclustered-indexes-described?view=sql-server-ver15.

[8]BJELADINOVIC S, MARJANOVIC Z, BABAROGIC S. A proposal of architecture for integration and uniform use of hybrid SQL/NoSQL database components[J]. Journal of Systems and Software, 2020, 168: 110633.

第8章 视 图

视图在数据库设计中至关重要，它是虚拟数据表，从用户角度看，与基本表的使用一致。但视图是不存储数据的，而仅将视图的定义存储在数据库中，所以它与基本表既有区别又有联系。视图可以有效地实现数据库系统的智能安全管理策略，并也同样可用于云数据库管理。

本章主要介绍视图的特点、类型和意义，创建视图和管理视图等常用操作。

学习目标

- 理解视图的概念和特点。
- 了解视图的类型。
- 掌握如何创建、修改和删除视图。
- 掌握如何查看视图信息。
- 掌握如何对视图数据操作。

8.1 视图的概念及特点

视图是一个虚拟的表，该表中的记录是由一个查询语句执行后所得到的查询结果构成。同真实表一样，视图也是由字段和记录组成，包含一系列带有名称的列和行数据，只是这些字段和记录来源于其他被引用的表或视图，所以视图并不是真实存在的，视图中的数据同样也并不是存在于视图当中，而是存在于被引用的数据表当中。当被引用的数据表中的记录内容改变时，视图中的记录内容也会随之改变。

视图具备了数据表的一些特性，数据表中可以完成的功能，如查询、修改、删除等操作，在视图中都可以完成。通过视图对数据进行修改时，相应基本表的数据也要发生变化，只是修改视图有一些限制条件。

1. 视图的优点

使用视图有很多优点，视图通常用来集中、简化和自定义每个用户对数据库的不同认识。视图可实现安全控制，可用于提供向后兼容接口来模拟曾经存在但其架构已更改的表，还可以使用视图向数据库管理系统复制数据或从其中复制数据，以便提高性能并对数据进行分区。具体来讲，使用视图有以下几个优点：

① 简化查询语句：通过视图可以将复杂的查询语句变得简单，因为视图本身就已经是一个查询结果。

② 增加可读性：由于在视图中可以只显示有用的字段，并且可以使用字段别名，从而可以分割数据基表中某些与用户无关的数据，使用户把注意力集中到所关心的数据列，能方便用户浏览查询的结果。

③ 方便程序的维护：如果应用程序使用视图来存取数据，那么当数据表的结构发生改变时，只需要更改视图存储的查询语句即可，不需要更改程序，为数据提供一定的逻辑独立性。

④ 增加数据的安全性和保密性：视图如基本表一样授予或撤销访问许可权。为了实现系统安全策略，可为不同的用户定义不同的视图，从而限制各个用户的访问范围。通过视图机制把要保护的数据对无权存取这些数据的用户隐藏起来，可以限制用户浏览和操作的数据内容，从而自动地对数据库提供一定程度的安全保护。另外视图所引用表的访问权限与视图的权限设置也是相互不影响的。

2. 视图的使用范围

视图是根据用户的需求定义的，基于上述优点，用户可以在以下几种情况下使用视图：

① 着重于特定数据：视图使用户能够着重于他们所感兴趣的特定数据和所负责的特定任务。不必要的数据或敏感数据可以不出现在视图中。

② 简化数据操作：视图可以简化用户处理数据的方式。可以将常用的连接、投影、UNION 查询和 SELECT 查询定义为视图，以便用户不必在每次对该数据执行附加操作时指定所有条件和条件限定。

③ 自定义数据：视图允许用户以不同方式查看数据，这在具有不同目的和技术水平的用户共用同一数据库时尤其有用。

④ 导出和导入数据：可使用视图将数据导出到其他应用程序。

实例分析

在 Vehicle_DB 数据库中，如果要查询某个用户的某次约车记录，要查询两个表，分别是 User_Info 和 Car_Hailing。无论是用户查看自己的约车记录还是管理员查询不同用户的约车记录，都是查询这两个表，并使用相同字段进行连接，每次都重复地写一大串相同的代码，无疑会增加工作量，影响工作效率。但是，创建完视图之后，可以直接使用视图名称就可以进行查询。

注意： 视图是个虚拟的表，其存储的是查询语句，而不是数据。视图中的数据都存储在其引用的数据表中。

3. 视图的类型

在 SQL Server 中，可以创建标准视图、索引视图和分区视图。

（1）标准视图

标准视图组合了一个或多个表中的数据，具有视图的大部分优点，包括将重点放在特定数据上及简化数据操作。

（2）索引视图

创建有索引的视图称为索引视图，与标准视图不同，索引视图经过计算并存储自己的数据。索引视图可以显著提高某些类型查询的性能，一般用在经常使用并且含有多个表的连接操作查询中，不太适用于经常更新的基本数据集。

（3）分区视图

分区视图在一台或多台服务器间水平连接一组成员表中的分区数据。这样，数据看上去如同来自一个表。SQL Server的分区视图分为局部分区视图和分布式分区视图，局部分区视图中所有定义视图使用的表和其他视图必须在同一个SQL服务器实例中；分布式分区视图中至少有一个定义视图的表或其他视图在远程服务器上。分布式分区视图用于实现数据库服务器联合。联合体是一组分开管理的服务器，但它们相互协作分担系统的处理负荷。这种通过分区数据形成数据库服务器联合体的机制可以向外扩展一组服务器，以支持大型的多层网站的处理需要。

本书将重点介绍对标准视图的操作，至于其他两类视图，本书不再介绍，感兴趣的用户可以参考SQL Server联机丛书。

8.2 设计不同类型的视图

视图是根据用户的需求创建的，但是在创建视图之前必须清楚创建视图的准则以及创建方法，这样才能成功地创建满足需求的正确视图。

8.2.1 创建视图的原则

创建视图之前，应考虑下列基本原则：

① 只能在当前数据库中创建视图。但是，如果使用分布式查询定义视图，则新视图所引用的表和视图可以存在于其他数据库甚至服务器中。

② 视图名称必须遵循标识符的规则，且对每个架构都必须唯一。此外，该名称不得与该架构包含的任何表的名称相同。

③ 可以对其他视图创建视图，即嵌套视图，但嵌套不得超过32层。根据视图的复杂性及可用内存，视图嵌套的实际限制可能低于该值。

④ 视图上不能定义规则或默认值。

⑤ 不能将AFTER触发器与视图相关联，只有INSTEAD OF触发器可以与之相关联。

⑥ 定义视图的查询不能包含COMPUTE子句、COMPUTE BY子句或INTO关键字。

⑦ 定义视图的查询不能包含ORDER BY子句，除非在SELECT语句的选择列表中还有一个TOP子句。

⑧ 定义视图的查询不能包含指定查询提示的OPTION子句和TABLESAMPLE子句。

⑨ 不能为视图定义全文索引。

⑩ 不能创建临时视图，也不能对临时表创建视图。

⑪ 尽管在查询引用一个已配置全文索引的表时，视图定义可以包含全文查询，但仍然

不能对视图执行全文查询。

⑫ 若要创建视图，必须获取由数据库所有者授予的此操作执行权限，如果使用SCHEMABINDING子句创建视图，则必须对视图定义中引用的任何表或视图具有相应的权限。

注意：

下列情况下必须指定视图中每列的名称：

➢ 视图中的任何列都是从算术表达式、内置函数或常量派生而来。

➢ 视图中有两列或多列源具有相同名称（通常由于视图定义包含连接，因此来自两个或多个不同表的列可能具有相同的名称）。

➢ 希望为视图中的列指定一个与其源列不同的名称。无论重命名与否，视图列都会继承其源列的数据类型。

其他情况下，无须在创建视图时指定列名。数据库管理系统会为视图中的列指定与定义视图的查询所引用的列相同的名称和数据类型。选择列表可以是基表中列名的完整列表，也可以是其部分列表。

8.2.2 创建视图

创建视图与创建数据表一样，可以使用Transact-SQL语句和SQL Server Management Studio两种方法。下面分别介绍这两种方法。

1. 利用Transact-SQL语句创建视图

在SQL Server中，可以通过执行Transact-SQL语句创建视图。Transact-SQL提供了CREATE VIEW语句用于创建视图。其语法格式如下：

```
CREATE VIEW [ schema_name. ] view_name [ (column [ ,...n ] ) ]
[ WITH <view_attribute> [ ,...n ] ]
AS SELECT_statement
[ WITH CHECK OPTION ] [ ; ]
<view_attribute> ::=
{    [ ENCRYPTION ]
     [ SCHEMABINDING ]
     [ VIEW_METADATA ]   }
```

主要参数说明如下：

➢ schema_name：视图所属架构的名称。

➢ view_name：视图的名称。视图名称必须符合有关标识符的规则，可以选择是否指定视图所有者名称。

➢ column：视图中的列使用的名称。如果未指定column，则视图列将获得与SELECT语句中的列相同的名称。仅在下列情况下需要列名：列是从算术表达式、函数或常量派生的；两个或更多的列可能会具有相同的名称（通常是由于联接的原因）；视图中的某个列的指定名称不同于其派生来源列的名称，还可以在SELECT语句中分配列名。

➢ AS：指定视图要执行的操作。

➢ select_statement：定义视图的SELECT语句。该语句可以使用多个表和其他视图。视图不必是具体某个表的行和列的简单子集。可以使用多个表或带任意复杂性的 SELECT 子句的其他视图创建视图。在索引视图定义中，SELECT语句必须是单个表的语句或带有可选聚合的多表 JOIN。

注意：

视图定义中的SELECT子句不能包括下列内容：

➢ ORDER BY子句，除非在SELECT语句的选择列表中也有一个 TOP子句。此时ORDER BY子句仅用于确定视图定义中的TOP子句返回的行。ORDER BY不保证在查询视图时得到有序结果，除非在查询中也指定了ORDER BY。

➢ INTO关键字。

➢ OPTION子句。

➢ 引用临时表或表变量。

➢ CHECK OPTION：强制针对视图执行的所有数据修改语句都必须符合在 select_statement中设置的条件。通过视图修改行时，WITH CHECK OPTION可确保提交修改后，仍可通过视图看到数据。

➢ ENCRYPTION：对 sys.syscomments 表中包含CREATE VIEW语句文本的项进行加密。使用WITH ENCRYPTION可防止在SQL Server复制过程中发布视图。

➢ SCHEMABINDING：将视图绑定到基础表的架构。如果指定了SCHEMABINDING，则不能按照影响视图定义的方式修改基表或表，必须首先修改或删除视图定义本身，才能删除将要修改的表的依赖关系。使用SCHEMABINDING时，select_statement必须包含所引用的表、视图或用户定义函数的两部分名称（schema.object）。所有被引用对象都必须在同一个数据库内。如果视图包含别名数据类型列，则无法指定SCHEMABINDING。

➢ VIEW_METADATA：指定为引用视图的查询请求浏览模式的元数据时，SQL Server实例将向DB-Library、ODBC和OLE DB API返回有关视图的元数据信息，而不返回基表的元数据信息。浏览模式元数据是SQL Server实例向这些客户端API返回的附加元数据。如果使用此元数据，客户端API将可以实现可更新客户端游标。浏览模式的元数据包含结果集中的列所属的基表相关信息。对于使用VIEW_METADATA创建的视图，浏览模式的元数据在描述结果集内视图中的列时，将返回视图名，而不返回基表名。当使用WITH VIEW_METADATA创建视图时，如果该视图具有INSTEAD OF INSERT或INSTEAD OF UPDATE触发器，则视图的所有列（timestamp列除外）都是可更新的。

例题 8-1　创建View_Hailing_User视图，包括用户编号、用户账号名、预约编号、车辆编号和预约时间。

```
USE   Vehicle_DB
GO
CREATE VIEW  View_Hailing_User
AS
```

```
SELECT   User_Info.User_ID, User_Info.User_Name, Car_Hailing.Hailing_ID,
Car_Hailing.Car_ID, Car_Hailing.Hire_Time
FROM  User_Info INNER JOIN Car_Hailing ON
      User_Info.User_ID = Car_Hailing.User_ID
GO
```

2. 在SQL Server Management Studio中创建视图

在SQL Server Management Studio中创建视图的方法与创建数据表的方法不同。下面说明如何在SQL Server Management Studio中创建视图。

① 启动SQL Server Management Studio工具，在“对象资源管理器”窗口里，展开需要建立视图的数据库。

② 右击“视图”，在弹出的快捷菜单里选择“新建视图”选项。

③ 出现的如图8-1所示的视图设计对话框，其上有个“添加表”对话框，在“表”页面，可以将要引用的表添加到视图设计对话框上，同理在“视图”“函数”“同义词”页面完成相应的添加操作，最后单击“关闭”按钮。

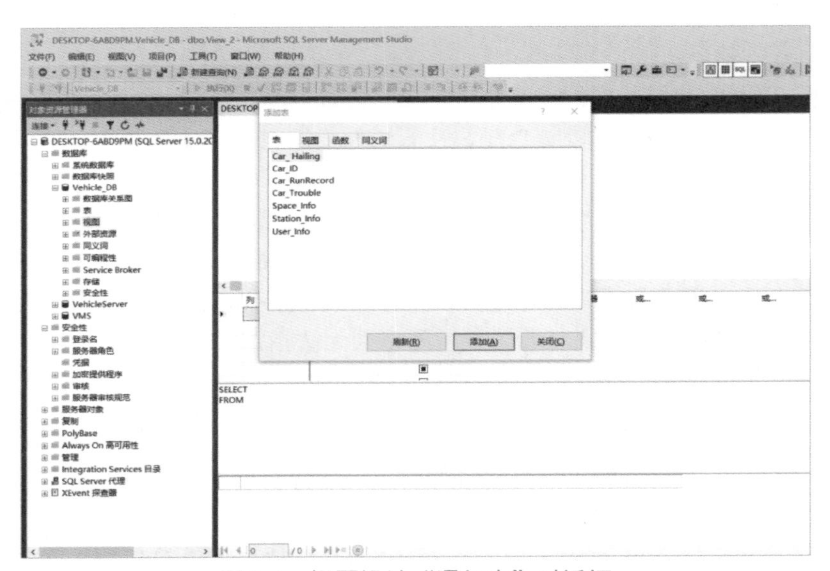

图8-1　视图设计“添加表”对话框

④ 返回到如图8-2所示的“视图设计”窗口，窗口右侧包含四个窗格，介绍如下：

➢ **关系图窗格**：显示创建视图的表和列字段，可以选择列字段前的复选框来选中某列。在“关系图窗格”里，可以建立表与表之间的JOIN…ON关系，如“Course”表的“courseid”与“Score”表中的“courseid”相等，此时两个表之间将会有一根线连着。

➢ **条件窗格**：显示组成视图的列。从“关系图”窗格中选择的各列字段会显示在本窗口的第一列，另外也可以单击第一列的空白处，然后可以通过下拉框选择需要的表的列或者直接输入需要的列名称或列表达式，在此窗口的第二列可为视图的列取别名，后面的列可以修改和添加别的属性，设置要过滤的查询条件。

➢ **SQL 窗格**：显示设置完后的SQL语句，这个SELECT语句也就是视图所要存储的查询语句，是自动生成的，当然用户也可以在此通过手工编辑来改变视图定义中使用的SQL语句，其他窗口都会自动做相应改变。

➢ **结果窗格**：显示从视图中检索到的行，单击工具栏的红色叹号按钮，就会执行SQL语句。运行结果将显示在此窗口中。通过观察结果可以确定所定义的视图是否正确。

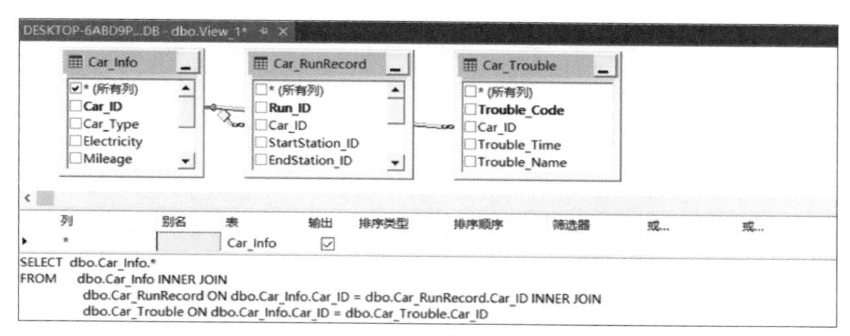

图8-2 “视图设计”窗口

⑤ 如果还要添加新的数据表，可以右击“关系图”窗格的空白处，在弹出的快捷菜单里选择“添加表”选项，则会弹出如图8-1中所示的“添加表”对话框，然后继续为视图添加引用表或视图。如果要移除已经添加的数据表或视图，可以在“关系图”窗格里选择要移除的数据表或视图并右击，在弹出的快捷菜单里选择“移除”选项，或选中要移除的数据表或视图后，直接按【Delete】键移除。

⑥ 所有查询条件设置完毕之后，单击“执行SQL”按钮，试运行SELECT语句是否正确。

⑦ 在一切测试都正常之后，单击“保存”按钮，在弹出的对话框里输入视图名称，再单击“确定”按钮完成操作。

8.3 查看视图信息

如果用户想查看视图的定义，从而更好地理解视图里的数据是如何从基表中引用的，可以查看视图的定义信息，但是如果视图是加密定义的，用户就不能看到视图的定义信息。另外用户还可以得到其他视图信息，如视图的依赖关系和视图列信息等。由于视图与数据表很类似，所以在查看视图内容方面，与查看数据表内容十分相似，但在修改视图方面就会有些区别。

1. 使用Transact-SQL语言查看视图信息

在Transact-SQL语句里，使用SELECT语句可以查看视图的内容，其用法与查看数据表内容的用法一样，区别只是把数据表名改为视图名，在此不再赘述。

使用Transact-SQL语言，可以借助存储过程查看服务器中数据库的视图定义、列信息和依赖关系信息。视图的信息存储在如表8-1所示的系统表中，其中包括系统表的名称和视图的相关信息。

表 8-1　视图系统表与存储信息对照

系　统　表	存储信息
SYSOBJECTS	视图名
SYSCOLUMNS	视图中定义的列
SYSDEPENDS	视图的依赖关系

使用系统存储过程sp_help不带参数可以浏览所有默认数据库中的对象，当然也包括视图，加上视图名，可以浏览视图中的各列列表，其语法格式如下：

```
sp_help　视图名
```

sp_depends系统存储过程返回给定的数据库对象在系统表中存储的所有依赖性信息。所谓依赖性信息是指创建这个数据库对象时引用了哪些别的数据库对象。其语法格式如下：

```
sp_depends　视图名
```

使用系统存储过程sp_helptext能检索存储在视图、触发器或存储过程中的文本。这些文本都存储在系统表syscomments中。其语法格式如下：

```
sp_helptext　对象名
```

用户可以用这个存储过程来查看自己创建视图时的语句，其语法格式如下：

```
sp_helptext　视图名
```

例题 8-2　如果用户只是要浏览数据库中的视图，可以使用如下SELECT语句，其中sysobjects表是记录所有数据库对象的表格。下面的查询语句从这个表格中查出了所有视图的名字和视图的创建时间。运行结果如图8-3所示。

```
SELECT name,crdate
FROM sysobjects
WHERE type='v'
```

图8-3　查看视图名称和创建时间

例题 8-3　浏览视图View_Hailing_User中的各列的列表，运行结果如图8-4所示。

```
sp_help View_Hailing_User
```

例题 8-4　查看视图View_Hailing_User依赖的数据库对象。

```
sp_depends View_Hailing_User
```

例题 8-5　查看创建视图View_Hailing_User的SQL语句。

```
sp_helptext View_Hailing_User
```

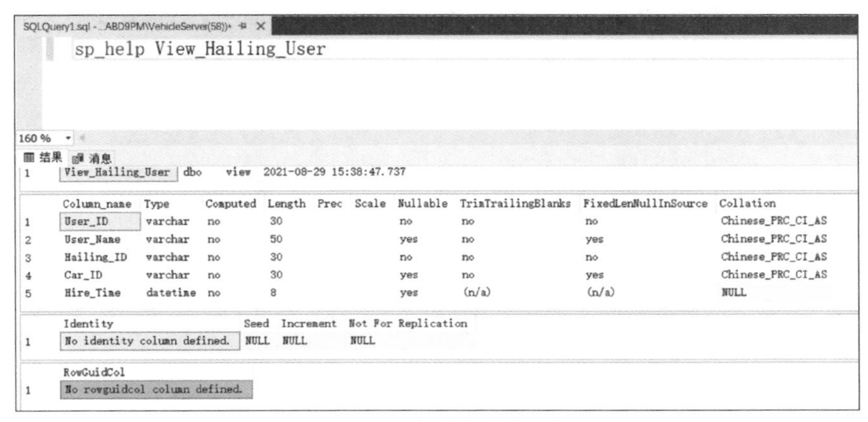

图 8-4　查看视图各列

2. 使用SQL Server Management Studio查看视图

在SQL Server Management Studio中查看视图内容的方法与查看数据表内容的方法几乎一致。下面以查看视图View_Hailing_User为例介绍如何查看视图。

① 启动“SQL Server Management Studio”，连接到本地默认实例，在“对象资源管理器”窗口里，展开要查看的数据库，展开视图节点，就可以看到系统视图和用户视图，其中就有前面已创建的目标视图View_Hailing_User。

② 单击目标视图前的“+”号，展开目标视图节点，然后单击“列”节点前的“+”号，展开列节点，就可以看到目标视图的列信息，包括列名称、数据类型和约束信息，如图8-5所示。

③ 在目标视图上右击，弹出快捷菜单，从中选择“编写视图脚本为”→“CREATE到”→“新查询编辑器窗口”命令，如图8-6所示。就会在当前窗口的右侧打开一个新的查询编辑器窗口，其中包含目标视图的定义信息，如图8-7所示。

图8-5　查看视图列信息

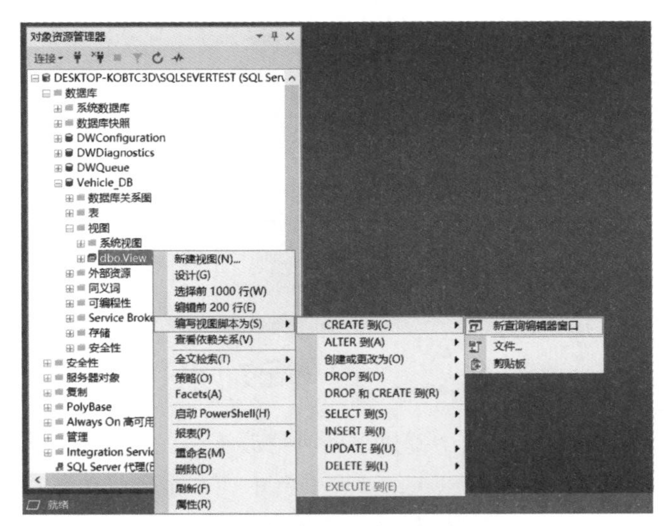

图8-6　新建查询编辑器窗口

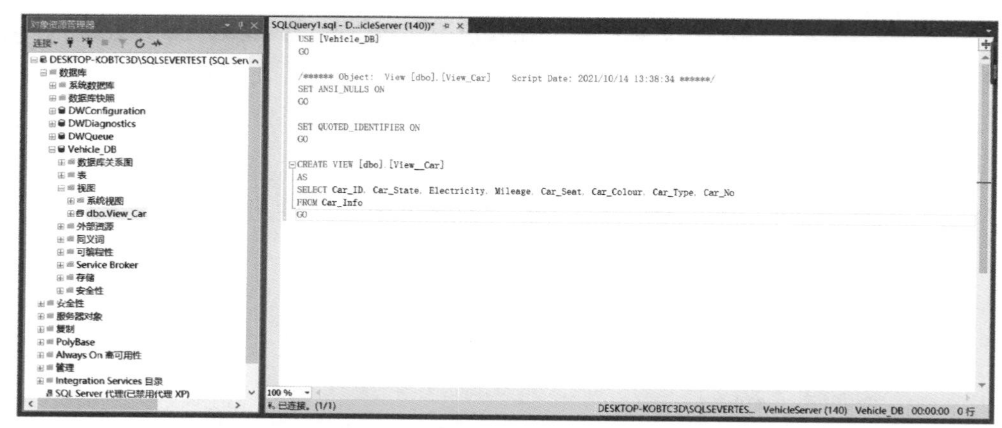

图 8-7　通过查询编辑器窗口查看视图定义信息

④ 在目标视图上右击，弹出快捷菜单，从中选择“查看依赖关系”命令，出现“对象依赖关系”对话框，可以看到依赖于该视图对象的对象，单击“View_Hailing_User依赖的对象”前的单选按钮，就会出现此视图依赖的对象，如图8-8所示。

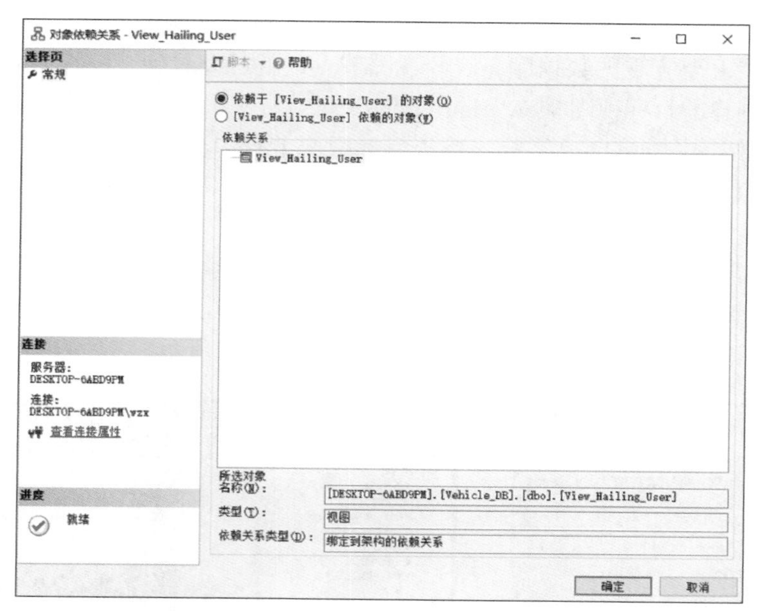

图 8-8　查看视图依赖的对象

8.4　修改视图定义

SQL Server中提供了两种修改视图的方法：

① 在SQL Server管理平台中，右击要修改的视图，从弹出的快捷菜单中选择“设计”选项，出现“视图修改”对话框。该对话框与创建视图的对话框相同，可以按照创建视图

的方法修改视图。

② 使用ALTER VIEW语句修改视图，但首先必须拥有使用视图的权限，然后才能使用ALTER VIEW语句。除了关键字不同外，ALTER VIEW语句的语法格式与CREATE VIEW语法格式基本相同。

8.5 重命名、修改与删除编辑视图

视图定义之后，可以更改视图的名称或视图的定义，而无须删除并重新创建视图。如果删除并重新创建视图会造成与该视图关联的权限丢失。

8.5.1 重命名视图

在重命名视图时，请考虑以下原则：

- 要重命名的视图必须位于当前数据库中。
- 新名称必须遵守标识符规则。
- 仅可以重命名有权限更改的视图。
- 数据库所有者可以更改任何用户视图的名称。

1. 使用Transact-SQL语言为视图重命名

重命名视图和重命名表类似，可使用系统存储过程sp_rename，其语法格式如下：

```
sp_rename  view_old_name ,  view_new_name
```

主要参数说明如下：

- view_old_name：原有视图名。
- view_new_name：新视图名。

例题 8-6 更改视图View_Hailing_User的名字为View_Hailing_User1。

```
sp_rename View_Hailing_User, View_Hailing_User1
```

2. 使用SQL Server Management Studio为视图重命名

① 启动SQL Server Management Studio，连接上数据库实例，展开“对象资源管理器”里的树形目录，找到要重命名的视图。

② 右击要重命名的视图，在弹出的快捷菜单里选择“重命名”选项。

③ 输入新的视图名，再按回车键完成操作。

8.5.2 修改视图

修改视图并不会影响相关对象，例如存储过程或触发器，除非更改了视图定义，使得其相关对象不再有效。也可以修改视图以对其定义进行加密，或确保所有对视图执行的数据修改语句都遵循定义视图的SELECT语句中设定的条件集。

1. 使用Transact-SQL语言修改视图

使用Transact-SQL语句的ALTER VIEW可以修改视图，其语法格式如下：

```
ALTER VIEW [ schema_name. ] view_name [ ( column [ ,...n ] ) ]
[ WITH <view_attribute> [ ,...n ] ]
AS SELECT_statement [ ; ]
[ WITH CHECK OPTION ]
<view_attribute> ::=
{
  [ ENCRYPTION ]
  [ SCHEMABINDING ]
  [ VIEW_METADATA ] }
```

从上面代码可以看出，ALTER VIEW 语句的语法和 CREATE VIEW 语句完全一样，只不过是以“ALTER VIEW”开头。下面举例说明 ALTER VIEW 的用法。

例题 8-7 修改视图 View_Hailing_User，查看预约时间为 2021 年 8 月 16 日的用户编号、用户账号、预约编号和车辆编号。

```
ALTER VIEW View_Hailing_User
AS
SELECT User_Info.User_ID,User_Info.User_Name,Car_Hailing.Hailing_ID,
Car_Hailing.Car_ID
FROM User_Info INNER JOIN Car_Hailing ON
     User_Info.User_ID = Car_Hailing.User_ID
WHERE Car_Hailing.Hire_Time = '2021-8-16'
```

2. 使用 SQL Server Management Studio 修改视图

事实上，使用 SQL Server Management Studio 修改视图只是修改该视图所存储的 Transact-SQL 语句。下面以修改视图 View_Hailing_User1 为例介绍如何在 SQL Server Management Studio 中修改视图。

① 启动 SQL Server Management Studio，连接到本地默认实例，在“对象资源管理器”窗口里，选择本地数据库实例 Vehicle_DB 中的视图 View_Hailing_User。

② 右击“View_Hailing_User”，在弹出的快捷菜单里选择“修改”选项，出现修改视图的对话框。该对话框界面与图 8-2 创建视图的对话框相似，其操作也十分类似，在此就不再赘述。

③ 修改完毕后记得存盘。

8.5.3 删除视图

在创建视图后，如果不再需要该视图，或想清除视图定义及与之相关联的权限，可以删除该视图。删除视图后，表和视图所基于的数据并不受到影响。任何使用基于已删除视图的对象的查询将会失败。

1. 使用 Transact-SQL 语言删除视图

使用 DROP VIEW 语句可以删除视图，也可以一次删除多个视图，其语法格式如下：

```
DROP VIEW [ schema_name. ] view_name [ ...,n ] [ ; ]
```

例题 8-8　删除视图 View_Hailing_User1。

```
DROP VIEW View_Hailing_User1
```

2. 使用SQL Server Management Studio删除视图

下面介绍如何在SQL Server Management Studio中删除视图：

① 启动SQL Server Management Studio，连接到本地数据库默认实例。

② 在“对象资源管理器”窗口里，展开树形目录，找到要删除的视图，右击该视图名，在弹出的快捷菜单里选择“删除”选项。

③ 在弹出的“删除对象”对话框里可以看到要删除的视图名称，单击“确定”按钮完成操作。

8.6 对视图数据操作

修改视图的数据，实际上都是在修改视图的基表中的数据。通过视图插入、删除和更新数据要满足以下限制条件：

① 任何修改（包括 UPDATE、INSERT 和 DELETE 语句）都只能引用一个基表的列。

② 在视图中修改的列必须直接引用表列中的基础数据。它们不能通过其他方式派生，例如通过聚合函数计算、通过表达式并使用列计算出其他列或者使用集合运算符形成的列。

③ 被修改的列不受 GROUP BY、HAVING 或 DISTINCT 子句的影响。

④ 同时指定了 WITH CHECK OPTION 之后，不能在视图的 SELECT_statement 中的任何位置使用 TOP。

上述限制应用于视图的 FROM 子句中的任何子查询，就像其应用于视图本身一样。

向可更新视图添加数据时，系统会按照添加记录的键值范围将数据添加到其键值所属的基本表中。即使是可更新视图，也不能随意更新数据。如果视图所依赖的基本表有多个时，不能向该视图添加或删除数据，因为会影响多个基本表。例如，前面创建的视图View_Student_Course_Score，它依赖三个基本表，所以不能向该视图插入或删除数据记录。修改数据时，若视图依赖于两个或两个以上的基表，则每次修改的数据只能影响一个基表。

另外还将应用以下附加准则：

① 如果在视图定义中使用了WITH CHECK OPTION子句，则所有在视图上执行的数据修改语句都必须符合定义视图的SELECT语句中所设置的条件。

② INSERT语句不允许为空值并且没有 DEFAULT 定义值的基础表中的所有列指定值。

③ 在基础表的列中修改的数据必须符合对这些列的约束，例如为NULL和 DEFAULT定义等。

④ BCP或BULK INSERT和INSERT ...SELECT * FROM OPENROWSET(BULK...) 语句不支持将数据大量导入分区视图，但是可以使用INSERT语句在分区视图中插入多行。

⑤ 不能对视图中的text、ntext 或 image列使用READTEXT语句和WRITETEXT语句。

1. 使用Transact-SQL语言对视图数据操作

通过在查询窗口中执行Transact-SQL语句可以更新视图或查看视图中的数据。使用UPDATE、INSERT和DELETE语句可以对视图数据操作，这些语句与操作数据表的语句基本相同，只要将原来输入数据表名的地方改为视图名即可。

例题 8-9 创建一个车辆视图View_Car，包括车辆编号、车辆状态、车辆电量、车辆总里程、车辆座位数、车辆颜色、车辆型号和车辆牌照。

```
CREATE VIEW View_Car
AS
SELECT Car_ID, Car_State, Electricity, Mileage, Car_Seat, Car_Colour,
Car_Type, Car_No
FROM Car_Info
```

例题 8-10 查询视图View_Car，查看车牌号为“京A79481”的信息。

```
SELECT Car_ID, Car_State, Electricity, Mileage, Car_Seat, Car_Colour,
Car_Type, Car_No
FROM View_Car
WHERE Car_No = '京A79481'
```

例题 8-11 向视图View_Car中插入记录，车辆编号为“2008010102”，车辆状态为“行驶”，车辆电量为“90”，车辆总里程为“20098.1”，车辆座位为“6”，车辆颜色为“白色”，车辆型号为“新能源汽车”，车牌牌照为“京A79482”。

```
INSERT INTO View_Car
VALUES ('2008010102','行驶',90,20098.1,6,'白色','新能源汽车','京A79482')
```

例题 8-12 将视图View_Car中车辆编号为“2008010102”的汽车颜色改为“银色”。

```
UPDATE View_Car
SET Car_Colour = '银色'
WHERE Car_ID = '2008010102'
```

例题 8-13 删除视图View_Car中车辆编号为“2008010102”的记录。

```
DELETE FROM View_Car
WHERE Car_ID = '2008010102'
```

2. 使用SQL Server Management Studio对视图数据操作

在SQL Server Management Studio中，可以像编辑数据表记录内容一样编辑视图里的记录内容。选择要编辑的视图，打开即可编辑，可以修改、插入和删除数据，与在数据表中的操作方法类似，但是一定要符合前面所讲的更新规则，否则系统会提示出错，如图8-9所示。

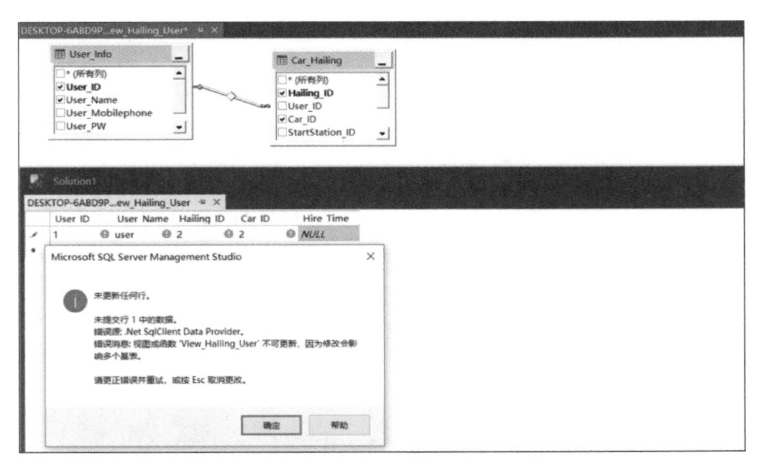

图 8-9　更新视图

8.7 使用视图加强数据安全性

数据视图的最大功能是为用户使用数据带来安全感。在用户创建视图时可以将敏感数据隐藏，只显示用户感兴趣的字段，从而有效地实现安全策略。利用视图只能查询和修改视图本身所能包含的数据。而数据库中的数据既看不到也取不到。因此，通过视图，用户对数据的使用可以被限制在不同子集上。

小　结

本章以Microsoft SQL Server为例，介绍了SQL Server数据视图的基本概念和相关操作。视图可以看成是一个虚表，它为用户提供了另外一种查看表中数据的方式。视图中存储的是一个查询结果，其中的行和列来自查询所引用的表或视图。对于某些视图，用户可以进行插入、删除和修改操作。

下面对本章所讲主要内容进行小结：

① 介绍了视图的优点，分析了视图使用范围，简单介绍了视图的三种类型：标准视图、索引视图和分区视图。

② 介绍了创建视图的基本原则以及使用Transact-SQL语句和SQL Server Management Studio创建视图的两种方法。

③ 介绍了如何使用Transact-SQL语句和SQL Server Management Studio查看视图定义、列信息和依赖关系信息。

④ 介绍了如何使用Transact-SQL语句和SQL Server Management Studio对视图进行重命名、修改与删除操作。

⑤ 介绍了对视图进行插入、删除和更新数据要满足的限制条件，以及如何使用Transact-SQL语句和SQL Server Management Studio对视图进行插入、删除和更新数据操作。

习　题

1. 简述视图的概念及分类。

2. 简述用户在什么情况下要使用视图。

3. 定义视图时要遵循哪些基本原则？

4. 视图的基表可以是哪些对象？

5. 可更新视图必须满足哪些条件？

6. 根据基于云管理的无人驾驶园区智能交互系统数据库，创建视图，直接可查看车辆信息及故障信息。

实验6：视图的创建与管理

1. 实验目的和任务

（1）掌握使用SQL Server Management Studio和Transact-SQL创建SQL Server数据视图的方法。

（2）了解将数据视图生成SQL Server脚本的方法。

（3）掌握如何查看视图信息。

（4）掌握如何重命名、修改与删除视图。

（5）掌握如何操作视图中的数据，以及向数据视图中添加、删除及修改数据的方法。

2. 实验实例

实验实例：使用对象管理器创建View_User视图

实验知识点：在数据库创建视图。

实验步骤：

（1）使用对象管理器创建View_User视图

① 在对象资源管理器中，展开“数据库”，再展开“Vehicle_DB”。

② 右击弹出快捷菜单，选择“视图”，单击“新建视图”。

③ 选择表“User_Info”，单击“添加”按钮。

④ 选择字段User_ID，User_Name，User_PW。

⑤ 输入条件WHERE (User_Name = '王%')。

⑥ 输入视图名称View_User。

⑦ 在对象资源管理器中的“数据库”→“Vehicle_DB”，然后在视图下查看视图View_User。

⑧ 在查询分析器中输入并执行语句SELECT * FROM View_User。

⑨ 查看结果如何，确认显示的字段是否为前面自己定义的字段。

⑩ 删除视图View_User。

（2）在查询分析器中创建视图

① 建立一个视图v1，包括行驶编号、车辆编号、用户编号、平均时速。

② 建立一个视图v2，查询车辆总里程大于10000公里的用户信息。

③ 建立一个视图v3，查询每个用户约车的总里程。

（3）视图的查询与更新

① 查询视图v1，v2，v3的数据。

② 通过视图v1修改行驶编号为“2021286”的平均时速为80，能够执行，为什么？

③ 通过视图v3修改用户编号为“2021918”的用户总里程改为10000，能够执行，为什么？

④ 不能通过视图同时修改两个表中的数据，自己设计一个例子说明这种情况。

3. 实验思考

（1）视图引用一个基表和引用多个基表对其数据操作时有什么不同？

（2）某个视图只引用了一个基表，该基表包含不能为空的列，如果此视图中恰好不包含那些不能为空的列，能对该视图进行插入操作吗？

（3）如何利用视图实现对数据的保护？

本章参考文献

[1]CONSOLE L, SAPINO M L, DUPRÉ D T. The role of abduction in database view updating[J]. Journal of Intelligent Information Systems, 1995, 4(3): 261-280.

[2]SILBERSCHATZ A, KORTH H F, SUDARSHAN S. Database system concepts[M]. New York: McGraw-Hill, 1997.

[3]MIAO D, CAI Z, LI J. Deletion Propagation Revisited for Multiple Key Preserving Views[J]. IEEE Transactions on Knowledge and Data Engineering, 2021: 1.

[4]NAVATHE S B, SCHKOLNICK M. View representation in logical database design[C]//Proceedings of the 1978 ACM SIGMOD international conference on management of data. 1978: 144-156.

[5]张永奎. 数据库原理与设计[M]. 北京：人民邮电出版社, 2019.

[6]王珊，萨师煊. 数据库系统概论[M]. 5版. 北京：高等教育出版社, 2014.

[7]BERTOSSI L, SALIMI B. Causes for query answers FROM databases: Datalog abduction, view-updates, and inteFgrity constraints[J]. International Journal of Approximate Reasoning, 2017, 90: 226-252.

[8]MIAO D, CAI Z, LI J. On the complexity of bounded view propagation for conjunctive queries[J]. IEEE Transactions on Knowledge and Data Engineering, 2017, 30(1): 115-127.

第3篇

数据库系统智能管理篇

本篇介绍数据库系统存储过程、自定义函数和触发器的程序设计、智能安全管理机制、身份验证模式、角色的使用及权限管理、数据库备份设备的创建、备份和恢复操作、备份恢复综合策略设计。

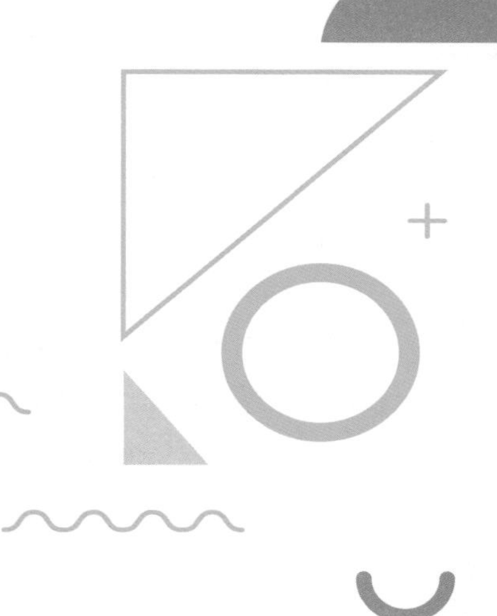

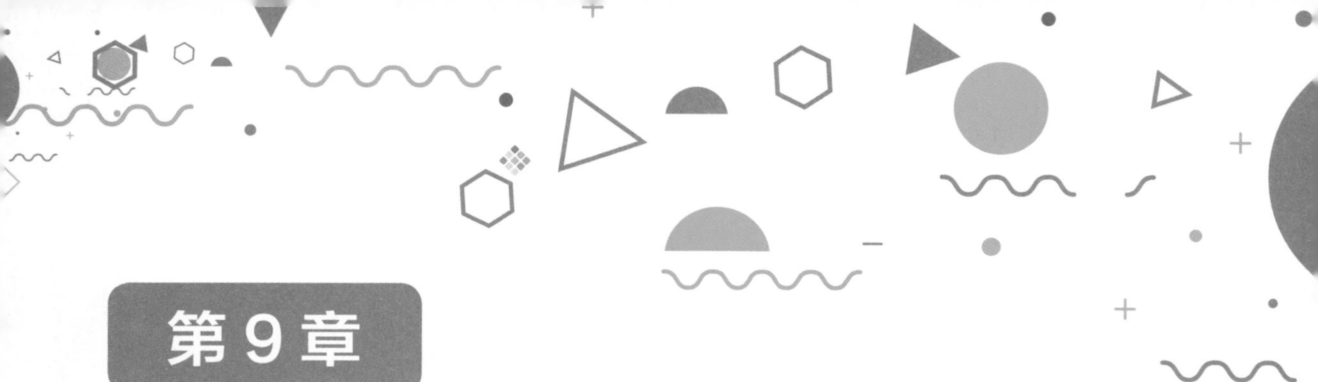

第9章 数据库系统程序设计

在大型数据库系统应用中，存储过程、自定义函数和触发器的程序设计至关重要。它们是存储在数据库中的一段程序，如应用程序可以调用存储过程来执行某种操作，将前台程序的设计和后台程序的设计分开，减少系统设计的复杂性；自定义函数也可以像存储过程一样使用，对数据表进行操作并返回单个标量值或结果集；使用触发器可以执行复杂的数据库操作和完整的约束过程，完成复杂的规则检查。存储过程、自定义函数和触发器的程序设计也可以对云数据库进行远程操作和触发执行。

本章内容以Microsoft SQL Server为例，介绍存储过程、自定义函数和触发器设计与执行等内容。

学习目标

- 掌握存储过程的设计与执行。
- 掌握自定义函数的设计与执行。
- 掌握触发器的设计与执行。

9.1 存储过程

存储过程（Stored Procedure）是指在数据库系统中的一组为了完成特定功能的SQL语句集，它存储在数据库中，一次编译后永久有效，用户通过指定存储过程的名字并给出参数（如果该存储过程带有参数）来执行它。存储过程是数据库中的一个重要对象，运行效率高，这样就降低了客户机和服务器之间的通信量，并且方便实施企业规则。在数据量特别庞大的情况下利用存储过程能达到倍速的效率提升。

存储过程通常是一组为了完成特定功能的Transact-SQL语句集，经编译后存储在数据库中，使用时只要调用即可。

1. 存储过程的分类

存储过程一般分为系统存储过程、本地存储过程、临时存储过程、远程存储过程和扩展存储过程五个类型。

（1）系统存储过程

系统存储过程是指由系统提供的存储过程，作为命令执行各种操作，以sp_前缀开头，

用来进行系统的各项设定，可以在任何数据库中使用。例如：

sp_addtype：创建用户定义的数据类型。

sp_addlogin：创建登录。

sp_help：查看数据库对象的信息。

sp_datebases：列出当前系统中的数据库。

sp_tables：返回当前环境下可查询的对象列表。

（2）本地存储过程

一般是由用户创建并完成某一特定功能的存储过程，在用户定义的数据库中创建。该过程可在Transact-SQL中开发，事实上一般所说的存储过程就是指本地存储过程。

（3）临时存储过程

临时存储过程与永久存储过程相似，只是临时存储过程存储于tempdb数据库中，分为两种存储过程：

一种是本地临时存储过程，以井字号（#）作为其名称的第一个字符，则该存储过程将成为一个存放在tempdb数据库中的本地临时存储过程，且只有创建它的用户才能执行它。

另一种是全局临时存储过程，以两个井字号（##）开始，则该存储过程将成为一个存储在tempdb数据库中的全局临时存储过程。全局临时存储过程一旦创建，以后连接到服务器的任意用户都可以执行它，而且不需要特定的权限。

（4）远程存储过程

远程存储过程是位于远程服务器上的存储过程，通常可以使用分布式查询和EXECUTE命令执行一个远程存储过程。

（5）扩展存储过程

扩展存储过程是用户可以使用外部程序语言编写的存储过程，而且扩展存储过程的名称通常以xp_开头。

2. 存储过程的创建

下面介绍如何通过使用SQL Server Management Studio 和Transact-SQL的CREATE PROCEDURE语句来创建Transact-SQL存储过程。

（1）使用SQL Server Management Studio创建存储过程

在SQL Server Management Studio的“对象资源管理器”中，展开“数据库”，再展开Vehicle_DB数据库中的“可编程性”，右击“存储过程”，弹出快捷菜单，选择“新建存储过程”命令。在工具栏上方的“查询”菜单上，单击“指定模板参数的值”，出现如图9-1所示的对话框，在对话框中输入参数值，单击“确定”按钮，创建如图9-2所示的存储语句。

若要测试语法，在工具栏上方的“查询”菜单上，单击“分析”。如果返回错误消息，则请将这些语句与上述信息进行比较，并视需要进行更正。若要创建该过程，在“查询”菜单上单击“执行”。该过程作为数据库中的对象创建。若要运行该过程，请在对象资源管理器中右击弹出快捷菜单，选择存储过程名称，然后选择“执行存储过程”，出现如图9-3所示的“执行过程”对话框。

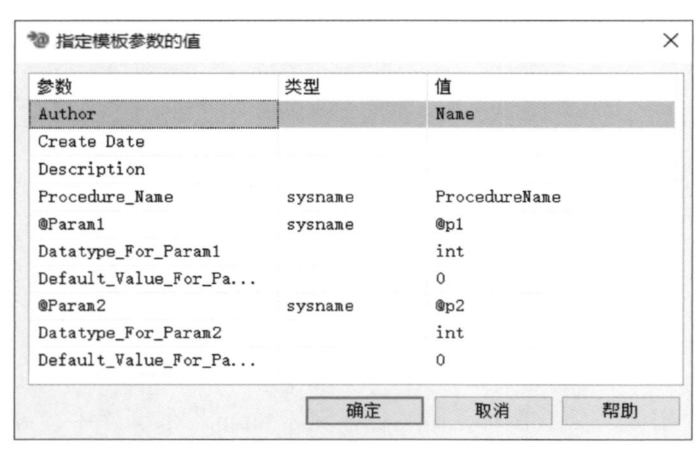

图 9-1　“指定模板参数的值”对话框

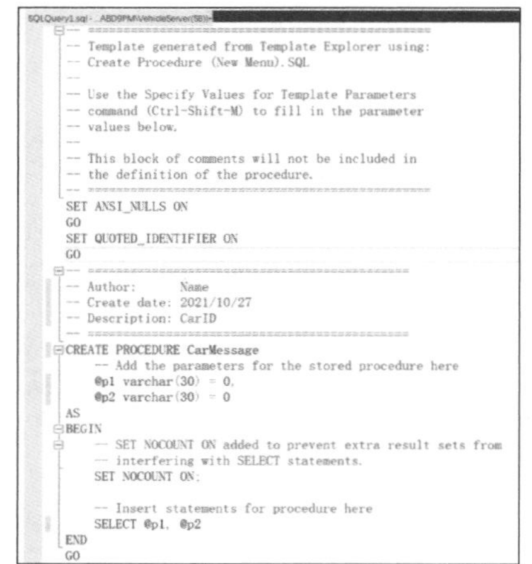

图 9-2　模板创建存储语句

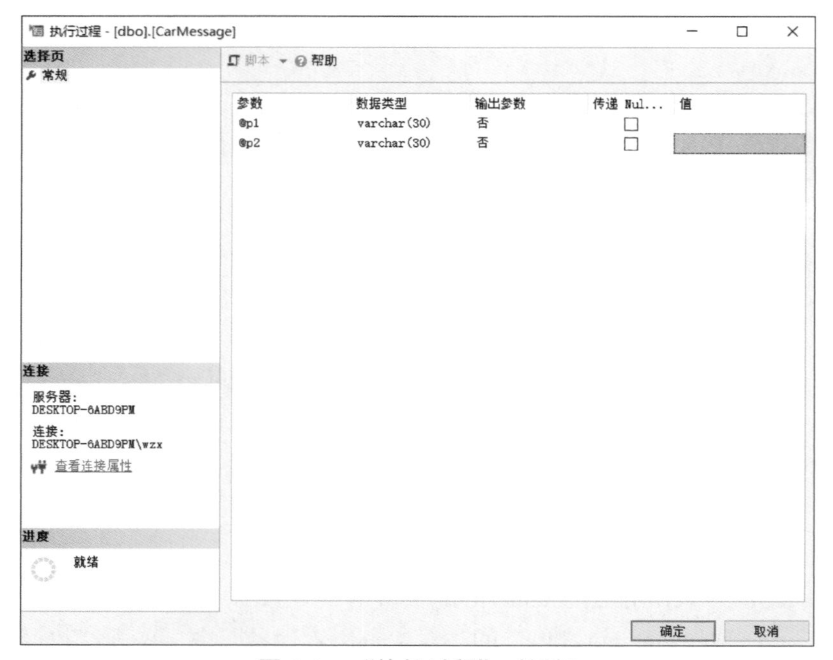

图 9-3　“执行过程”对话框

（2）使用 Transact-SQL 语言创建存储过程

使用 Transact-SQL 语句创建存储过程，其语法格式如下：

```
CREATE [ OR ALTER ] { PROC | PROCEDURE }
    [schema_name.] procedure_name [ ; number ]
    [ { @parameter [ type_schema_name. ] data_type }
        [ VARYING ] [ = default ] [ OUT | OUTPUT | [READONLY]
    ] [ ,...n ]
[ WITH <procedure_option> [ ,...n ] ]
```

```
[ FOR REPLICATION ]
AS { [ BEGIN ] sql_statement [;] [ ...n ] [ END ] }
[;]

<procedure_option> ::=
    [ ENCRYPTION ]
    [ RECOMPILE ]
    [ EXECUTE AS Clause ]
```

主要参数说明如下：

➢ procedure_name：过程的名称。过程名称必须遵循有关标识符的规则，并且在架构中必须唯一。

➢ number：用于对同名的过程分组的可选整数。使用一个 DROP PROCEDURE 语句可将这些分组过程一起删除。

➢ @ parameter：在过程中声明的参数。通过将@用作第一个字符来指定参数名称。参数名称必须符合标识符规则。每个过程的参数仅用于该过程本身；其他过程中可以使用相同的参数名称。

➢ [type_schema_name .] data_type：参数的数据类型以及该数据类型所属的架构。Transact-SQL 数据类型都可以用作参数。使用用户定义的表类型可以创建表值参数，表值参数只能是 INPUT 参数，并且这些参数必须带有 READONLY 关键字。

➢ VARYING：指定作为输出参数支持的结果集。该参数由过程动态构造，其内容可能发生改变，仅适用于游标参数。

➢ OUT | OUTPUT：指示参数是输出参数。

➢ READONLY：指示不能在过程的主体中更新或修改参数。如果参数类型为表值类型，则必须指定 READONLY。

➢ RECOMPILE：指示数据库引擎不缓存此过程的查询计划，这强制在每次执行此过程时都对该过程进行编译。

➢ ENCRYPTION：指示 SQL Server 将 CREATE PROCEDURE 语句的原始文本转换为模糊格式。模糊代码的输出在 SQL Server 的任何目录视图中都不能直接显示。对系统表或数据库文件没有访问权限的用户不能检索模糊文本。

使用 Transact-SQL 语句运行存储过程，其语法格式如下：

```
EXECUTE  <proc_name>
[(@para1 =] {value |@variable [output]...}
```

参数说明大致如上。

注意：

EXECUTE 语句的执行是不需要任何权限的，但是操作EXECUTE字符串内引用的对象需要相应的权限。

例题 9-1 创建存储过程 CarMessage，用户输入车牌号为“京 CQ2763”，返回特定的记录。

```
USE Vehicle_DB
GO
CREATE procedure CarMessage @carno varchar(20)
AS
SELECT * FROM Car_Info WHERE Car_No=@carno
GO

EXECUTE CarMessage @carno='京CQ2763'
```

例题9-1的运行结果如图9-4所示。

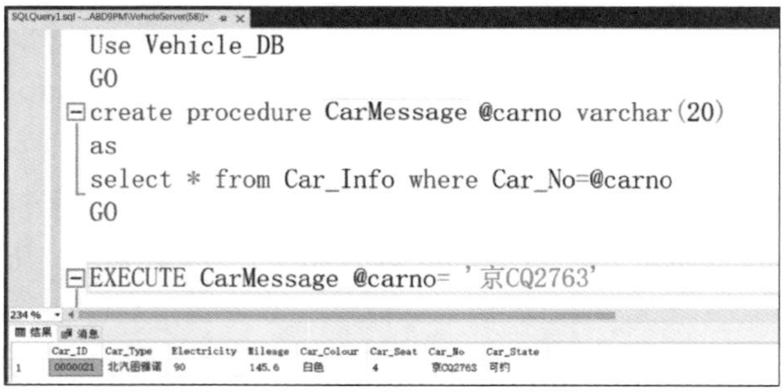

图9-4　例题9-1的运行结果

9.2 自定义函数

与编程语言中的函数类似，SQL Server 用户自定义函数接受参数、执行操作（例如复杂计算）并将操作结果以值的形式返回例程。返回值可以是单个标量值或结果集。

1. 标量函数（Scalar Functions）

标量函数返回值只有一个系统数据类型或用户自定义数据类型。在数据库中创建Transact-SQL标量函数过程使用的语法格式如下：

```
CREATE FUNCTION [schema name.] function name
(
    [{@parameter name [AS] parameter data type [= default] [READONLY]} [,…n]]
)
RRETURNS return data type
    [WITH <ENCRYPTION> [,…n]]
    [AS]
    BEGIN
        function body
        RETURN scalar expression
    END
```

主要参数说明如下：

➢ function name：用户定义函数的名称。

➢ @ parameter：用户定义函数中的参数，可以声明一个或多个参数。
➢ parameter data type [= default]：参数的数据类型以及该参数的默认值。
➢ return data type：标量用户定义函数的返回值。
➢ function body：指定一系列定义函数值的语句。
➢ RETURN scalar expression：指定标量函数返回的标量值。

例题 9-2　创建标量函数 getCarState，根据指定的车牌号，返回该车牌号的状态。

```
USE Vehicle_DB
GO
CREATE function CarState(@carno varchar(20))
returns varchar(30)
AS
BEGIN
DECLARE @car_state varchar(20)
SELECT @car_state = (SELECT Car_State FROM Car_Info WHERE Car_No = @carno)
RETURN @car_state
END

SELECT dbo.getCarState('京BR4563') AS '车辆状态'
```

例题 9-2 的运行结果如图 9-5 所示。

```
Use Vehicle_DB
GO
create function getCarState(@carno varchar(20))
returns varchar(30)
as
begin
declare @car_state varchar(20)
select @car_state = (select Car_State from Car_Info where Car_No = @carno)
return @car_state
end

select dbo.getCarState('京BR4563') as '车辆状态'
```

图 9-5　例题 9-2 的运行结果

2. 表值函数（In-Line Table-valued Functions）

表值函数返回值为一个表，函数体为一条 SELECT 语句。在数据库中创建 Transact-SQL 表值函数过程使用的语法格式如下：

```
CREATE FUNCTION [schema name.] function name
(
    [{@parameter name [AS] parameter data type [= default] [READONLY]} [,…n]]
)
RRETURNS TABLE
    [WITH <ENCRYPTION> [,…n]]
```

```
    [AS]
    RETURN [ ( ]SELECT_stmt[ ) ]
    END
```

主要参数说明如下：

➢ SELECT_stmt定义内联表值函数返回值的单个SELECT语句。

例题 9-3　创建内联表值函数，返回Car_RunRecord数据表中的车辆行驶记录。

```
USE Vehicle_DB
GO
CREATE function getCarRunRecord(@startstationid varchar(30))
RETURN TABLE
AS
RETURN
(
  SELECT * FROM Car_RunRecord WHERE StartStation_ID = @startstationid
)

SELECT * FROM getCarRunRecord('0011');
```

例题9-3的运行结果如图9-6所示。

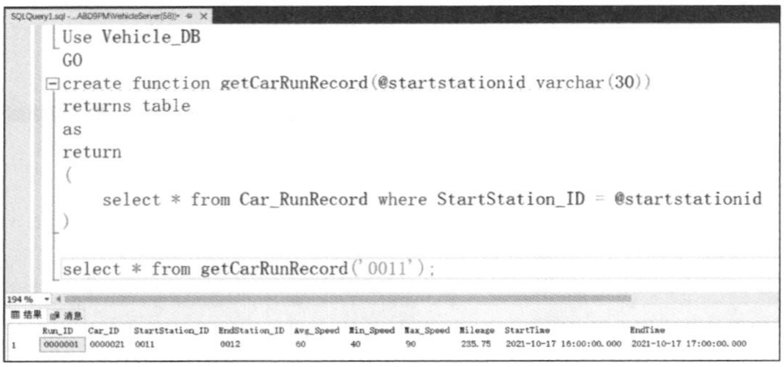

图9-6　例题9-3的运行结果

还有多语句表值函数（Multi-Statement Table-valued Functions），其返回值是一个表，但在返回值之前还有其他T-SQL语句。在数据库中创建 Transact-SQL多语句表值函数过程使用的语法格式如下：

```
CREATE FUNCTION [schema name.] function name
(
    [{@parameter name [AS] parameter data type [= default] [READONLY]} [,…n]]
)
RRETURNS TABLE
    [WITH <ENCRYPTION> [,…n]]
    [AS]
    BEGIN
        FUNCTION
    RETURN 标量表达式
    END
```

例题 9-4 设计一个函数，检索车辆信息，若车辆状态为可约，显示为可约车辆。

```
USE Vehicle_DB
GO
CREATE Function State_Car (@carstate varchar(20))
RETURNS @state table
    (carid varchar(30),carno varchar(20),car_state varchar(20))
AS
BEGIN
    if @carstate = '可约'
      INSERT  into  @state
      SELECT Car_ID,Car_No,'可约' AS '可约车辆' FROM Car_Info WHERE Car_
State = '可约'
RETURN
END

DECLARE @state varchar(20)
SET @state = '可约'
SELECT * FROM State_Car(@state)
```

例题9-4的运行结果如图9-7所示。

```
CREATE Function State_Car (@carstate varchar(20))
RETURNS @state table
    (carid varchar(30), carno varchar(20), car_state varchar(20))
AS
BEGIN
    if @carstate = '可约'
    INSERT  into  @state
    SELECT Car_ID, Car_No, '可约' as '可约车辆' FROM Car_Info where Car_State = '可约'
RETURN
END

declare @state varchar(20)
set @state = '可约'
select * from State_Car(@state)
```

	carid	carno	car_state
1	0000001	京BR4563	可约
2	0000021	京CQ2763	可约

图9-7 例题9-4的运行结果

9.3 触发器

触发器是一种特殊类型的存储过程。与前面9.1介绍过的存储过程不同，触发器主要是通过事件触发来执行的，而存储过程可以通过存储过程名来直接调用。触发器是为了响应各种数据定义语言（Date Definition Language，DDL）事件而运行。这些事件主要对应于Transact-SQL CREATE、ALTER 和 DROP 语句，以及执行类似 DDL 操作的某些系统存储过程。

```
CREATE [ OR ALTER ] TRIGGER [ schema_name . ]trigger_name
ON { table | view }
     [ WITH <dml_trigger_option> [ ,...n ] ]
     { FOR | AFTER | INSTEAD OF }
     { [ INSERT ] [ , ] [ UPDATE ] [ , ] [ DELETE ] }
     [ WITH APPEND ]
     [ NOT FOR REPLICATION ]
AS { sql_statement  [ ; ] [ ,...n ] | EXTERNAL NAME <method specifier [ ; ] > }
```

主要参数说明如下：

➢ OR ALTER：只有在触发器已存在时才对其进行有条件地更改。

➢ schema_name：数据操作语言（DML）触发器所属架构的名称。DML触发器的范围限定为对其创建此类触发器的表或视图的架构。不能为 DDL 或登录触发器指定 schema_name。

➢ trigger_name：触发器的名称。

➢ table | view：对其运行 DML 触发器的表或视图。

➢ FOR | AFTER：FOR 或 AFTER 指定仅当触发 SQL 语句中指定的所有操作都已成功启动时，DML 触发器才触发。

➢ INSTEAD OF：指定 DML 触发器（而不是触发 SQL 语句）启动，因此替代触发语句的操作。

➢ WITH APPEND：指定应该再添加一个现有类型的触发器。WITH APPEND 无法与 INSTEAD OF 触发器一起使用，或在显式声明 AFTER 触发器后也无法使用。

➢ NOT FOR REPLICATION：指明触发器不得在复制代理修改触发器涉及的表时运行。

➢ sql_statement：触发条件和操作。触发器条件指定其他用于确定尝试的 DML、DDL 或 LOGON 事件是否导致触发器操作运行的条件。

SQL Server 为每个触发器创建了两个专用临时表，其结构与被该触发器作用的表的结构相同。触发器执行完成后，自动删除。

Inserted Table：存放由于执行 INSERT 或 UPDATE 语句而要向表中插入的所有行。

Deleted Table：存放由于执行 DELETE 或 UPDATE 语句而要从表中删除的所有行。

注意：

① 不能在临时表上建立 Trigger。

② 只有 Table Owner 才能创建 Trigger。

1. INSERT触发器

例题 9-5　在 Car_Info 表中创建一个名为 Insert_Car 的触发器，在管理员向 Car_Info 表中插入数据时触发。

```
USE Vehicle_DB
GO
```

```
CREATE trigger Insert_Car
ON Car_Info
AFTER INSERT
AS
BEGIN
  IF OBJECT_ID(N'Car_Info',N'U') is NULL
      CREATE table Car_Info(Car_ID varchar(30) PRIMARY KEY,
                            Car_Type varchar(30), Electricity FLOAT,
                            Mileage FLOAT, Car_Colour varchar(50),
                            Car_Seat SMALLINT, Car_No varchar(20),
                            Car_State varchar(20))
DECLARE @carno varchar(20)
  SELECT @carno = Car_No FROM Car_Info
  IF NOT EXISTS (SELECT Car_No FROM Car_Info)
      INSERT INTO Car_Info values('0000001','北汽图雅诺',90,145.6,'白色',
4,'京BR4563','可约')
  UPDATE Car_Info SET @carno = Car_No
END
GO
```

2. DELETE触发器

例题 9-6　在Car_Info表中创建一个名为Delete_Car的触发器，在管理员对Car_Info表中删除数据时触发。

```
USE Vehicle_DB
GO
CREATE trigger Delete_Car
ON Car_Info
AFTER DELETE
AS
BEGIN
  SELECT Car_ID AS 已删除车牌号, Car_Type, Electricity, Mileage, Car_
Colour, Car_Seat, Car_No, Car_State
FROM Car_Info
END
GO

DELETE FROM Car_Info WHERE Car_ID = '0000002'
```

3. UPDATE触发器

例题 9-7　在Car_Info表中创建一个名为Update_Car的触发器，在管理员向Car_Info表中更新数据时触发。

```
USE Vehicle_DB
```

```
GO
CREATE trigger Update_Car
ON Car_Info
AFTER UPDATE
AS
BEGIN
  DECLARE @color varchar(50)
  SELECT @color = Car_Colour FROM Car_Info
  UPDATE Car_Info SET Car_Colour = @color

SELECT Car_ID AS 更新前车辆编号, Car_Colour AS 更新前车辆颜色 FROM deleted
SELECT Car_ID AS 更新后车辆编号, Car_Colour AS 更新后车辆颜色 FROM INSERT INTOed
END
GO

UPDATE Car_Info SET Car_Colour = '黑色' WHERE Car_ID= '0000001'
```

4. 临时表

例题 9-8　创建一个触发器，当对Car_Info表进行插入、修改、删除操作时，该触发器显示inserted和deleted表。

```
USE Vehicle_DB
GO
CREATE Trigger Trig1 ON Car_Info
AFTER  inserted,update,deleted
AS
SELECT * FROM inserted
SELECT * FROM deleted

INSERT INTO Car_Info values('0000022','北汽图雅诺',80,175.6,'黑色',6,'京
JQ2962','不可约')
INSERT INTO Car_Info values('0000023','奔驰',90,1175.9,'黑色',2,'京
AW2965','不可约')
DELETE Car_Info WHERE Car_ID='0000023'
UPDATE Car_Info  SET Car_Seat=4 WHERE Car_ID='0000022'
```

小　结

本章以Microsoft SQL Server为例，介绍了数据库系统的存储过程、自定义函数和触发器的基本概念和具体操作。存储过程是数据库中的一个重要对象；自定义函数像内置函数一样返回标量值，也可以将结果集用表格变量返回；触发器的主要作用就是能够实现由主键和外键所不能保证的复杂的参照完整性和数据的一致性。

下面对本章所讲主要内容进行小结：

① 介绍了数据库程序设计，并以存储过程、自定义函数和触发器三种设计为重点进行

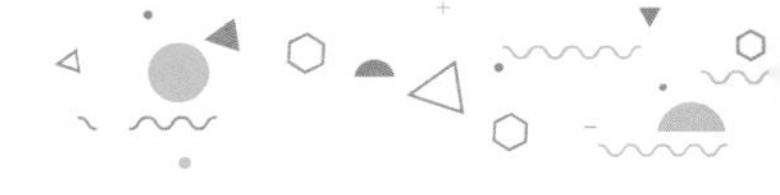

详细讲述。

② 介绍了创建存储过程的四个过程以及使用 Transact-SQL 语句和 SQL Server Management Studio 创建存储过程的两种方法。

③ 介绍了如何使用 Transact-SQL 语句建立自定义函数。

④ 介绍了如何使用 Transact-SQL 语句对触发器进行插入、删除与更新操作。

习　题

1. 编写一个存储过程，@startstationID 为 varchar(30) 类型输入参数，在存储过程中通过 SELECT 语句，查询 Car_RunRecord 表中的 StartStation_ID 字段值位于指定区间的记录集。

2. 编写一个自定义函数，根据指定的车牌号，返回该车辆状态。

3. 编写一个触发器，在 Car_Trouble 表中创建一个触发器，在管理员向 Car_Trouble 表中更新数据时触发。

实验 7：数据库程序设计

1. 实验目的和任务

① 掌握使用 Transact-SQL 创建 SQL Server 数据存储过程的方法，学习存储的参数、返回值的使用方法。

② 了解游标的概念和使用。

③ 掌握用户自定义函数的建立和使用。

④ 练习创建触发器，并验证触发器的执行。

2. 实验实例

实验实例 1：用 Transact-SQL 语言创建简单存储过程

实验知识点：使用 Transact-SQL 语言创建简单的存储过程，了解实现存储过程的语法。

实验步骤：

（1）建立简单存储过程。创建一个简单的存储过程，了解实现存储过程的语法。

① 输入并执行下面语句：

```
USE OrderMag
GO

CREATE PROCEDURE FirstProc
AS
SELECT pno,pname,pnum FROM store ORDER BY pnum DESC;
GO
```

② 输入并执行语句。

```
USE Order May
exec FirstProc
```

思考：这个存储过程的含义是什么？是否可以用视图实现同样的功能？

（2）进一步使用存储过程。当执行存储过程时，将执行时的信息返回给用户。

① 输入并执行下面语句：

```
CREATE proc Max_proc
AS
DECLARE @MaxPrice money
DECLARE @Char varchar(20)
SELECT @Maxprice=max(Osum) FROM Orders --找出订单金额最大值，并将值赋给变量
SET @char=cast(@Maxprice AS varchar(20))     --转换数据类型为字符型
raiserror('The max order price is %s',10,1,@char)
GO
```

② 输入并执行语句调用存储过程。

```
exce Max_proc
```

思考：显示结果是什么？变量值是否传递给显示信息？

（3）使用输出参数返回变量值。通过使用 Out 选项返回存储过程中的数值。

① 输入并执行下面语句：

```
CREATE proc Return_proc
@ReturnMaxPrice money output
AS
SELECT @ReturnMaxPrice=max(Osum)  FROM Orders
GO
```

② 执行下面语句，调用存储过程。

```
DECLARE  @return money
EXEC Return_proc @return output
SELECT @return
```

思考：是否显示结果？显示的内容是什么？

注意：

在存储过程中的返回参数定义 Out 选项，在调用存储过程时也要定义 Out 选项，来接收返回值。

（4）在 OrderMag 数据库中创建一个存储过程，输入订单号（ono），存储过程检索该订单的产品名称、客户名称。

实验实例2：用 Transact-SQL 语言创建自定义函数

实验知识点：使用 Transact-SQL 语言创建一个用户自定义函数，并测试、查看函数返回值。

实验步骤：

（1）输入并执行下面语句：

```
CREATE FUNCTION addTwoNumber(x SMALLINT UNSIGNED, Y SMALLINT UNSIGNED)
```

```
RETURNS SMALLINT
BEGIN
DECLARE a, b SMALLINT UNSIGNED DEFAULT 10
SET a = x, b = y
RETURN a+b
```

思考：此函数中输入变量是什么？返回值类型？如何定义的返回值？

输入并执行以下语句测试函数。

```
SELECT addTwoNumber(10,2)
```

查看结果。

> **注意：**
> 函数可以在SELECT子句后面调用。

（2）设计一个函数，在OrderMag数据库中输入零件类别，返回该类别零件的总数量。

（3）设计一个函数，在OrderMag数据库中输入零件编号，根据零件库存量的大小，大于500的认为是充足，在100~500之间的是均衡，小于100的为面临缺货。

（4）设计一个函数，根据输入的数值，计算从1加到该数的和（如输入5，则计算1+2+3+4+5=15，输出为15）。

实验实例3：用Transact-SQL语言创建删除触发器

实验知识点：使用Transact-SQL语言创建删除触发器，了解触发器的语法。

实验步骤：

设有两张表NewStore和NewOrders。当删除NewStore表中一条记录时，NewOrders表中的相关数据同时删除。

（1）创建两张新表NewStore和NewOrders。

```
USE OrderMag
GO
SELECT * INTO newStore FROM Store
SELECT * INTO newOrders FROM Orders
GO
```

（2）输入并执行下面语句，用于在newStore表上创建删除触发器。

```
CREATE TRIGGER Store_Delete  ON newStore
   FOR DELETE
AS
   DELETE newStore
   FROM newStore AS P INNER JOIN Deleted AS D
   ON P.Pno = D.Pno
```

（3）使用下面的语句测试触发器，在newStore表中删除产品编号为P3的记录，并用两个SELECT语句查看newOrders表结果（下面语句一起运行结果会很明显）。

```
SELECT *  FROM newOrders WHERE Pno = 'P3'
DELETE newStore WHERE Pno = 'P3'
SELECT *  FROM newOrders WHERE Pno = 'P3'
```

思考：newOrders表中产品编号为P3的记录是否自动删除？

实验实例4：使用触发器验证业务规则

实验知识点：使用Transact-SQL语言验证业务规则，进一步学习触发器语法。

实验步骤：

newCustomer表中存放客户的基本信息，newOrders表中存放的是订单信息。如果一个客户存在着订单，那么这个客户不能从newCustomer表中被删除。

（1）在上面实验中创建的newCustomer表上创建触发器。

```
USE OrderMag
GO
CREATE TRIGGER Customer_Delete
  ON newCustomer FOR DELETE
AS
IF (SELECT Count (*)
    FROM [Order Details] INNER JOIN deleted
    ON [Order Details].Cno = Deleted.Cno
) > 0
BEGIN
   RAISERROR('Transaction cannot be processed. This Product still has a
history of customers.', 16, 1)
   ROLLBACK TRANSACTION
END
```

（2）使用下面语句测试触发器，将客户编号为C3的客户信息从newCustomer中删除。

```
USE OrderMag;
DELETE FROM newCustomer WHERE cno='C3';
```

思考：是否能删除？为什么？

注意：

触发器与基表当作一个事务来执行。

3. 实验思考

① 存储过程和自定义函数的区别在哪里？

② 调用带输出参数的存储过程时需要注意什么事项？

③ 用户自定义函数在定义与使用上有何需要注意的问题？与存储过程有何不同？

④ 触发器的作用是什么？

本章参考文献

[1]王珊，萨师煊. 数据库系统概论[M]. 5版. 北京：高等教育出版社，2014.

[2]王英英. SQL Server 2019从入门到精通[M]. 北京：清华大学出版社, 202103.

[3]GUYONVARCH L, LECUYER E, BUFFAT S. Evaluation of safety critical event triggers in the UDrive data[J]. Safety Science, 2020, 132: 104937.

[4]百度百科.存储过程 [EB/OL] .[2021-11-10].https://baike.baidu.com/item/%E5%AD%98%E5%82%A8%E8%BF%87%E7%A8%8B/1240317?fr=aladdin.

[5]MENSAH K. Oracle database programming using Java and web services[M]. America: Digital Press, 2011.

[6]BERTINO E, GUERRINI G, MERLO I. Trigger inheritance and overriding in an active object database system[J]. IEEE Transactions on Knowledge and Data Engineering, 2000, 12(4): 588-608.

[7]Microsoft.存储过程（数据库引擎）[EB/OL] .[2021-11-10].https://docs.microsoft.com/zh-cn/sql/relational-databases/stored-procedures/stored-procedures-database-engine?view=sql-server-ver15.

[8]ZHANG F, MA Z M, TONG Q, et al. Storing fuzzy description logic ontology knowledge bases in fuzzy relational databases[J]. Applied Intelligence, 2018, 48(1): 220-242.

[9]Microsoft.用户定义函数[EB/OL] .[2021-11-10].https://docs.microsoft.com/zh-cn/sql/relational-databases/user-defined-functions/user-defined-functions?view=sql-server-ver15.

[10]SILBERSCHATZ A, KORTH H F, SUDARSHAN S. Database system concepts[M]. New York: McGraw-Hill, 1997.

[11]Microsoft.CREATE TRIGGER (Transact-SQL) [EB/OL] .[2021-11-10].https://docs.microsoft.com/zh-cn/sql/t-sql/statements/create-trigger-transact-sql?view=sql-server-ver15.

[12]EL I B, BAÏNA S, MAMOUNY A, et al. RDF/OWL Storage and Management in Relational Database Management Systems: A Comparative Study[J]. Journal of King Saud University-Computer and Information Sciences, 2021.

[13]EL IDRISSI B, BAÏNA S, MAMOUNY A, et al. RDF/OWL storage and management in relational database management systems: A comparative study[J]. Journal of King Saud University-Computer and Information Sciences, 2022, 34(9): 7604-7620.

第10章 数据库系统安全管理

前面章节我们讲述了有关数据库、表、视图的创建过程及使用方法，如何安全地使用云数据库以及数据库系统中的对象将成为本章重点研究的问题。为什么要安全地使用呢？哪些因素会造成对数据的安全威胁呢？在当今智能时代，数字化系统往往存储着重要的客户信息和企业生产数据信息、交易记录。网络数据库管理员要保证数据在网络上不被外泄，不被篡改，不被恶意删除，需要有一套完善的网络数据库安全解决方案，避免数据库系统被恶意攻击。

本章内容主要介绍数据库系统的安全管理机制、账户管理机制、角色的使用和权限的设定。

学习目标

- 掌握数据库系统的身份认证模式。
- 熟悉如何管理云数据库以及网络数据库的用户。
- 掌握进行数据库角色和服务器角色的分配和系统安全管理。
- 掌握如何进行许可管理。

10.1 数据库系统安全性智能管理机制

数据库系统安全性设计是系统正常运行的关键，需要有高效、精准的管理机制做保障。此外，SQL Server大数据群集是数据库不断发展的一个重要特性，也提供连贯且一致的授权和身份验证，可通过对现有域设置活动目录（Active Directory，AD）集成实现全自动化部署。在大数据群集中配置 AD 集成后，可以利用现有标识和用户组跨所有终结点进行统一访问。此外，在 SQL Server 中创建外部表后，可通过向 AD 用户和组授予对外部表的访问权限来有效控制对数据源的访问。

用户在使用云数据库或者网络数据库时，要充分考虑其安全性能管理机制，例如系统如何智能地分级设定用户权限，对指定数据库、数据表、表中字段进行管理和对数据库进行程序设计等。数据库系统安全性能管理机制可以归纳为四个级别：

第一级为操作系统的安全性。

第二级为数据库管理系统登录权限的安全性。

第三级为数据库使用的安全性。

第四级为数据库对象（表、视图等）的安全性。

每一个安全级别都相当于一级门卫，层层把关。如果用户拥有进入某一级的身份证明，门卫就可以批准该用户进入此安全等级。四级安全机制间的关系如图 10-1 所示。

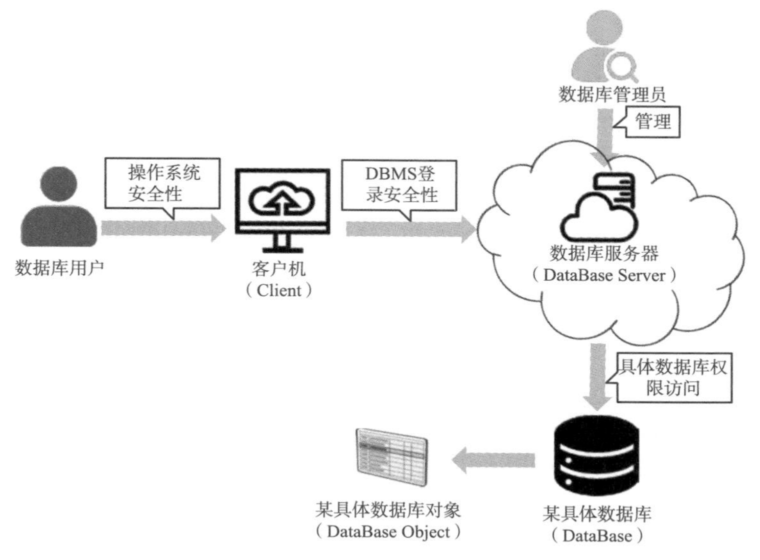

图 10-1　SQL Server 安全级别间的关系

操作系统的安全是用户使用数据库服务器的第一道门户，用户首先要拥有对计算机操作系统的使用权限才能成功登录服务器。各用户对服务器的操作将受到服务器管理员的授权限制。

SQL Server 登录权限设置以数据库服务器的操作系统安全性管理为基础，提供了两种登录模式：Windows 模式登录和 SQL Server 模式登录。如果用户以 Windows 模式登录，则在成功登录操作系统后即可登录数据库管理系统；如果用户以 SQL Server 模式登录，则在登录操作系统后还需 SQL Server 账户才能获得访问权。管理和设计合理的用户登录权限是数据库管理员（Database Administrator，DBA）的重要工作。

注意：

① DBA 可以为普通用户创建 SQL Server 账户，而不设置为 Windows 账户，从而禁止其访问操作系统的其他服务，这些用户通常是来自外部网络，比如 Internet。

② DBA 可以为企业内部用户创建 Windows 登录账户。

当用户通过了 SQL Server 数据库服务器的验证后，就可以进入具体数据库了。由于各用户所使用的数据库不相同，需要进行第三级身份验证，即 SQL Server 数据库智能化安全性验证。在默认情况下，数据库的拥有者和 DBA 拥有访问操作数据库的权限，可以由他们确定数据库的合法访问者。

数据库对象的安全性将更安全地保护数据库信息，也是对用户权限设置的最高安全等级。当一个用户访问该数据库时，数据库所有者应该事先赋予用户对数据库对象（如表、视图、列等）的操作权限。

10.2 SQL Server的身份验证

10.2.1 Windows与SQL Server身份验证模式

1. 使用Windows操作系统登录账户进行身份验证

Windows身份验证模式使用户可以通过Microsoft Windows操作系统用户账户连接SQL Server数据库服务器。SQL Server通过使用网络操作系统用户账户的安全特性控制登录访问，被授权连接SQL Server服务器的Windows账户在连接SQL Server时不需要提供登录账户和密码，SQL Server认为Windows已对该用户做了身份验证。

与SQL Server身份验证相比，Windows身份验证有其优点，主要是由于它与Windows网络操作系统的集成。操作系统可以提供更多的功能，如安全验证和密码加密、审核、密码过期、最短密码长度以及在多次登录请求无效后锁定账户等。如果系统管理员对操作系统用户账户进行访问权限的修改，则当用户下次重新连接到SQL Server实例及登录到Windows操作系统时，权限更改会生效。

> **注意：**
> SQL Server无法识别在Windows操作系统中被删除后再重新建立的相同账户名或组名，因为在Windows操作系统中通过唯一安全标识符（Security Identifiers，SID）进行标识。SID不会被重用，故在SQL Server中必须先删除该账户名或组名，然后再添加重新创建的账号名和组名。

2. 使用SQL Server登录账户进行身份验证

SQL Server身份验证模式是指用户登录SQL Server系统时，其身份验证由Windows和SQL Server共同进行，故SQL Server身份验证模式又称混合验证模式。

在SQL Server身份验证模式下，使用Windows用户账户连接的用户可以使用信任连接。

当用户用指定的登录名称和密码从非信任连接进行连接时，SQL Server数据库管理系统通过检查是否已设置SQL Server登录账户以及指定的密码是否与系统中已设置的账户信息匹配，进行身份验证。如果使用SQL Server未设置的登录账户进行登录，将导致身份验证失败。

部分应用程序开发人员和数据库用户更倾向于SQL Server身份验证，这样可以保证系统安全性。而对于一些网络客户端系统，也同样适宜使用SQL Server身份验证。

10.2.2 选择身份验证模式

用户可以根据所处的不同网络环境决定采用哪种身份验证模式，并且可以使用SQL Server Management Studio在不同的身份验证模式间进行切换。具体方法为右击服务器名，在弹出的快捷菜单中选择“属性”，打开属性窗口后选择“安全性”，通过选中“服务器身

份验证”单选按钮来选择服务器的身份验证模式，其设置方法如图10-2所示。

图10-2　选择身份验证模式界面

除了上述方法可以设置或改变SQL Server验证模式，还可以通过使用SQL Server Management Studio中的“视图”对已注册的服务器进行身份验证设置，其具体操作步骤如下：

① 打开SQL Server Management Studio；

② 在菜单中单击“视图”，选择“已注册的服务器”；

③ 在“已注册的服务器”窗口中右击要设置验证模式的服务器，在弹出的快捷菜单中单击“属性”，弹出“编辑服务器注册属性”对话框，可以选择Windows和SQL Server两种身份验证模式，如图10-3、图10-4所示；

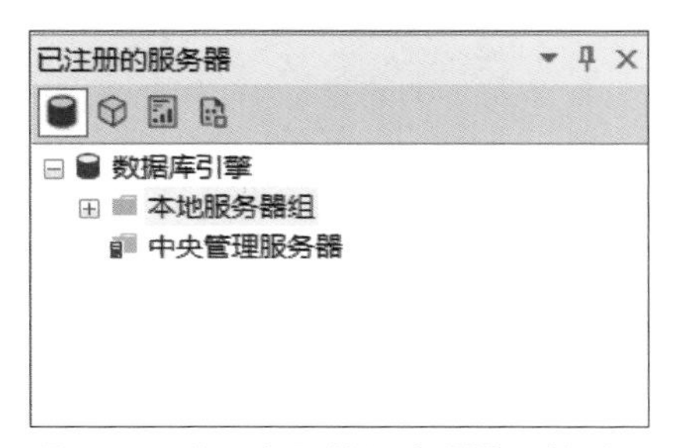

图10-3　“已注册的服务器”对话框

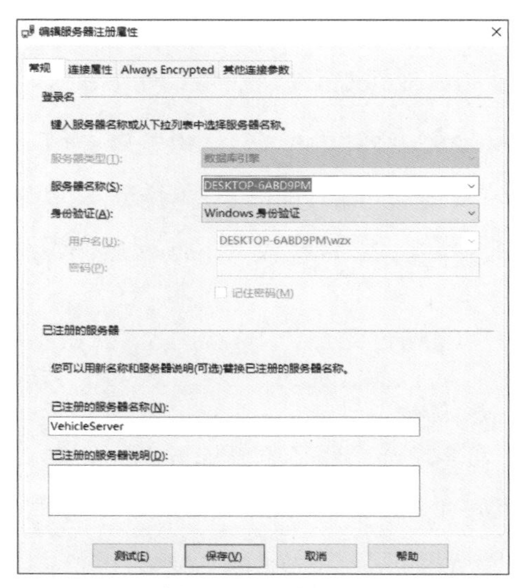

图10-4　“编辑服务器注册属性”对话框

④ 设置完成后，单击“测试”按钮以确定设置是否正确，弹出的测试信息提示对话框如图 10-5 所示；

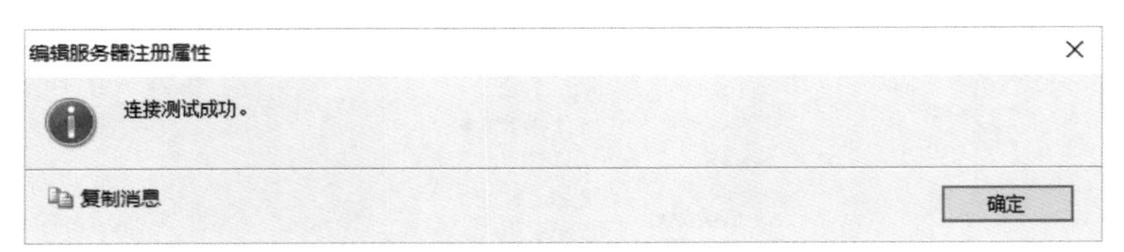

图 10-5　测试信息提示对话框

⑤ 单击“确定”按钮，关闭对话框。

10.3 用户登录账户管理

10.3.1 用 Windows 组或用户账户登录 SQL Server 数据库管理系统

数据库管理员可以将 Windows 服务器操作系统的用户和工作组映射为网络数据库 SQL Server 数据库管理系统的登录账户。举例而言，可以给 Windows Server 操作系统的账户授予对 SQL Server 访问权限，并使该登录与数据库中的用户相关联。

1. 使用 Transact-SQL 语言实现

数据库管理员使用系统存储过程 sp_grantlogin、sp_denylogin、sp_revokelogin 可以分别允许、阻止、删除 Windows 组或用户到 SQL Server 的连接。

sp_grantlogin 的语法格式如下：

```
sp_grantlogin  {login_User}
```

sp_denylogin 的语法格式如下：

```
sp_denylogin  { login_User }
```

sp_revokelogin 的语法格式如下：

```
sp_revokelogin  { login_User }
```

在要增加的账户前面要写明域名及“\”，而且这三个存储过程不能放在同一个批中执行。

例题 10-1　授权 Windows 操作系统账户 win_manan 可以访问 SQL Server 数据库管理系统。

```
sp_GRANTlogin 'MN-LAPTOP\win_manan'
```

注意：

在要增加的账户名前面要加上机器名、域名及“\”，而且 sp_GRANTlogin、sp_denylogin 和 sp_revokelogin 三个存储过程不能放在同一个批中执行。

2. 使用 SQL Server Management Studio 实现

在 SQL Server Management Studio 的“对象资源管理器”中，展开“安全性”，右击

“登录名”，在弹出的快捷菜单中选择“新建登录名”，出现如图10-6所示的对话框。单击“搜索”按钮，出现如图10-7所示的对话框，将Windows账号Vehicle_user添加到SQL Server登录账户中。单击“确定”按钮，即完成了登录名的创建。

图 10-6　“登录名：新建”对话框　　　图 10-7　“选择用户或组”对话框

10.3.2　用SQL Server登录账户登录SQL Server数据库管理系统

1.　使用Transact-SQL语言实现

网络数据库管理员使用系统存储过程 sp_addlogin创建一个SQL Server数据库管理系统的登录账户。使用sp_addlogin的语法格式如下：

```
sp_addlogin  {'login_User'} [,password [,'default_database'] [ ,'default_
language'] [,'sid'] [,'encryption_option']]
```

主要参数说明如下：

➢ login_User：网络数据库管理员创建的SQL Server登录账户，必须是有效的SQL Server对象名。

➢ password：SQL Server登录账户的密码。

➢ default_database：SQL Server登录账户访问的默认数据库。

➢ default_language：默认的语言。

➢ sid：用户唯一标识符，是一个varbinary(16)的变量，默认值为NULL。如果用户不设置或设置用户唯一标识符为NULL，则SQL Server数据库服务器会自动为新建立的账户设置一个从未使用过的非NULL的唯一标识符。

➢ encryption_option：选择是否对存储在系统表里的密码进行加密，这是一个类型varchar(20)的变量，取值范围是：

➢ NULL：默认选项，将对密码进行加密。

➢ skip_encrypion：不对密码进行加密。

➢ skip_encrypion_old：不对密码进行加密。提供的密码已经使用较早版本的SQL Server系统进行加密。

例题 10-2 创建SQL Server登录三个账户。第一个账户名为vehicle_1，密码是111111；第二个账户名为vehicle_2，密码是222222；第三个账户名为vehicle_3，密码是333333。三个账户使用默认的数据库为Vehicle_DB。

```
sp_addlogin  'vehicle_1','111111','Vehicle_DB'
sp_addlogin  'vehicle_2','222222','Vehicle_DB'
sp_addlogin  'vehicle_3','333333','Vehicle_DB'
```

注意：

➢ 在使用Transact-SQL来建立登录账户时，当给定的账户、用户、角色以及密码以空格开始，或者包含空格，或者以@或$作为开头字母时，用户必须使用定界符（“”）或（[]）将输入的字符括起来。在使用企业管理器创建时，没有这个限制。

➢ SQL Server的登录账户、用户、角色以及密码不允许包含“\”，不允许NULL，不允许空字符串。

当网络数据库管理员删除登录账户时，需要在数据库中做较为复杂的检查，以确保不会在数据库中留下孤儿型的用户。一个孤儿型的用户是指一个用户没有任何登录名与其映射。

删除一个登录账户时，SQL Server 必须确认这个登录账户没有关联的用户存在于数据库系统中。如果存在用户和被删除的登录名关联，SQL Server将返回错误提示信息，指出数据库中哪个用户与被删除的登录账户相关联。此时，必须先用sp_revokedbaccess存储过程将每个数据库中与该登录账户关联的用户对象清除，然后才能删除登录账户。如果要删除的登录账户是数据库所有者，则需要使用系统存储过程sp _ changedbowner将所有权转授给其他的登录账户。

删除一个登录账户使用系统存储过程 sp_droplogin。sp_droplogin存储过程的语法格式如下：

```
sp_droplogin  {'login_User'}
```

主要参数说明如下：

➢ login_User：要被删除的登录账户。

例题 10-3 从SQL Server中将登录账户vehicle_1删除掉。

```
sp_droplogin  'vehicle_1'
```

例题 10-4 修改vehicle_2登录账户的默认数据库为VehicleServer，默认语言是French。

```
sp_defaultdb 'vehicle_2', VehicleServer
sp_defaultlanguage 'vehicle_2', French
```

运行结果为：

```
Command(s) completed successfully.
```

网络数据库管理员可以使用系统存储过程sp_password修改SQL Server账户密码，语法

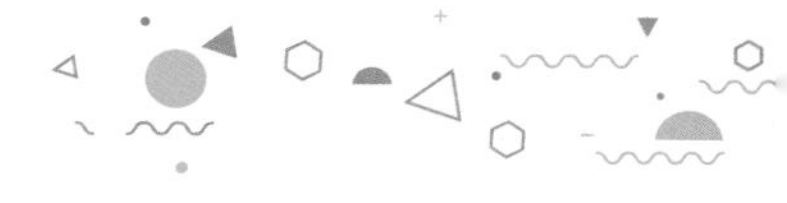

格式为：

```
sp_password 'old_password', 'new_ password', 'login_name'
```

例题 10-5 修改vehicle_2登录账户的密码为222。

```
sp_password '222222', '222','vehicle_2'
```

运行结果为：

```
Command(s) completed successfully.
```

2. 使用SQL Server Management Studio实现

在SQL Server Management Studio的“对象资源管理器”中，展开“安全性”→“登录名”，然后选择“新建登录名”命令，在出现的“登录名：新建”对话框中，选中“SQL Server身份验证”选项。在“登录名”文本框中，输入新的SQL Server账号名Vehicle_BBB，在“密码”和“确认密码”文本框中输入对应的密码BBB，如图10-8所示，单击“确定”按钮，即完成了登录名的创建。

图10-8 “登录名：新建”对话框

10.3.3 授权用户登录账户访问数据库

用户登录账户和数据库用户名是SQL Server 数据库管理系统中两个容易混淆的概念。前文介绍了SQL Server数据库管理系统用户登录账户的创建与管理，登录名是访问SQL Server用户数据库的通行证。SQL Server用户登录账户只能保证登录网络数据库服务器，但是还不能保证能访问某一具体的用户。当用户要访问特定的数据库，还必须有数据库用户名。只有SQL Serve用户登录账户被创建以后，才能从这些账户中选择某些账户授权其能访问特定的用户数据库，也就是说能访问数据库的用户必须和一个账户相关联。

在SQL Server中，登录账户和数据库用户是SQL Server进行权限管理的两种不同的对象。一个SQL Server登录账户可以与服务器上的所有数据库进行关联，而数据库用户是一个SQL Server登录账户在某个数据库中的映射，也就是说一个SQL Server登录账户可以映射到不同的数据库，产生多个数据库用户。一个数据库用户只能映射到一个SQL Server登录账户。SQL Server登录账户成功创建后，怎样才能将SQL Server登录账户映射到数据库中的用户上呢？

如果使用SQL Server Management Studio创建数据库登录账户，即展开数据库，在“安全性”中选择“用户”，右击弹出快捷菜单，选择“新建用户”即可。实际上它完成了两步不同的操作：第一步是创建登录账户；第二步是将登录账户映射为数据库中同名的用户。

使用系统存储过程sp_grantdbaccess可以创建数据库用户。其具体的语法格式如下：

```
sp_grantdbaccess {'login_User'} [,name_in_db]
```

这个存储过程有两个参数，但只有第一个参数是必须的。

主要参数说明如下：

- login_User：数据库用户所对应的登录名。
- name_in_db：为登录账户登录在当前数据库中创建的用户名。

例题 10-6　授权SQL Server登录账户MN-LAPTOP\win_manan、vehicle_2和vehicle_3能够访问Vehicle_DB数据库。

```
sp_grantdbaccess  'MN-LAPTOP\win_manan'
sp_grantdbaccess  'vehicle_2'
sp_grantdbaccess  'vehicle_3'
```

此外在查询分析器中输入sp_helpuser，单击“执行”，可显示某个数据库中的有效用户。

当一个SQL Server登录账户不需要访问特定数据库时，或对应的登录账户被删除时，需要将数据库内的用户名删除。使用sp_revokedbaccess存储过程可以删除数据库用户，语法格式为：

```
sp_revokedbaccess [@name_in_db =] 'name'
```

主要参数说明如下：

name：要删除的用户名。名字可以是SQL Server的用户名，或存在于当前数据库中的窗口Windows的用户名或组名。

例题 10-7　将数据库Vehicle_DB中的“MN-LAPTOP\win_manan”账户删除。

```
sp_revokedbaccess  'MN-LAPTOP\win_manan'
```

10.4　角　色

和Windows账户组一样，SQL Serve也可以将账户分成组，称为角色（Roles）。角色是一个很好的工具，可以将用户集中到一个单元里，然后对该单元授权。如果角色是SQL Server自带的，则可直接将登录账户放入该角色中以获得相应的权限；如果角色是用户自

定义的，则先给角色授权，然后再将登录账户放入该角色中以获得相应的权限。这样对角色进行权限设置便可以实现对该角色中所有用户权限的设置，大大减少了网络数据库管理员的工作量。

在 SQL Server 中，角色可以分为四种：

➢ 固定服务器角色：由服务器账户组成的组，是一个固定角色，负责管理和维护 SQL Server 组。

➢ 固定数据库角色：由数据库成员所组成的组，用于控制非系统管理员用户对对象和数据的访问权限。

➢ 用户自定义数据库角色：通过用户自定义的角色可以轻松地管理数据库中的权限。

➢ 应用程序角色：用来控制应用程序存取数据库，本身不包含任何成员。

10.4.1 固定服务器角色

安装完 SQL Server 后，系统自动创建了以下八个固定的服务器角色。固定服务器角色在服务器级别上被定义，是不能被创建的，具体名称及功能描述说明如表 10-1 所示。

表 10-1　固定服务器角色及 public 角色和功能说明

角 色 名 称	功 能 说 明
sysadmin	成员是系统管理员，可以执行对数据库任何操作
securityadmin	负责系统的安全管理，能够管理和审核服务器登录名，管理创建数据库许可
serveradmin	管理服务器的设置
setupadmin	能够安装、复制
processadmin	管理 SQL Server 系统的进程
diskadmin	管理数据库磁盘文件、设备文件
dbcreator	创建和修改数据库
bulkadmin	能够执行大容量数据的插入数据操作
public	每个数据库的所有用户都是 public 角色，用户同样不能退出 public 角色成员

每个登录名都属于 public 固定服务器角色，并且每个数据库用户都属于 public 数据库角色。当尚未为某个登录名或用户授予或拒绝为其授予对安全对象的特定权限时，该登录名或用户将继承已授予该安全对象的公共角色的权限。public 固定服务器角色无法删除，但是可以从 public 角色撤销权限。默认情况下有许多权限已分配给 public 角色。这些权限中的大部分是执行数据库中的日常操作（每个人都应能够执行的操作类型）所需的。从公共登录名或用户撤销权限时应十分小心，因为这将影响所有登录名 / 用户。通常不应拒绝公共登录名或用户的权限，因为 Deny 语句会覆盖你可能对个别登录名或用户设定的任何 Grant 语句。

固定服务器角色用于分配服务器级管理权限给用户。使用系统存储过程 sp_helpsrvrole 可以浏览固定服务器角色的内容，具体语法格式如下：

```
sp_helpsrvrole
GO
```

运行结果如图10-9所示。

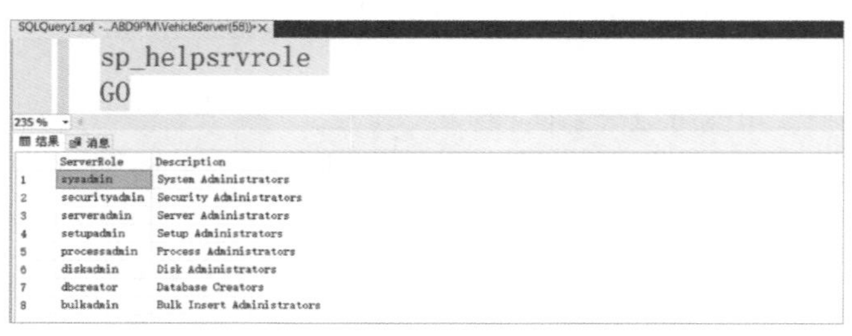

图10-9　固定服务器角色浏览运行结果

1. 使用Transact-SQL语言设置固定服务器角色

可以使用存储过程sp_addsrvrolemember和sp_dropsrvrolemember实现在一个服务器角色中添加、删除用户登录，语法格式为：

```
sp_addsrvrolemember {'login_user '}, 'role'
sp_dropsrvrolemember {'login_user '}, 'role'
```

具体参数说明如下：

- login_user：是指用户账户登录名。
- role：是指服务器角色名。

例题 10-8　在服务器角色sysadmin中添加一个登录“vehicle_2”。

```
sp_addsrvrolemember 'vehicle_2','sysadmin'
```

在SQL Server的固定服务器中sysadmin拥有最高的权限，可以执行服务器范围内的一切操作。serveradmin可以在服务器范围内执行所有的配置操作，可以启动和关闭服务器。

securityadmin可以在服务器范围内进行有关权限的一切管理操作，如管理登录账户、管理数据库对象权限、阅读日志文件等。dbcreator可以创建和修改数据库。

要查看某个固定服务器角色的权限可执行存储过程sp_srvrolepermission。此外还使用系统存储过程sp_srvrolepermission可以浏览固定服务器角色的权限。例如：

```
EXEC sp_srvrolepermission sysadmin
GO
```

2. 使用SQL Server Management Studio设置固定服务器角色

使用SQL Server Management Studio为服务器角色增加成员的步骤如下：

① 启动SQL Server Management Studio，在“对象资源管理器”中分别展开“服务器”→“安全性”→“服务器角色”。

② 单击“服务器角色”，右边窗格将显示八个固定服务器角色。

③ 右击要添加登录到的服务器角色（如sysadmin），选择“属性”，系统将出现如图10-10所示的“服务器角色属性”窗口。

④ 如要为登录账户指定服务器角色，单击“添加”按钮，出现“选择服务器登录名或角色”对话框，如图10-11所示。

⑤ 选择相应的用户并单击“确定”按钮将它们加入组中，再单击“确定”按钮，退出“服务器角色属性”窗口。

⑥ 如要收回某登录账户的服务器角色，只需从图 10-10 中选择该登录账户，然后单击“删除”按钮即可。

图 10-10　“服务器角色属性”窗口

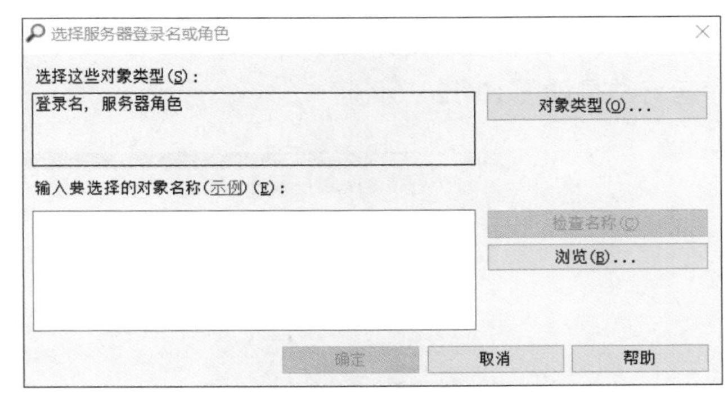

图 10-11　“选择服务器登录名或角色”对话框

10.4.2　固定数据库角色

数据库角色分为固定数据库角色和自定义数据库角色。

固定数据库角色是指已被 SQL Server 预定义的数据库角色，可以由网络数据库管理员授权用户对特定数据库的访问权限，但不能对其权限进行任何修改。

安装完 SQL Server 后，系统自动创建了以下八个固定的数据库角色，具体名称及功能描述说明如表 10-2 所示。

固定数据库角色在服务器级别上被定义，是不能被创建的。

表 10-2　固定数据库角色及 public 角色和功能说明

角色名称	功能说明
db_datareader	读取用户表中的所有数据
db_datawriter	添加、删除或更改用户表中的数据
db_ddladmin	在数据库中添加、删除和修改数据库对象
db_denydatareader	不能读取数据库内用户表中的任何数据
db_denydatawriter	不能添加、修改或删除数据库内用户表中的任何数据
db_owner	数据库所有者，可以执行数据库的所有配置和维护活动，简称 dbo
db_securityadmin	修改角色成员身份和管理角色权限
db_accessadmin	能够添加、删除数据库用户和角色
public	默认许可

注意：

public 角色是一个特殊的数据库角色，数据库中的每位用户都是公众角色的成员。public 角色负责维护数据库中用户的全部默认许可，网络数据库管理员不能将用户和组或角色设置为public角色。public角色为数据库中的所有用户都保留了默认的权限，因此是不能被删除的。

固定数据库角色用于分配数据库级管理权限给用户。使用系统存储过程sp_helpdbfixedrole可以浏览固定数据库角色的内容，语法格式如下：

```
sp_helpdbfixedrole
GO
```

运行结果如图10-12所示。

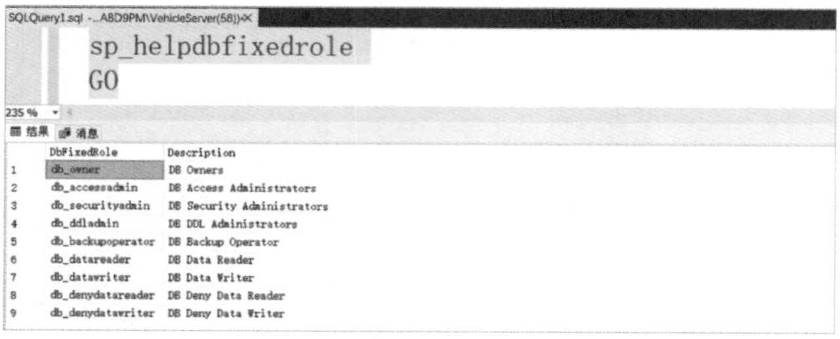

SQLQuery1.sql -...ABD9PM\VehicleServer(58))

```
sp_helpdbfixedrole
GO
```

	DbFixedRole	Description
1	db_owner	DB Owners
2	db_accessadmin	DB Access Administrators
3	db_securityadmin	DB Security Administrators
4	db_ddladmin	DB DDL Administrators
5	db_backupoperator	DB Backup Operator
6	db_datareader	DB Data Reader
7	db_datawriter	DB Data Writer
8	db_denydatareader	DB Deny Data Reader
9	db_denydatawriter	DB Deny Data Writer

图10-12　固定数据库角色浏览运行结果

此外在数据库中，每个固定数据库角色都有其特定的权限。这就意味着对于某个数据库来说，固定数据库角色的成员的权限是有限的。使用系统过程sp_dbfixedrolepermission就可以查看每个固定数据库角色的权限。

1. 使用Transact-SQL语言设置固定数据库角色

使用系统存储过程sp_addrolemember和sp_droprolemember可以为数据库角色增加和删除成员，语法格式为：

```
sp_addrolemember {'role'}, 'login_User'
sp_droprolemember {'role'}, 'login_User'
```

具体参数说明如下：

- role：数据库角色名。
- security_account：数据库用户名。

例题 10-9　使SQL Server登录账户vehicle_2具有数据库Vehicle_DB拥有者的权限。

```
USE Vehicle_DB
GO
sp_addrolemember db_owner,' vehicle_2'
```

要查看某个固定数据库角色的权限可执行存储过程sp_dbfixedrolepermission。例如：

```
sp_dbfixedrolepermission db_owner
GO
```

2. 使用SQL Server Management Studio设置固定数据库角色

使用SQL Server Management Studio为固定数据库角色增加成员的步骤如下：

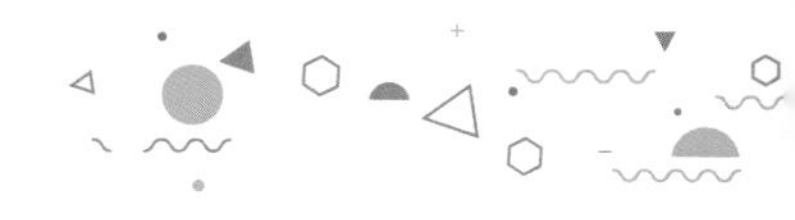

① 启动SQL Server Management Studio，选定要操作的服务器并展开要添加用户的数据库，如Vehicle_DB。

② 单击“角色”文件夹，右边窗格出现该数据库的所有角色列表，右击某个角色弹出快捷菜单，选择“属性”。系统将出现图10-13所示的“数据库角色属性”窗口。

③ 如要为该数据库角色添加成员，单击“添加”按钮，出现“选择数据库用户或角色”对话框，如图10-14所示。

④ 选择某一用户并单击“确定”按钮将它们加入组中，在用户增加完后，单击“确定”按钮，数据库角色的成员就添加进去了。如要删除该数据库角色的某个成员，可单击该成员，再单击“删除”按钮即可。

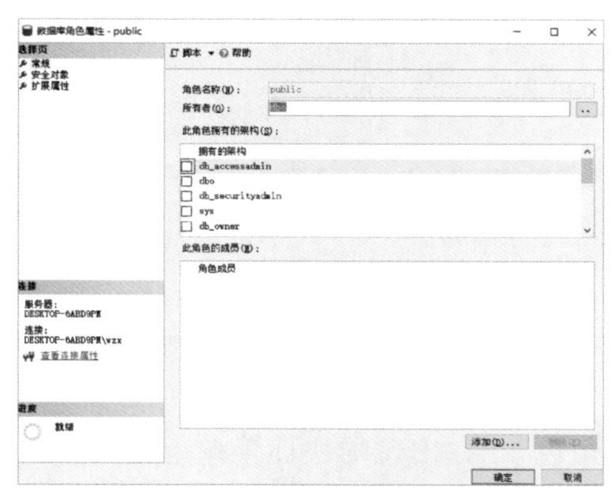

图10-13 “数据库角色属性”窗口

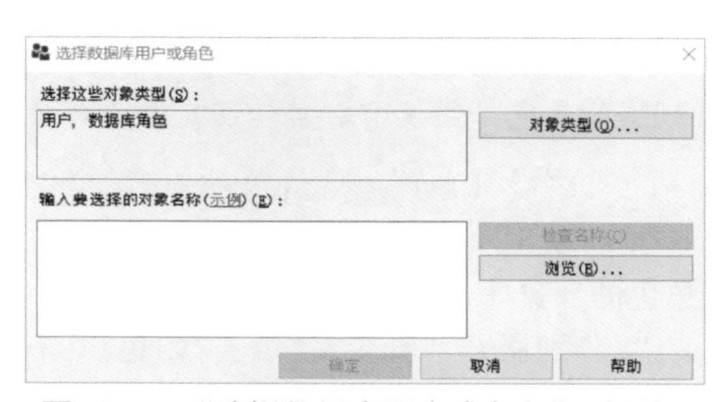

图10-14 “选择数据库用户或角色”对话框

10.4.3 设置用户自定义数据库角色

当用户执行SQL Server中一组指定的活动时，通过用户自定义的角色可以轻松地实现数据库中的权限管理。创建用户自定义数据库角色可以使用Transact-SQL语句或SQL Server Management Studio。

1. 使用Transact-SQL语言设置自用户定义数据库角色

创建用户自定义数据库角色自定义数据库角色可以使用sp_addrole系统存储过程，这个角色名必须遵照SQL Server的命名规则，而且不能和任何用户名相同。具体语法格式如下：

```
sp_addrole 'role' [,'owner']
```

主要参数说明如下：

➢ role：是指新建的用户自定义数据库角色名称。

➢ owner：该角色拥有者的名字，默认是dbo。

例题 10-10 在Vehicle_DB数据库中添加两个用户自定义数据库角色，分别为user_1和user_2。

```
USE Vehicle_DB
GO
```

```
sp_addrole 'user_1'
sp_addrole 'user_2'
```

删除用户自定义数据库角色的系统存储过程是sp_droprole。具体语法格式如下：

```
sp_droprole {'role'}
```

添加完用户定义数据库角色后，就可以像使用固定数据库角色一样使用用户自定义数据库角色了。

例题 10-11　在Vehicle_DB数据库中删除user_2的用户自定义数据库角色。

```
USE Vehicle_DB
GO
sp_droprole 'user_2'
```

注意：

只有用户自定义的数据库角色可以删除，但在执行sp_droprole时要注意的一点是：要删除的角色必须没有成员。固定数据库角色是无法删除的。

2. 使用SQL Server Management Studio设置用户自定义角色

① 启动SQL Server Management Studio，选定要操作的服务器，并展开要添加用户自定义角色的数据库，如Vehicle_DB。

② 分别展开“安全性”→“角色”，右击“角色”，在出现的快捷菜单上选择“新建数据库角色”，系统将出现“数据库角色-新建”的窗口。如图10-15所示，在“角色名称”文本框中输入角色名，如user_3。在“所有者”文本框中输入角色名或单击“...”按钮，如图10-16所示，在出现的“选择数据库用户或角色”对话框中从所有可用数据库用户、数据库角色的列表中选择角色的成员身份，然后单击“确定”按钮返回。

图10-15　“数据库角色-新建”窗口

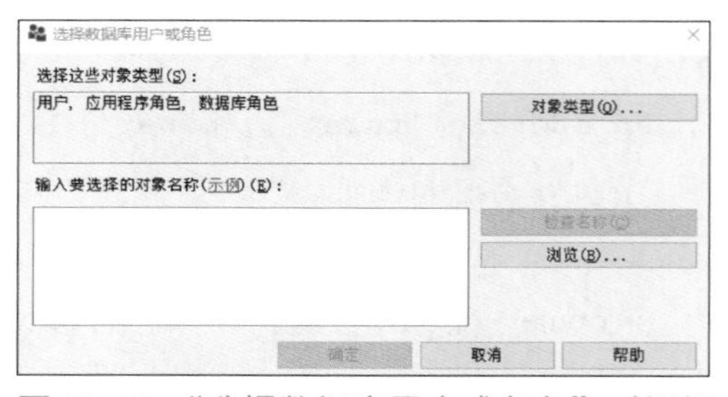

图10-16　“选择数据库用户或角色”对话框

③ 在单击“添加”按钮向该角色中添加成员，再次单击“确定”按钮，退出“数据库角色-新建”窗口。

10.4.4 设置应用程序角色

应用程序角色是特殊的数据库角色，用于允许用户通过特定应用程序获取特定数据。应用程序角色不包含任何成员，而且在使用它们之前要在当前连接中将它们激活。激活一个应用程序角色后，账户连接将失去其所具备的特定用户权限，只获得应用程序角色所拥有的权限。

实例分析

假设车辆管理员用户vehicle_adm正在运行一应用程序。该应用程序要求可以在基于云管理的无人驾驶园区智能交互系统Vehicle_DB中的Car_Info表中具有SELECT、UPDATE、INSERT权限，但vehicle_adm在使用SQL Server的查询分析工具或任何其他工具访问Car_Info表时不应具有SELECT、UPDATE、INSERT权限。

为实现上述情况，系统管理员可以先创建一个拒绝对Car_Info表进行SELECT、UPDATE、INSERT权限操作的用户自定义数据库角色，然后在该数据库中创建一个可以在Car_Info表进行SELECT、UPDATE、INSERT权限操作的应用程序角色。将该应用程序角色嵌入vehicle_adm运行的应用程序中，当应用程序运行时，能够通过sp_setapprole系统存储过程提供的密码激活应用程序，获得访问数据库Vehicle_DB的权限。如果vehicle_adm试图采用其他方式登录到SQL Server中，将无法访问Car_Info表。

1. 创建应用程序角色

实际上，应用程序角色更像是用户的安全性别名，但应用程序角色有其自身的密码，而且应用程序角色与用户登录名是不同的，因为用户账户必须先登录，然后就可以激活应用程序角色。

要创建应用程序角色，可以使用sp_addapprole系统存储过程，语法格式如下：

```
sp_addapprole 'rolesname',['password']
```

主要参数说明如下：

- rolesname：用户账户需要激活的应用程序角色的名字。
- password：激活应用程序密码。

例题 10-12 创建应用程序角色app_roleedit，授权该应用程序角色可以编辑Vehicle_DB数据库中的Car_Info数据表。

```
USE Vehicle_DB
GO
sp_addapprole 'app_roleedit', 'app_role'
GRANT SELECT ON Car_Info TO app_roleedit
```

这样就创建了应用程序角色。

2. 使用应用程序角色

使用应用程序角色可以调用系统存储过程sp_setapprole，提供应用程序角色的名字和相应的密码。其语法格式如下：

```
sp_setapprole 'rolesname' [,'password']
```

主要参数说明如下：

➢ rolesname：用户账户需要激活的应用程序角色的名字。

➢ password：激活应用程序密码。

例题 10-13　授权应用程序角色app_roleedit给用户MN-LAPTOP\AAA，用此账号查询Car_Info表信息。

```
USE Vehicle_DB
GO
sp_setapprole 'app_roleedit', 'app_role'
SELECT * FROM Car_Info
```

运行结果为该账户可以查询数据库Vehicle_DB中Car_Info表信息。

当服务器上不再需要应用程序角色时，可以使用sp_dropapprole从系统中删除它。其语法格式如下：

```
sp_dropapprole 'rolesname'
```

说明：

➢ 网络数据库管理员不能删除固定数据库角色，也不能改变它们的权限。

➢ 网络数据库管理员不能删除固定服务器角色，也不能改变它们的权限。

➢ 网络数据库管理员可以创建有自定义数据库角色和应用程序角色。

10.5　权　限

在网络数据库中，管理员设置权限（Permission）作为用户访问数据库的最后一道关卡。当数据库对象刚刚创建完后，只有拥有者可以访问该数据库对象。任何其他用户想访问该对象必须首先获得拥有者赋予他们的权限。拥有者可以授予权限给指定的数据库用户。这种权限被称为对象权限（Object Permission）。

对数据库对象，如表视图，拥有者可以授予INSERT、UPDATE、SELETE和REFERENCES权限或者使用ALL permission代替前面四种权限。在用户要对数据库表执行相应的操作之前，必须事先获得相应的操作权限。例如用户想浏览表中的数据，则必须首先获得拥有者授予的SELECT权限，就像例题10-12所示的内容。

10.5.1　权限概述

在SQL Server中，权限有三种类型：隐含权限（Implied Permission）、对象权限（Object Permission）和语句权限（Statement Permission）。

1. 隐含权限

隐含权限是指系统预定义的服务器角色、数据库所有者和数据库对象所有者所拥有的权限。

SQL Server 中包含很多对象，每个对象都有一个所有者。如果系统管理员创建了一个数据库，系统管理员就是这个数据库的所有者。如果一个用户创建了一个表，这个用户就是这个表的所有者。

网络数据库管理员具有网络数据库服务器的全部操作权限，创建表的用户具有这个表全部操作权限，这就是数据库对象的隐含权限。

2. 对象权限

对象权限是用来控制一个用户是如何与一个数据库对象进行交互操作的。如果没有对象权限设定，用户将不能访问该对象。对象权限有五种：查询（Select）、插入（Insert）、修改（Update）、删除（Delete）和执行（Execute）。处理数据或执行过程时需要采用相应的对象权限。权限类别有：

➢ SELECT、INSERT、UPDATE 和 DELETE 语句权限，它们可以应用到整个表或视图中。

➢ SELECT 和 UPDATE 语句权限，它们可以有选择性地应用到表或视图中的单个列上。

➢ SELECT 权限，它们可以应用到用户定义的函数。

➢ INSERT 和 DELETE 语句权限，它们会影响整行，因此只可以应用到表或视图中，而不能应用到单个列上。

➢ EXECUTE 语句权限，它们可以影响存储过程和函数。

3. 语句权限

语句权限授予用户执行相应语句命令的能力，通常授予需要在数据库中创建对象或修改对象、执行数据库和事务日志备份的用户。如果一个用户获得某个语句的许可，该用户就具有了执行该语句的权力。下面是需要进行权限设置的语句：

① BACKUP DATADBASE：允许用户执行备份数据库的操作。

② BACKUP LOG：允许用户执行备份事务日志库的操作。

③ CREATE DATABASE：允许用户创建新的数据库。

④ CREATE DEFAULT：允许用户创建默认。

⑤ CREATE PROCEDURE：允许用户执行创建存储过程的操作。

⑥ CTEATE FUNCTION：允许用户创建用户定义函数。

⑦ CREATE RULE：允许用户创建规则。

⑧ CREATE TABLE：允许用户创建表。

⑨ CREATE VIEW：允许用户创建视图。

10.5.2 权限的状态描述

权限的状态分为三种，网络数据库管理员可以将这三种权限授予某数据库用户。具体内容如下：

① 授予权限（GRANT）：用来把权限授予某一用户，以允许该用户执行针对该对象或语句的操作。

② 撤销权限（REVOKE）：取消用户对某一对象或语句的权限，这些权限是经过GRANT或DENY语句授予的。撤销权限是删除已授予的许可，不妨碍用户、组或角色从更高级别继承已授予的许可。

③ 禁止权限（DENY）：用来禁止用户对某一对象或语句的权限，明确禁止其对某一用户对象，执行某些操作，可停用用户从其他角色继承的权限，且用户、组或角色不继承更高级别的组或角色的权限。

10.5.3　使用Transact-SQL管理权限

1. 授予权限

授予权限的语法格式如下：

```
GRANT  permission  ON  object  TO  User
```

主要参数说明如下：

① permission：权限的名称，可以是权限的组合。

② object：被授权的对象。这个对象可以是一个表、视图、表或视图中的一组列，或一个存储过程。

③ User：被授权的一个或多个用户账户或组账户。

例题 10-14　授予用户Vehicle_2在数据库Vehicle_DB中创建数据表和视图，并对车辆信息表具有查询、修改权。

```
USE Vehicle_DB
GO
GRANT CREATE TABLE TO Vehicle_2
GRANT CREATE VIEW TO Vehicle_2
GRANT SELECT, UPDATE ON Car_Info TO Vehicle_2
```

2. 撤销权限

撤销权限的语法格式如下：

```
REVOKE  permission  ON  object  TO  User
```

语法参数说明同授予权限语句。

例题 10-15　撤销用户Vehicle_2在数据库Vehicle_DB中创建数据视图，以及对车辆信息表具有查询、修改权限。

```
USE Vehicle_DB
GO
Revoke CREATE VIEW TO Vehicle_2
Revoke SELECT, update ON Car_Info TO Vehicle_2
```

3. 禁止权限

禁止权限的语法格式如下：

```
DENY  permission  ON  object  TO  User
```

语法参数说明同授予权限语句。

例题 10-16　禁止用户 Vehicle_2 在数据库 Vehicle_DB 中创建数据视图。

```
USE Vehicle_DB
GO
Deny CREATE VIEW TO Vehicle_2
```

10.5.4 使用SQL Server Management Studio管理权限

使用SQL Server Management Studio管理权限的操作步骤如下：

① 启动SQL Server Management Studio，选定要操作的服务器并展开要添加用户自定义角色的数据库，如Vehicle_DB。

② 依次展开要设置许可“表”，右击弹出快捷菜单，选择“属性”，系统将弹出如图10-17所示的“表属性”窗口，然后单击“权限”选项卡，可以看到对该表中数据库用户的权限情况。

③ 单击“添加”按钮，系统将弹出“选择用户或角色”对话框，单击“浏览”选择要设置“授予”“具有授予权限”“拒绝”许可的数据库用户。

图10-17　“表属性”窗口

④ 对该用户进行插入、查看定义、更改等许可权限设置，可各类权限设置为“授予”“具有授予权限”“拒绝”或者不进行任何设置，但选中“拒绝”将覆盖其他所有设置。

⑤ 单击“OK”按钮，完成权限的设置。

小　结

数据库管理系统的安全管理策略的实现直接影响云数据库或者网络数据库中数据信息的安全，因此数据库管理员一定要深入研究并制定分层级的数据库安全系统策略，从而实现智能化安全管理。

下面对本章所讲主要内容进行小结：

① 介绍了数据库管理系统的安全机制，分为四级进行讲解。

② 介绍了数据库管理系统的身份验证模式，分别说明了SQL Server身份验证和Windows集成身份验证的特点。

③ 介绍了对用户登录账户的管理方法及操作语句，继而讲解如何授权用户登录账户访问数据库。

④ 介绍了SQL Server的四种角色，其中固定服务器角色、数据库角色以及用户自定义数据库角色的使用是本章重点。

⑤ 介绍了数据库管理系统中隐含权限、对象权限和语句权限的概念以及权限状态的设置。

习　题

1. SQL Server有几种身份验证方式？它们的区别是什么？
2. 什么是角色？服务器角色和数据库角色的区别是什么？
3. 网上查dbo用户和dbo架构的作用？
4. 权限分为几种？它们有什么区别？
5. 实现下面的操作，并写出操作命令和操作结果：

步骤1：在Windows Server上建立一个用户名aaa，建立一个工作组名group1，将aaa放入工作组group1中。

步骤2：正确使用系统存储过程，使group1组成为SQL Server合法账户，并让其可以访问数据库company中的department表。

步骤3：使用aaa重新连接SQL Server服务器，尝试该用户是否能对department和customers表进行查询操作。

步骤4：使用系统sa登录，使用sp_revokelogin系统存储过程撤销group1组对数据库服务器的操作权限。

实验8：数据库安全性管理

1. 实验目的和任务

（1）理解数据库系统的安全体系级别。

（2）通过设置不同身份验证模式，掌握两种验证模式之间的差别。

（3）掌握设置Microsoft SQL Server登录账户、数据库用户、角色和许可的方法。

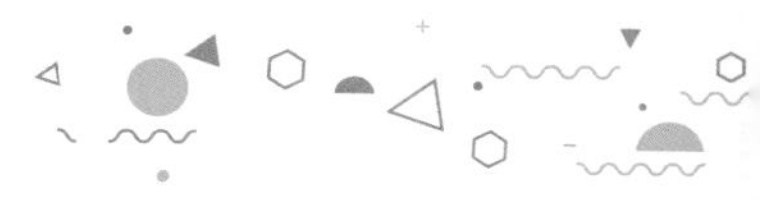

2. 实验实例

实验实例 1：设置 SQL Server 身份验证模式

实验知识点：区别 Windows 身份验证模式和混合验证模式的不同。

实验步骤：

（1）在 SQL Server Management Studio 中选择服务器实例。

（2）右击该服务器实例，弹出快捷菜单，选择“属性”。

（3）在属性对话框中选择“安全性”选项卡，将身份验证模式设定为“Windows 身份验证”。

（4）单击“确定”按钮，SQL Server将自动重启该服务。

（5）重起SQL Server后连接服务器，在“验证”中选择“SQL Server 身份验证”，然后输入sa用户登录。

思考：是否能成功登录？请说明理由。

（6）将身份验证模式设定为“SQL Server 和 Windows 身份验证模式”，重复（1）~（6）步骤。

> **注意：**
> 当安装SQL Server采用默认安装模式时，身份验证模式为Windows 身份验证。

实验实例 2：添加 Windows 登录账户

实验知识点：如何授权 Windows 用户访问 SQL Server。

实验步骤：

（1）在 SQL Server Management Studio 中选择服务器实例。

（2）依次展开“安全性”选项卡，右击弹出快捷菜单，选择“登录”，选择“登录名-新建”。

（3）选择 Windows 身份验证。

（4）在“登录名”文本框中输入ZZZ，单击“确定”按钮。

思考：实验是否成功？请说明理由。

（5）继续重复步骤（2）内容。

（6）选择“搜索”，在弹出的对话框中选择一个 Windows 用户或组账号，单击“确定”按钮。

（7）在“安全性”选项卡中的“登录”中查看新建登录账户的信息。

> **注意：**
> 授权一个Windows用户或组访问SQL Server，此Windows用户或组必须事先存在，且只有以这个用户登录到Windows后才能验证这个用户能否登录到SQL Server。

实验实例 3：创建 SQL Server 登录账户

实验知识点：添加SQL Server登录账户，区别Windows的登录账户和SQL Server登录账户。

实验步骤：

（1）在 SQL Server Management Studio 中选择服务器实例。

（2）依次展开“安全性”选项卡，右击弹出快捷菜单，选择“登录名”，再单击“登录名-新建”。

（3）选择SQL Server身份验证。

（4）在“登录名-新建”对话框的“登录名”文本框中输入“SQL_name”，并输入密码“SQL_name”，单击“确定”按钮。

（5）打开SQL Server Management Studio，选择“连接资源管理器”输入登录账户SQL_name和密码SQL_name，选择“SQL Server身份验证模式”，单击“确定”按钮。此时以SQL_name身份登录。

思考：在对象资源管理器中查看数据库OrderMag的状态是什么？请说明理由。

> **注意：**
> 授权Windows用户或组访问SQL Server时，此Windows用户或组必须事先存在，并且不需要输入密码；但添加SQL Server登录账户时，需要提供密码。

实验实例4：创建并管理数据库用户账户

实验知识点：授权SQL Server登录账户访问数据库OrderMag，区别数据库用户账户和登录账户的区别。

实验步骤：

（1）在SQL Server Management Studio中选择服务器实例。

（2）依次展开“数据库”，选择“Store”，展开“安全性”选项卡，右击弹出快捷菜单，选择“用户”，选择“新建用户”，在“登录名”文本框中选择SQL_name，然后单击“确定”按钮。

（3）打开SQL Server Management Studio，选择“连接资源管理器”输入登录账户SQL_name和密码SQL_name，选择“SQL Server身份验证模式”，单击“确定”按钮。

（4）此时以SQL_name身份登录。

思考：在对象资源管理器中查看数据库OrderMag的状态是什么？请说明理由。

> **注意：**
> User Name与Login Name可以相同，也可以不同，但是建议采用相同的名称以方便维护管理。

实验实例5：固定服务器角色的使用

实验知识点：理解固定服务器角色权限的作用，给账户分配固定服务器角色，让其通过固定服务器角色具有管理SQL Server的权限。

实验步骤：

（1）在SQL Server Management Studio中选择服务器实例。

（2）按照实验实例3创建SQL_dbcreatoruser登录账户。

（3）依次展开“安全性”选项卡，右击弹出快捷菜单，选择“登录”，选择账户“SQL_dbcreatoruser”，然后双击该账户，在选项页中选择“服务器角色”选项卡。

（4）选择dbcreator固定服务器角色。

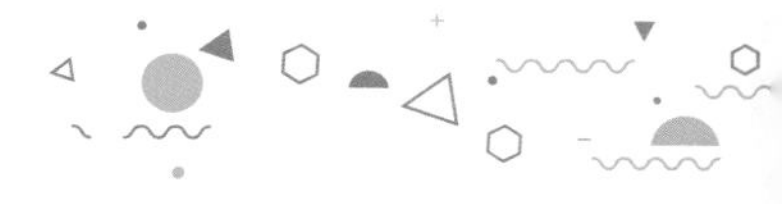

（5）单击“确定”按钮完成。

思考：dbcreator权限是什么？

实验实例6：固定数据库角色的使用

实验知识点：理解固定数据库角色权限的作用，给账户分配固定数据库角色，让其通过固定数据库角色对university数据库有使用权限。

实验步骤：

（1）在SQL Server Management Studio中选择服务器实例。

（2）按照实验实例3创建SQL_readeruser登录账户。

（3）按照实验实例4创建SQL_readeruser用户账户。

（4）依次展开“安全性”选项卡，右击弹出快捷菜单，选择“登录”，选择账户“SQL_readerusre”，然后双击该账户，选择“常规”选项卡。

（5）选择db_datareader固定数据库角色。

（6）单击“确定”按钮完成。

思考：db_datareader权限是什么？

实验实例7：使用应用程序角色

实验知识点：通过激活应用程序角色，改变用户对数据库访问的权限。

实验步骤：

（1）在SQL Server Management Studio中选择服务器实例。

（2）按照实验实例3创建SQL_appuser登录账户。

（3）按照实验实例4创建SQL_appuser用户账户。

（4）依次展开“数据库”，选择“OrderMag”，展开“安全性”选项卡，选择“角色”，右击弹出快捷菜单，选择“应用程序角色”，出现“应用程序角色”对话框。

（5）输入角色名称“ApplicationRole”，输入角色密码为“application”。

（6）单击“ApplicationRole”应用程序角色的“安全对象Securables”选项卡，单击“添加”按钮。

（7）在弹出的对话框中选择“特定类型的所有对象”，然后单击“确定”按钮，再选择“表”。

（8）在表Store所对应的行中，选择“SELECT”，勾选“授予”复选框，应用程序建立完成。

（9）使用SQL_appuser账户登录到SQL Server Management Studio中。

（10）将当前数据库切换到OrderMag，执行语句SELECT * FROM Store。

思考：运行结果如何？请说明理由。

（11）在查询分析器中执行语句：EXEC sp_setapprole ‘ApplicationRole’，‘application’。

（12）再执行SELECT * FROM Store。

思考：请说明运行结果。

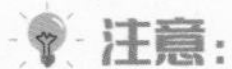

注意：

激活 ApplicationRole 应用程序角色后，SQL_appuser 的权限就变成了 ApplicationRole 所拥有的权限，如果在此之前该账户还有其他权限，则会丧失自己的权限。但是这个作用范围仅局限为一个连接对话内。

实验实例 8：综合实例

实验知识点：综合运用本章内容实现数据库安全管理。

实验要求：

在 OrderMag 数据库中有两个表，表名分别为 Order 和 Customer；有六个账户 A1、A2、A3、A4、A5 和 A6，其中账户 A1、A2 对表 Order 有查询权限；账户 A3、A4 对表 Customer 有查询权限；账户 A5 对两张表 Order 和 Customer 都有查询和编辑的权限。问：如何实现本实验实例要求？账户 A6 拥有管理登录账户权限，问：如何分配？

本章参考文献

[1]谷震离，杜根远. SQL Server 数据库应用程序中数据库安全性研究[J]. 计算机工程与设计, 2007, 28(15): 3717-3719.

[2]王珊，萨师煊. 数据库系统概论[M].5 版. 北京：高等教育出版社, 2014.

[3]周水庚，李丰，陶宇飞，等. 面向数据库应用的隐私保护研究综述[J]. 计算机学报,2009,32(05):847-861.

[4]PAUL P, AITHAL P S. Database Security: An Overview and Analysis of Current Trend[J]. International Journal of Management, Technology, and Social Sciences (IJMTS), 2019, 4(2): 53-58.

[5]Microsoft. 创建服务器角色 [EB/OL] . [2021-11-10].https://docs.microsoft.com/zh-cn/sql/relational-databases/security/authentication-access/create-a-server-role?view=sql-server-ver15.

[6]KIM H I, KIM H J, CHANG J W. A privacy-preserving top-k query processing algorithm in the cloud computing[C]//International Conference on the Economics of Grids, Clouds, Systems, and Services. Springer, Cham, 2016: 277-292.

[7]DONG B, WANG H W. Secure partial encryption with adversarial functional dependency constraints in the database-as-a-service model[J]. Data & Knowledge Engineering, 2018, 116: 1-20.

[8]Microsoft. 服务器级别角色 [EB/OL] . [2021-11-10].https://docs.microsoft.com/zh-cn/sql/relational-databases/security/authentication-access/server-level-roles?view=sql-server-ver15.

[9]SAMARAWEERA G D, CHANG J M. Security and privacy implications on database systems in big data era: A survey[J]. IEEE Transactions on Knowledge and Data Engineering, 2019, 33(1): 239-258.

[10]GEORGIOU M A, PAPHITIS A, SIRIVIANOS M, et al. Hihooi: A Database Replication Middleware for Scaling Transactional Databases Consistently[J]. IEEE Transactions on Knowledge and Data Engineering, 2020.

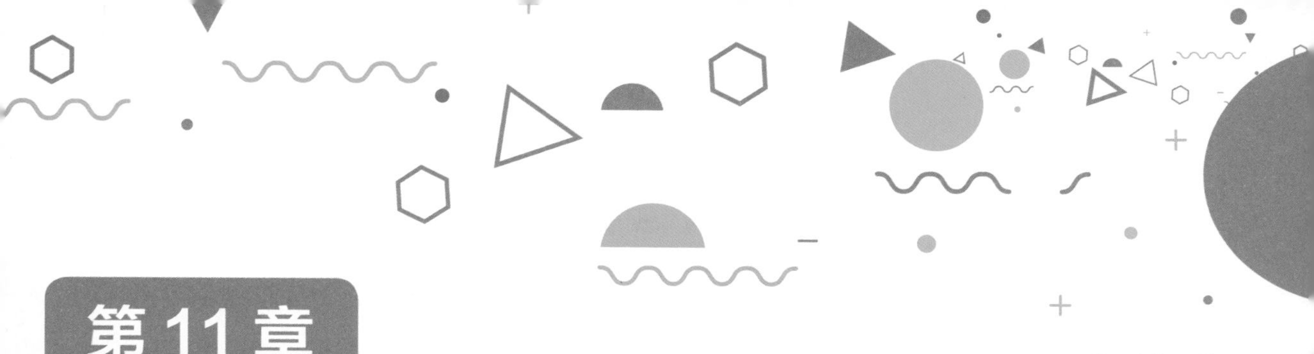

第 11 章 数据库系统备份与恢复

数据备份是保证数据信息安全的一个重要方法。备份与恢复是人们科学使用数据库系统时不可缺少的操作策略，支撑政府、企业、学校等各行各业数据管理的正常运转。人们希望数据库的内容是可靠的、正确的，但由于计算机系统等故障（如硬件故障、软件故障、网络故障和系统故障等）影响着用户对数据库系统的操作，断电、硬件损坏等原因无法保证数据的正确性，甚至破坏数据库，故需对数据定期维护。承担关键任务的云数据库系统或本地数据库系统应具有灾难恢复能力，且数据库管理员需设计一套完善的灾难恢复体系。

数据库系统的备份和恢复组件为存储的关键数据提供基本安全保障。为了尽量降低灾难性数据丢失的风险，需备份数据库以便定期保存对数据的修改。备份是把数据库意外损失降低到最小的保障方法；恢复是在数据库发生意外后，利用备份来还原网络数据库的操作。本章内容以Microsoft SQL Server为例，介绍备份设备的建立、使用、备份与恢复策略等内容。

除了在本地存储的存储备份外，现在的SQL Server还支持备份到Azure Blob存储服务和还原。有关详细信息，请参阅如何使用Microsoft Azure Blob存储服务执行SQL Server备份和还原。对于使用Microsoft Azure Blob存储服务存储的数据库文件，SQL Server 2016（13.x）已提供相应的选项让人们使用Azure快照来实现接近实时的备份和更快的还原。有关详细信息，请参阅Azure中数据库文件的文件快照备份。

学习目标

- 掌握数据库备份和恢复的概念。
- 掌握如何使用数据库备份设备。
- 掌握执行数据库备份和恢复的方法。
- 熟悉数据库备份和恢复综合规划方案设计。

11.1 数据库备份概念

数据库备份就是将数据库数据和与数据库正常运行有关的信息保存到磁盘上，以备恢复数据库时使用，这里需要注意备份信息可以放在本机也可以放在云服务器上。

备份仅仅是数据保护的手段，“备份数据必须能够迅速、正确地进行恢复”才是真正的目的。换句话说，企业制定备份策略时应该以恢复为最终目的，当意外发生时，当用户端提出恢复需求时，备份数据要能快速、可靠地恢复，如此的备份才是值得信赖的备份，才有实现价值。

11.1.1　数据库备份的重要性

1. 进行数据备份的原因

备份数据库的主要目的是防止数据丢失和损坏，备份数据库、在备份上运行测试还原过程以及在另一个安全位置存储备份副本可防止可能的灾难性数据丢失。备份是保护数据的唯一方法。试想一下，如果一个公司的智能化信息管理系统由于某种原因造成数据丢失，会产生什么样的后果呢？员工无法实现考勤管理、无法查看工资信息、无法实现公文签发流转、无法分析公司的业绩数据等，因此无论是云数据库数据还是本地数据库，安全性、可靠性存储问题是必须考虑的问题。

通过对网络数据库日常备份，可以将数据库从多种故障中恢复，包括：

① 存储媒体损坏，例如存放数据库数据的硬盘损坏。

② 用户操作错误，例如用户偶然或恶意地修改、删除数据，不准确的更新而造成数据错误。

③ 硬件故障，例如磁盘驱动器损坏或服务器报废。

④ 自然灾难故障，例如火灾、洪水或地震也会无情地毁灭计算机系统。

⑤ 病毒的侵害，造成数据丢失或损坏。

⑥ 黑客的攻击，黑客侵入计算机系统，破坏计算机系统。

⑦ 电源浪涌，一个瞬间过载电功率损害计算机驱动器上的文件。

⑧ 磁干扰，例如生活、工作中常见的磁场可以破坏磁盘中的文件 。

2. 备份时间及内容的选择

一个网络数据库在运行过程中，除了用户数据库之外，还要维护正常运行的系统数据库，因此在备份数据库时，不但要备份用户数据库，还要备份系统数据库，以保证在系统出现故障时，能够完全地恢复数据库。

一般情况下，备份工作可以在对数据库操作较少的时间内进行，比如在周末、夜间进行，这样可以提高系统备份的效率。如果用户对系统数据库操作的数据量较小，数据修改比较少，或操作频率较慢，可以长时间备份一次，否则可以让备份的时间间隔短一些。

数据库备份分为两种，一种是定期进行的备份，另一种是不定期的数据库备份。定期备份经常采用的备份方案是：每月、每周、每日都进行一次备份；不定期的备份一般是数据库发生某些改变后进行的。

注意：

备份是非常消耗时间和资源的操作过程，不要频繁使用，应根据数据库使用频率和数据量大小确定适当的备份周期。

11.1.2 数据库备份策略

通常的数据库管理系统提供了几种主要的备份方式：完整数据库备份、差异数据库备份、事务日志备份、文件和文件组备份。

1. 完整数据库备份

这种备份策略适用于数据更新缓慢的数据库系统，备份完成时将创建数据库内数据信息的副本。备份数据库通常按照时间间隔运作，可以通过还原数据库完成从数据库创建到完整备份数据库这个时间段的全部内容。还原操作将重写现有数据库，如果现有数据库不存在就会重新创建。完整数据库备份完成备份操作需要更多的时间，所以完整数据库备份的使用频率通常比较低。

在完整数据库备份过程中，备份操作只将数据库中的数据写到备份文件中，因此数据库备份只包含数据库中的实际存储数据，而不包含未使用的数据库空间，所以完整数据库备份很可能比数据库本身小。如何估算备份文件的大小呢？通过 sp_spaceused 系统存储过程可以查看现有数据库的大小从而预估数据库备份文件的大小。

2. 差异数据库备份

差异数据库备份只记录自上次完整数据库备份后发生改变的数据。差异数据库备份比完整数据库备份小且备份速度快，故数据库管理员经常使用此种备份方法。使用差异数据库备份复制的是从完整数据库备份到差异数据库备份完成时那段时间的数据变化，但若要恢复到精确的故障点，必须使用事务日志备份。

3. 事务日志备份

事务日志备份是自上一次备份事务日志后对数据库执行所有事务的一系列记录信息，可以使用事务日志备份将数据库恢复到特定的即时点或故障点。

还原事务日志备份时，数据库管理系统将按照事务日志中的记录修改数据库。当修改完成时，已经重新创建了与开始执行备份操作的那一时刻完全相同的数据库状态。这样所有在意外时已经完成的事务都将被恢复，但意外发生时已经提交的事务将被丢失。

相比之下，事务日志备份比完整备份数据库使用的资源少，因此可以更多地创建事务日志备份。有一种特殊情况，如果数据库事务日志执行的频率很高，将导致事务日志迅速增长，在这种情况下要更经常地创建事务日志备份。

只有具有自上次数据库备份或差异数据库备份后的连续事务日志备份时，使用数据库备份和事务日志备份还原数据库才有效。

4. 文件和文件组备份

有些数据库系统，如 SQL Server 支持备份或还原数据库中的个别文件或文件组。这是一种比较完善的备份和还原过程，通常用在具有较高要求的大型网络数据库中。这种备份策略使用户只还原已损坏的文件或文件组，而不用还原数据库的其余部分，这就可以加快恢复速度。举例而言，如果数据库由几个在物理上位于不同磁盘上的文件组成，当其中一个磁盘发生故障时，只需还原故障磁盘上的文件。文件和文件组备份和还原操作必须与事务日志备份一起使用。

上述四种备份方法可以保证网络数据库的安全性，将数据的丢失限度降到最低。

> **注意：**
> 建议不要将数据库备份、事务日志备份存储到与数据库所在的同一个物理磁盘上的文件中。因为如果数据库磁盘出现故障，则在同一物理磁盘上的备份将无法恢复了。

11.2 数据库备份设备

备份设备（Backup Device）是指存储数据库和事务日志备份拷贝的载体。此载体可以是以下之一：本地或远程服务器的硬盘、其他磁盘存储媒体上的文件、命名管道。

11.2.1　磁盘备份设备

磁盘备份设备是硬盘或其他磁盘存储媒体上的文件，与常规操作系统文件一样，可以在服务器的本地磁盘上或共享网络资源的远程磁盘上定义磁盘备份设备。磁盘备份设备根据需要可大可小，最大相当于磁盘上可用的闲置空间。

将备份设备以文件方式写入本地硬盘时，必须给数据库管理系统用户账户授予适当的权限，以在远程磁盘上读写该文件。如果在网络上将文件备份到远程计算机上的磁盘，需使用通用命名规则名称，以 \\Servername\Sharename\Path\File 格式指定文件的存储位置。

> **注意：**
> 备份或还原数据库时所使用的设备名称既可以使用物理备份设备名称又可以使用逻辑备份设备名称。

11.2.2　物理备份设备和逻辑备份设备

当数据库管理员建立备份设备时，需要给其分配一个逻辑备份设备名和一个物理备份设备名。物理备份设备名是操作系统用来标识备份设备的名称，如D:\Backups \Full_backup.bak。逻辑备份设备名是用来标识物理备份设备的别名或公用名。逻辑设备名称永久性地存储在SQL Server内的系统表中，如逻辑备份设备名称可以是：Full_backup，其对应的物理设备名称是D:\Backups \Full_backup.bak。逻辑备份设备文件名最多有30个字符并且必须遵守Microsoft SQL Server等数据库管理系统的命名约定。在执行数据库的备份和恢复过程中，系统管理员既可以使用逻辑文件名也可以使用物理文件名。例如使用逻辑文件名执行数据库备份的语句如下：

```
BACKUP DATABASE AutopilotDB
TO Full_backup
```

如果上述语句用物理文件名执行数据库备份，则其语句是：

```
BACKUP DATABASE AutopilotDB
TO D:\Backups \Full_backup.bak
```

11.2.3 创建永久备份设备

每次备份数据库都会创建一个新的备份文件，但是创建的备份文件并没有记录在系统备份表里，不能再次使用。网络数据库管理员可以创建一个永久备份设备，并可重复使用。

可以使用Transact-SQL语句建立备份设备，也可以使用SQL Server Management Studio建立备份设备。

1. 使用Transact-SQL语句建立备份设备

可以使用系统存储过程sp_addumpdevice建立备份设备，具体语法格式为：

```
sp_addumpdevice  'device_type', 'logical_name', 'physical_name'
```

主要参数说明如下：

➢ device_type：备份设备的类型。

➢ logical_name：备份设备的逻辑名，用于SQL Server管理备份设备。

➢ physical_name：备份设备的物理名称。物理名称必须遵照操作系统文件名称的命名规则或者网络设备的通用命名规则，并且必须包括完整的路径。如果名称包含非字母数字的字符，需要用引号将其引起来。

注意：

可以从以下三种类型中选择一种备份设备类型。disk：以硬盘文件形式作为备份设备；pipe：以命名管道形式作为备份设备；tape：以磁带形式作为备份设备。

例题 11-1　分别创建一个本地磁盘备份设备名称为full_backupVehicle1和网络磁盘备份设备名称为full_backupVehicle2。

```
/* 创建本地磁盘备份设备名称为full_backupVehicle1 */
sp_addumpdevice 'disk', 'full_backupVehicle1', 'c:\full_backupVehicle1.bak'
/* 创建网络磁盘备份设备名称为full_backup Vehicle2 */
sp_addumpdevice 'disk', 'full_backup Vehicle2', '\\network1\backup\full_
backup Vehicle2.bak'
```

2. 使用SQL Server Management Studio建立备份设备

使用SQL Server Management Studio建立备份设备的操作步骤如下：

① 启动SQL Server Management Studio工具，在“对象资源管理器”中展开服务器实例。

② 展开“服务器对象”，选择“备份设备”，右击弹出快捷菜单，选择“新建备份设备”命令。屏幕将显示如图11-1所示的“备份设备”窗口。

③ 在名称框中输入该备份设备的名称，这是备份设备的逻辑名称full_backupVehicle1。

④ 设置目标文件的位置或者保持默认值，目标硬盘驱动器上必须有足够的可用空间。

⑤ 单击“确定”按钮，完成建立备份设备的操作。

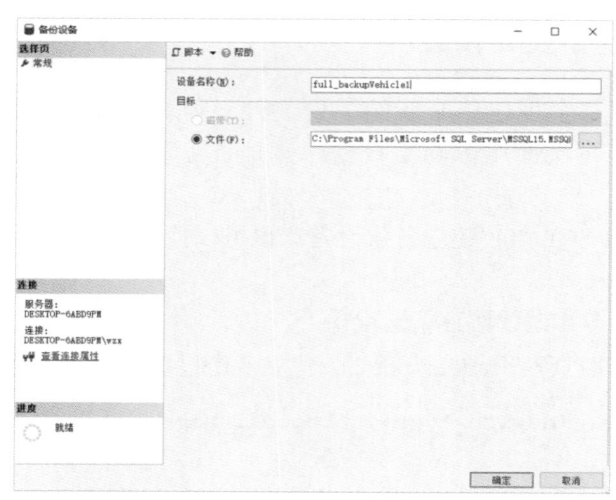

图 11-1　“备份设备”窗口

11.2.4　管理备份设备

1. 查看备份设备及其信息

有两种方法可列出服务器上的备份设备。一种方法是使用系统存储过程 sp_helpdevice，执行后可以返回机器上每个设备的有关信息，包含设备的逻辑名称和物理位置。另一种方法是使用SQL Server Management Studio，具体步骤为：首先打开“对象资源管理器”，然后展开“服务器对象”，选择“备份设备”，选择其中的某一个备份设备，右边窗口将显示当前服务器上所有的备份设备。右击要查看的命名备份设备，弹出快捷菜单，选择“属性”命令。系统弹出如图 11-2 所示的“备份设备”对话框，单击“介质内容”，可查看该备份设备的备份集信息。

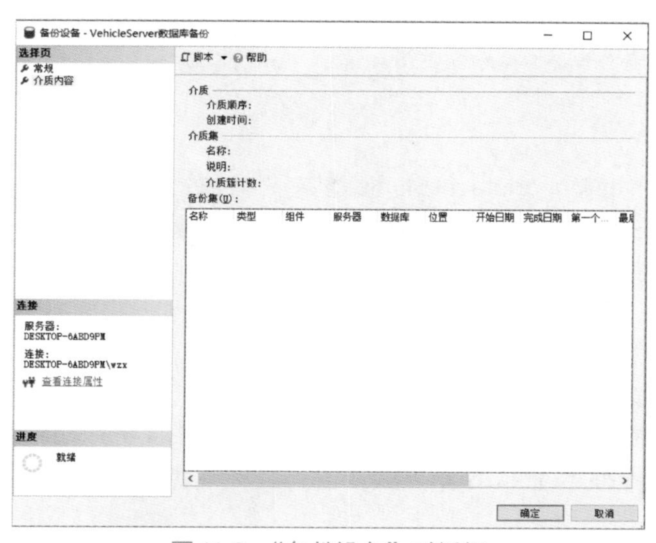

图 11-2　“备份设备”对话框

2. 删除备份设备

（1）使用 Transact-SQL 语句语言删除备份设备

可以使用系统存储过程 sp_dropdevice 建立备份设备，具体语法格式为：

```
sp_dropdevice  'device_name', 'delfile'
```

主要参数说明参见建立备份设备。这里主要说明“delfile”用于指出是否应该删除物理设备备份文件。如果将其制定为 defile，那么就会删除物理备份设备磁盘文件。例如删除刚创建的备份 full_backupVehicle1，但并不删除相关的物理文件的语句为：

```
sp_dropdevice  'full_backupVehicle1'
```

如果希望在删除备份设备的同时也将相关的物理文件删除，删除语句为：

```
sp_dropdevice  'full_backupVehicle1','defile'
```

（2）使用 SQL Server Management Studio 删除备份设备

① 启动 SQL Server Management Studio 工具，在“对象资源管理器”中展开服务器实例。

② 展开“服务器对象”，选择“备份设备”，选择需要删除的备份设备。

③ 右击要删除的命名备份设备，弹出快捷菜单，选择“删除”命令，在系统弹出的“删除对象”对话框中单击“OK”按钮即可。

注意：

备份或还原数据库时所使用的设备名称既可以是物理备份设备名称又可以是逻辑备份设备名称。

11.3 执行数据库备份与恢复

在实际应用中数据库备份有两种方式。一种是数据库管理员使用 BACKUP DATABASE 将数据库文件备份到备份设备中；另外一种就是直接拷贝数据库文件 .mdf 和日志文件 .ldf 的方式。这里重点描述第一种方式的实现过程。

网络数据库的可靠性十分重要，硬件或系统故障都有可能造成数据库中的数据丢失，一旦被损坏，可以使用数据库备份来恢复损坏内容。数据库恢复是一个装载数据库备份，然后应用事务日志重建的全过程。应用各种备份方式数据库可以恢复到备份之前的状态，这称为数据库的可恢复性。

11.3.1 数据库备份概述

以 SQL Server 为例，所支持的备份类型主要有以下四种：

① 完整数据库备份（Database-complete）：包含了整个数据库的内容。

② 差异数据库备份（Database-differential）：包含了自上次完整数据库备份以来的数据库所有变化内容。

③ 事务日志备份（Transaction log）：包含事务日志的复制，它包括数据库中所发生的

每个数据改动前后的映像。

④ 文件和文件组备份（File and Filegroup）：是某一个文件或文件组的复制。

常用的备份类型分为“完整备份”“差异备份”“事务日志备份”“文件和文件组备份”四种，但在图 11-3 所示“备份数据库”对话框的“备份类型”下拉列表框里仅可以选择“完整”“差异”“事务日志”三种备份类型。如果要进行文件和文件组备份，则选中下方的“文件和文件组”单选框，此时会弹出“文件和文件组”对话框，选择要备份的文件和文件组。

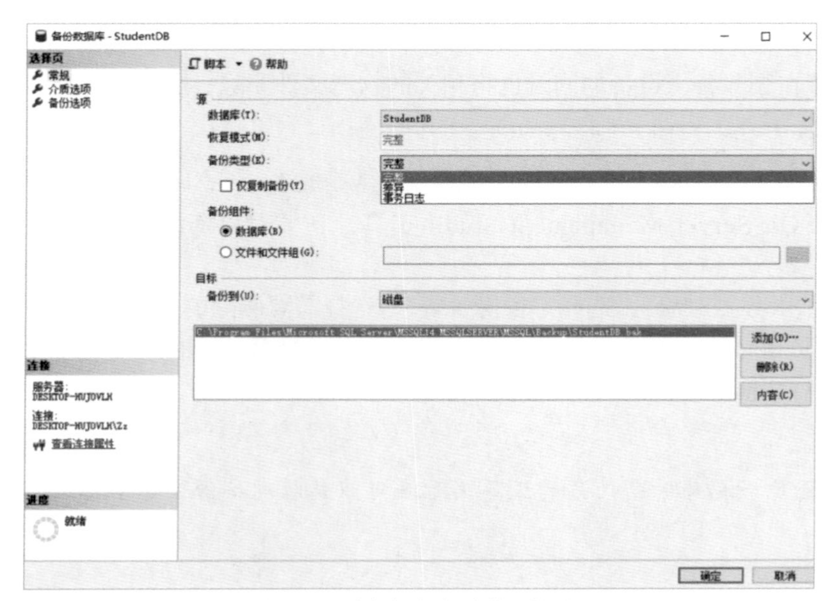

图 11-3 “备份数据库”对话框

1. 完整数据库备份

完整数据库备份会生成一个数据库的完整拷贝，即数据库中所有的数据库对象、数据和事务日志都将被备份。当数据库备份操作执行时，数据库对于数据库活动（当数据库处于在线活动状态）来说仍然处于可用状态。在所有的数据库备份选项当中，完整数据库备份是最耗时间的。完整备份包含备份操作完成时刻的所有数据改变和日志文件。一旦生成一个完整数据库备份，它允许恢复整个数据库。完整备份是数据恢复计划的核心，而且它是利用事务日志或差异备份的先决条件。当创建备份时，可以选择在磁盘上创建文件或直接写到磁带上。通常情况下，当 SQL Server 备份直接写入磁盘时，备份执行完成得更快。一旦创建了备份，可以把它复制到磁带上。举例而言，可以在每天午夜 12:00 进行完整数据库备份，如图 11-4 所示。

与事务日志备份和差异数据库备份相比，完整数据库备份中的每个备份使用存储空间更多，因此完整数据库备份完成备份操作需要更多的时间，其创建频率通常比差异数据库或事务日志备份低。

以下情况应采用完整数据库备份：

① 数据库较小。

② 数据库具有很少的数据修改操作或是只读数据库时。

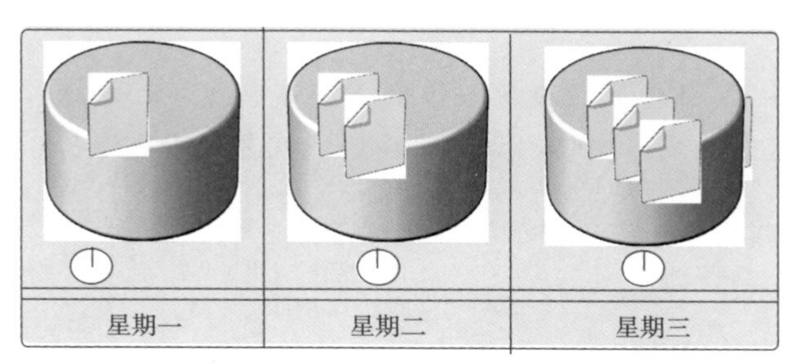

图 11-4 SQL Server 完整数据库备份示意图

2. 差异数据库备份

差异数据库备份只记录自上次完整数据库备份后更改的数据。差异数据库备份比完整数据库备份容量更小、备份时间更快。对于大型数据库，差异备份的间隔可以比完整数据库备份的间隔更短，这将降低工作丢失风险。

如果数据库的某部分内容比该数据库的其余部分修改得更为频繁，则差异数据库备份特别有用。在这些情况下，使用差异数据库备份，可以频繁执行备份，并且不会产生完整数据库备份的开销。

对于大型网络数据库而言，完整数据库备份需要大量磁盘空间。为了节省时间和磁盘空间，可以在一次完整数据库备份后安排多次差异备份。每次连续的差异数据库备份都大于前一次备份，这就需要更长的备份时间、还原时间和更大的存储空间，因此建议用户定期执行新的完整备份以提供新的差异基准。

当执行差异数据库备份时，需遵循以下原则：

① 在每次完成完整数据库备份后，定期安排差异数据库备份。例如可以每隔数小时执行一次差异数据库备份，对于操作频繁的数据库系统而言，此频率可以提高。

② 在确保差异备份不会太大的情况下，定期安排新的完整数据库备份，例如可以每周进行一次完整数据库备份。

③ 应该在两个差异数据库备份的时间间隔内执行事务日志备份，把数据损失的风险降到最小。

3. 事务日志备份

事务日志是自上次备份事务日志后对数据库执行的所有事务的一系列记录，可以使用事务日志备份将数据库恢复到特定的即时点或恢复到故障点时的状态。

采用事务日志备份，在故障发生时尚未提交的事务将会丢失。所有在故障发生时已经完成的事务都将被恢复。还原事务日志备份时，数据库管理系统重做事务日志中记录的所有更改。当 SQL Server 到达事务日志的最后时，数据库已恢复到与开始执行事务日志备份操作前那一刻完全相同的状态。一般情况下，事务日志备份比完整数据库备份使用的资源要少，因此可以比完整数据库备份更经常地创建事务日志备份。经常备份将降低丢失数据的风险。

事务日志备份有时比完整数据库备份大。例如，数据库的事务率很高，从而导致事务日志迅速增大。在这种情况下，应更经常地创建事务日志备份。

实例分析

有一个备份策略为“1个完整备份＋N个连续的事务日志备份”，如图11-5所示。如果中间的日志备份02删除或者损坏，则数据库只能恢复到日志备份01的即时点。

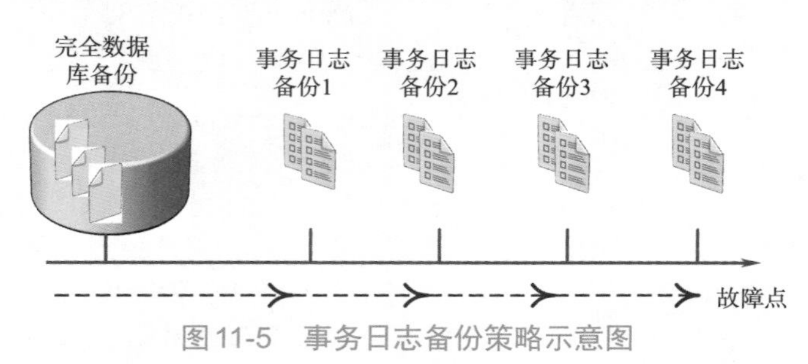

图11-5　事务日志备份策略示意图

假如日志备份01、02和03都是完整的，那么在恢复时，先恢复数据库完整备份，然后依次恢复日志备份01、02和03。如果要恢复到故障点，就需要看数据库的当前日志是否完整。如果是完整的，可以做一个当前日志的备份，然后依次恢复到日志备份04就可以了。

基于事务日志的备份还可以恢复到某个日志备份中间的时刻，称为时点恢复。比如可以在恢复数据库完整备份后，恢复数据库在完整备份和日志备份01中间的某个时刻。这里的时点必须是合法的（看日志备份的时间），而不能超出日志备份的时间序列，否则系统不会执行。比如现在只有日志备份01，其时刻为12:11，假如指定恢复到12:12，那么这样的时点是非法的。

此外，还有尾日志备份，对于大多数情况，在完全恢复模式或大容量日志恢复模式下，如SQL Server要求备份日志尾部以捕获尚未备份的日志记录。还原操作之前对日志尾部执行的日志备份称为“尾日志备份”。SQL Server通常要求用户在开始还原数据库前执行尾日志备份。尾日志备份可以防止工作丢失并确保日志的完整性。将数据库恢复到故障点时，尾日志备份是恢复计划中的最后一个相关备份。如果无法备份日志尾部，则只能将数据库恢复为故障前创建的最后一个备份。

4. 数据库文件和文件组备份

SQL Serve支持备份或还原数据库中的个别文件或文件组。文件备份只复制单个数据文件，文件组备份复制单个文件组中的每个数据文件，包括文件或文件组备份过程中发生的所有数据库行为。此类型的备份比完整数据库备份占用的时间和空间都要小。文件和文件组备份需要进行详细计划，以便相关的数据和索引可以共同备份。此外，在逻辑上将文件和文件组恢复到与数据库中的其他部分一致的状态，需要一个事务处理日志文件备份的完整子集。这是一种相对较完善的备份和还原过程，通常用在具有较高可用性要求的超大型数据库中。文件备份和还原操作必须与事务日志备份一起使用。

举例而言，某公司数据库管理员需要花两小时备份数据库，并且每天只能用一小时执行备份。该网管可在一个晚上备份一半文件或文件组，并在第二个晚上备份另一半。如果

包含数据库文件或文件组的磁盘出现故障，那么该站点可以只还原丢失的文件或文件组。该站点还必须进行事务日志备份，并且在备份文件或文件组之后必须还原所有事务日志备份。

文件和文件组备份内容还可以从完整数据库备份集中还原，这也将加快恢复速度。

注意：

SQL Server备份是动态进行，当用户使用数据库时，也可以进行备份。最好在数据库没有被大量修改数据时进行备份，以提高备份效率。

11.3.2　数据库备份操作

在实现数据库备份前，一定要根据实际系统环境情况进行综合分析，主要考虑内容如表11-1所示。

表 11-1　备份需考虑的因素

因　素	内　容
备份的频率	包括完整数据库备份、差异数据库备份、事务日志备份的频率
备份的内容	哪些数据内容需要备份
备份的介质	磁盘，或是其他备份的介质
备份需要的存储空间量	预计表容量及其他数据库对象所占空间
备份的人员	服务器角色 sysadmin、数据库角色 db_owner 和 db_backupoperator

1. 使用Transact-SQL语言实现

使用Transact-SQL语句进行备份时，可以通过BACKUP DATABASE语句备份整个数据库，备份一个或多个文件或文件组，以及使用BACKUP LOG语句备份事务日志。

（1）备份数据库

```
BACKUP DATABASE { database_name | @database_name_var }
TO < backup_device > [ ,...n ]
[ WITH
     [ DIFFERENTIAL ]
     [ [ , ] FORMAT | NOFORMAT ]
     [ [ , ] { INIT | NOINIT } ]
     [ [ , ] { NOSKIP | SKIP } ]
```

主要参数说明如下：

➢ { database_name | @database_name_var }：数据库名称。

➢ < backup_device >：备份操作时使用的逻辑或者物理设备名称。

➢ [DIFFERENTIAL]：差异备份必须包括此子句。

➢ FORMAT 子句：指定应将媒体头写入用于此备份操作的所有卷，即通过它可以在第一次使用媒体时对备份媒体进行初始化，并覆盖任何现有的媒体标头。

➢ NOFORMAT 子句：指定媒体头不应写入所有用于此备份操作的卷中，即不重写备份设备，除非指定了INIT子句。

➢ INIT 子句：通过它可以改写备份媒体，并在备份媒体上将该备份作为第一个文件写入。如果没有现有的媒体标头，将自动编写一个。如果已经指定了 FORMAT 子句，则不需要指定 INIT 子句。

➢ NOINIT 子句：默认设置，备份集将追加到指定的磁盘或者磁带设备上，以保留现有的备份集。

➢ SKIP 子句：用于重写备份媒体，禁用备份集过期和名称检查，即使备份媒体中的备份未过期，或媒体本身的名称与备份媒体中的名称不匹配也重写。

➢ NOSKIP 子句：指示 BACKUP 语句在可以重写媒体上的所有备份集之前先检查它们的过期日期。

（2）备份特定的文件或文件组

```
BACKUP DATABASE { database_name | @database_name_var }
{
FILE = { logical_file_name | @logical_file_name_var }    |
FILEGROUP = { logical_filegroup_name | @logical_filegroup_name_var }
} [ ,...n ]
TO < backup_device > [ ,...n ]
[ WITH
    [ DIFFERENTIAL ]
    [ [ , ] FORMAT | NOFORMAT ]
    [ [ , ] { INIT | NOINIT } ]
    [ [ , ] { NOSKIP | SKIP } ]
]
```

主要参数说明如下：

➢ FILE = { logical_file_name | @logical_file_name_var }：给一个或者多个包含在数据库备份中的文件命名。

➢ FILEGROUP = { logical_filegroup_name | @logical_filegroup_name_var }：给一个或者多个包含在数据库备份中的文件组命名。

文件和文件组一定要包括 FILE 或 FILEGROUP 中的一个子句。

其他参数说明参考备份数据库参数说明。

（3）备份一个事务日志

```
BACKUP LOG { database_name | @database_name_var }
{
    TO < backup_device > [ ,...n ]
    [ WITH
        [ FORMAT | NOFORMAT ]
        [ [ , ] { INIT | NOINIT } ]
        [ [ , ] { NOSKIP | SKIP } ]
    ]
}
```

主要参数说明参考备份数据库、备份特定的文件或文件组参数说明。

如果企业日志迅速增大，在这种情况下，更应经常地创建事务日志备份。

实例分析

数据库管理员张晓亮同志对Vehicle_DB数据库的大小和每日的数据量增长情况进行了分析，发现该数据库具有如下特点：

- 系统业务运行时间为周一至周五上午8:00至下午4:30。
- 数据量比较大，不宜总是进行完整数据库备份。
- 周六、日休息，不会产生大量数据信息。
- 每天都有大量数据的更新及添加，数据更新频率大约为3小时。
- 要求当数据发生损坏时可以进行快速数据恢复。

由此，张晓亮制定了一整套备份方案：

① 每周五下午5:00进行完整数据库备份。

② 每周一至周四下午5:00进行差异数据库备份。

③ 每周一至周五隔3小时进行一次事务日志备份。

例题 11-2 在周五下午5:00备份Vehicle_DB数据库中的全部内容。

```
USE Vehicle_DB
BACKUP DATABASE Vehicle_DB TO full_backupVehicle1
```

或者：

```
USE Vehicle_DB
BACKUP DATABASE Vehicle_DB To
disk='D:\Backup\ full_backupVehicle1.bak'
```

例题 11-3 在周一上午11:00对Vehicle_DB数据库进行事务日志备份。

```
USE Vehicle_DB
Backup Log Vehicle_DB TO log_backupVehicle1
```

或者：

```
USE Vehicle_DB
Backup Log Vehicle_DB To
disk='D:\Backup\ log_backupVehicle1.bak' WITH DIFFERENTIAL
```

例题 11-4 在周一下午5:00对Vehicle_DB数据库进行差异备份。

```
USE Vehicle_DB
BACKUP DATABASE Vehicle_DB TO diference_backupVehicle1 WITH DIFFERENTIAL
```

或者：

```
USE Vehicle_DB
BACKUP DATABASE Vehicle_DB To
disk='D:\Backup\difference_backupVehicle1.bak' WITH DIFFERENTIAL
```

进行差异数据库备份之前，必须至少进行一次完整数据库备份。

例题 11-5　对Vehicle_DB数据库中的PRIMARY文件组进行备份。

```
Exec Sp_Helpdb Vehicle_DB             --查看数据文件
BACKUP DATABASE Vehicle_DB
FileGroup='Primary'                   --数据文件的逻辑名
TO disk='D:\Backup\file_backupVehicle1.bak'
WITH init
```

使用Transact-SQL语句进行文件和文件组备份，在执行BACKUP DATABASE时需要指定文件或文件组所属数据库名称、备份将写入的备份设备。同时对于每个要备份的文件，必须指定FILE子句；对于每个要备份的文件组必须指定FILEGROUP子句。例如备份数据库Vehicle_DB的数据文件Vehicle_DB_data的语句如下：

```
USE Vehicle_DB
BACKUP DATABASE Vehicle_DB
FILE='Vehicle_DB_data'
TO full_backupVehicle1
```

2. 使用SQL Server Management Studio实现

① 启动SQL Server Management Studio，在对象资源管理器窗口选定要操作的服务器并展开树型目录，选定要操作的数据库Vehicle_DB。

② 右击Vehicle_DB，在弹出的快捷菜单里选择“任务”→“备份”，弹出如图11-3所示“备份数据库”对话框。

③ 在图11-3所示对话框里可以完成以下操作：

➢ 选择要备份的数据库：在“数据库”下拉列表框里可以选择要备份的数据库名Vehicle_DB。

➢ 选择要备份类型：如图11-6所示，在“备份数据库”对话框的“备份类型”下拉列表框里仅可以选择“完整”“差异”“事务日志”三种备份类型。选中下方的“文件和文件组”单选按钮，会弹出“文件和文件组”对话框，选择要备份的文件和文件组，单击“确定”按钮返回“备份数据库”对话框。

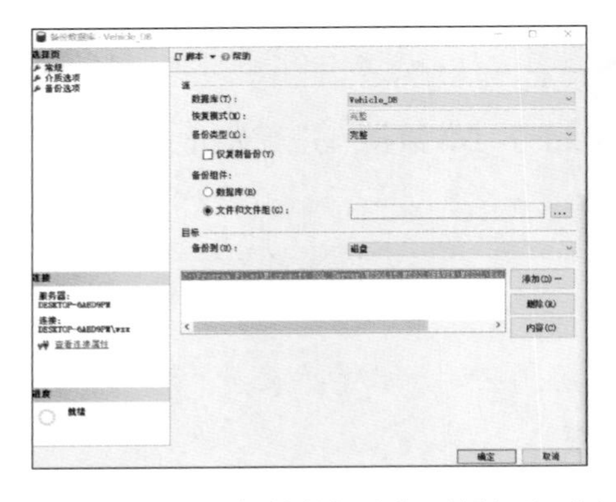
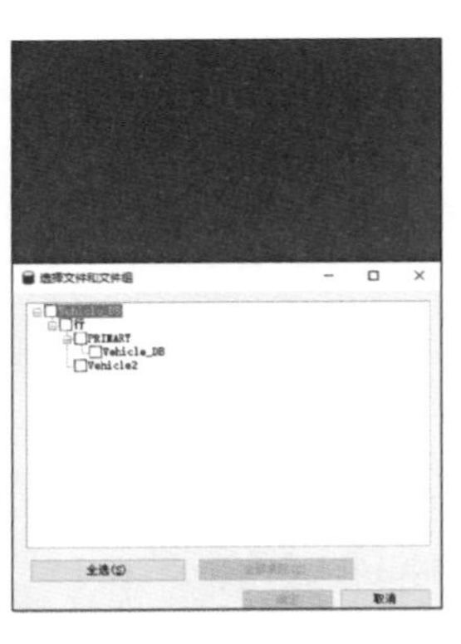

图 11-6　“备份数据库”对话框和“文件和文件组”对话框

➢ 设置备份集的信息：在“备份集”区域里可以设置备份集的信息，其中“名称”文本框里可以设置备份集的名称；“说明”文本框里可以输入对备份集的说明内容；在“备份集过期时间”区域可以设置本次备份在几天后过期或在哪一天过期；在“在以下天数后”文本框里可以输入的范围为0到99999，如果为0则表示不过期。备份集过期后会被新的备份覆盖。

➢ 数据库备份目标：SQL Server可以将数据库备份到磁盘或磁带上。将数据库备份到磁盘也有两种方式，一种是文件方式，一种是备份设备方式。单击“添加”按钮弹出如图11-7所示选择备份“目标”对话框，在该对话框里可以选择将数据库备份到文件还是备份设备上，在本例中可以选择前面创建的备份设备full_backupVehicle1。选择完毕后单击“添加”按钮返回到图11-3所示对话框。SQL Server支持一次将数据库备份到多个备份目标上。

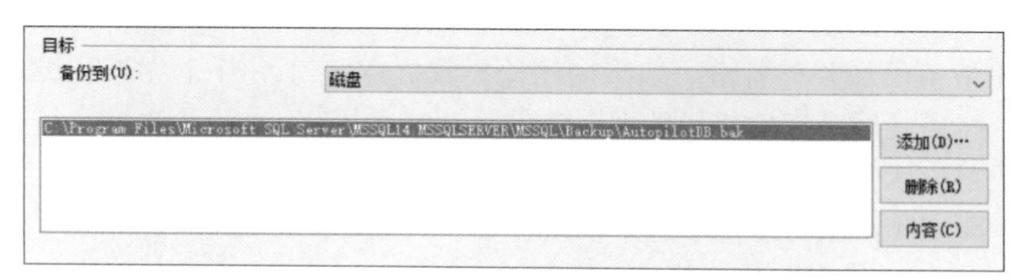

图 11-7 选择备份“目标”对话框

➢ 是否覆盖媒体：选择“追加到现有备份集”单选框，则不覆盖现有备份集，将数据库备份追加到备份集里，同一个备份集里可以有多个数据库备份信息。如果选择“覆盖所有现在备份集”单选框，则将覆盖现有备份集，以前在该备份集里备份信息将无法重新读取。

➢ 是否检查媒体集名称和备份集过期时间：如果需要可以选择“检查媒体集名称和备份集过期时间”复选框来要求备份操作验证备份集的名称和过期时间；在“媒体集名称”文本框里可以输入要验证的媒体集名称。

➢ 是否使用新媒体集：选择“备份到新媒体集并清除所有现在备份集”可以清除以前的备份集，并使用新的媒体集备份数据库。在“新建媒体集名称”文本框里可以输入媒体集的新名称；在“新建媒体集说明”文本框里可以输入新建媒体集的说明。

➢ 设置数据库备份的可靠性：选择“完成后验证备份”复选框将会验证备份集是否完整以及所有卷是否都可读；选择“写入媒体前检查校验和”复选框将会在写入备份媒体前验证校验和，如果选中此项，可能会增大工作负荷，并降低备份操作的备份吞吐量。在选中“写入媒体前检查校验和”复选框后会激活“出错时继续”复选框，选中该复选框后，如果备份数据库时发生了错误，还将继续进行。

➢ 是否截断事务日志：如果在图11-3所示对话框里的“备份类型”下拉列表框里选择的是“事务日志”，那么在此将激活“事务日志”区域。在该区域中，如果选择“截断事务日志”单选框，则会备份事务日志并将其截断，以便释放更多的日志空间，此时数据库处于在线状态。如果选择“备份日志尾部，并使数据库处于还原状态”单选框，则会备份日志尾部并使数据库处于还原状态，该项创建尾日志备份，用于备份尚未备份的日志，当故障转移到辅助数据库或为了防止在还原操作之前丢失所做工作，该选项很有作用。选择

了该项之后，在数据库完全还原之前，用户将无法使用数据库。

➢ 设置磁带机信息：可以选择“备份后卸载磁带”和“卸载前倒带”两个选择项。

④ 设置完毕后单击“确定”按钮，开始数据库备份。

11.3.3 数据库恢复模式概述

数据库恢复模式是网络数据库的一种特性，它控制着备份和还原的基本行为。SQL Server 提供了三种数据库恢复模式，决定了有多少和什么样的数据可以被恢复出来。

1. 简单恢复（Simple Recovery）

简单恢复是指在进行数据库恢复时仅使用了数据库备份或差异备份，而不涉及事务日志备份，主要应用于小型数据库和不经常改变的数据的情况。该恢复模式定期截断事务日志，删除已经被提交的所有事务。因为日志经常被截断，所以不能备份，这就使得备份策略只能采用完整备份和差异备份。如果使用差异数据库备份，则首先应还原最近的完整数据库备份库，然后还原最近的差异数据库备份并恢复数据库。

这种模式可以满足大多数网络数据库管理，但使用这个选项意味着不能实现精确到时间点的恢复，而实际需求可能要求这种恢复。本模式是SQL Server Personal Edition 和 SQL Server Desktop Engine的默认恢复模式。

2. 完全恢复（Full Recovery）

完全恢复是指通过使用数据库备份和事务日志备份，将数据库恢复到发生失败的时刻，即还原到特定时间点。时间点是最新的可用备份、特定日期和时间或标记的事务，因此几乎不造成任何数据丢失。数据库完整还原的目的是还原整个数据库。整个数据库在还原期间处于脱机状态。在数据库的任何部分变为联机之前，必须将所有数据恢复到同一点，即数据库的所有部分都处于同一时间点并且不存在未提交的事务。本模式是SQL Server Standard Edition和SQL Server Enterprise Edition的默认恢复模式。

3. 批日志恢复（Bulk-logged Recovery）

在性能上批日志恢复是完全恢复模式与简单恢复模式的折中，要优于简单恢复和完全恢复模式。它能尽最大努力减少批操作所需要的存储空间。与完全恢复模式相比，这种模式提供较好的性能和空间的利用率。这是因为当启用此恢复模式的数据库出现批操作时，SQL Server 仅仅记录该批操作发生的事实及其发生的范围。由于批操作的记录不完全，因此事务日志将比完全恢复模式的事务日志小很多。因为记录发生批操作的范围，所以如果定期执行事务日志备份，则可以将数据库恢复到给定时间点。这种备份方案中，在备份事务日志时，除事务日志以外还必须备份数据改变的范围，即事务日志备份将变大，并且花费更长时间。

如果需要恢复设置为简单恢复模式的数据库，只需恢复数据库最近一次的全备份以及差异备份内容。如果需要恢复设置为完全恢复和批日志恢复模式的数据库，则不但可以恢复数据库最近一次的全备份，还可以运用最后一次的差异备份以及事务日志备份。使用最终的事务日志备份可以指定一个精确的时间点恢复。

几种恢复模式的比较分析如表11-2所示。

表 11-2 几种恢复模式的比较

恢复模式	说明	工作丢失的风险	能否恢复到时点
简单恢复	无日志备份。 自动回收日志空间以减少空间需求，实际上不再需要管理事务日志空间	最新备份之后的更改不受保护。在发生灾难时，这些更改必须重做	只能恢复到备份的结尾
完全恢复	需要日志备份。 数据文件丢失或损坏不会导致丢失工作。 可以恢复到任意时点（例如应用程序或用户错误之前）	正常情况下没有。 如果日志尾部损坏，则必须重做自最新日志备份之后所做的更改	如果备份在接近特定的时点完成，则可以恢复到该时点
批日志恢复	需要日志备份。 是完整恢复模式的附加模式，允许执行高性能的大容量复制操作。 通过大容量日志记录大多数大容量操作，减少日志空间使用量	如果在最新日志备份后发生日志损坏或执行大容量日志记录操作，则必须重做自上次备份之后所做的更改，否则不丢失任何工作	可以恢复到任何备份的结尾。不支持时点恢复

11.3.4 数据库恢复操作

数据库备份是在正常的工作环境状态下进行的，而数据库恢复通常是在非正常状态下进行的，比如硬件故障、系统瘫痪等情况。

执行数据库恢复以前，应注意以下两点：

① 在数据库恢复之前，应该删除故障数据库，从而删除对受损数据库的任何引用，以便于重新恢复。

② 数据库恢复之前，必须限制网络用户对数据库的访问，数据库的恢复是静态的，应使用SQL Server Management Studio或系统存储过程sp_dboption设置数据库为单用户，这样不会产生操作冲突。

1. 使用Transact-SQL语言实现

使用Transact-SQL语句进行恢复时，可以通过RESTORE DATABASE语句恢复整个数据库、部分数据库、特定文件或文件组，以及使用RESTORE LOG语句恢复事务日志。

（1）恢复整个数据库的语法

```
RESTORE DATABASE { database_name | @database_name_var }
[ FROM < backup_device > [ ,...n ] ]
[ WITH
    [ FILE = { file_number | @file_number } ]
    [[ , ] { NORECOVERY | RECOVERY | STANDBY = undo_file_name }]
]
```

主要参数说明如下：

➢ { database_name | @database_name_var }：指定了数据库备份进行恢复后的数据库名称。

➢ < backup_device >：指定恢复操作要使用的逻辑或物理备份设备。

➢ < file_or_filegroup >：指定包括在数据库恢复中的逻辑文件或文件组的名称。可以指

定多个文件或文件组。

➢ FILE = { file_number | @file_number }：标识要恢复的备份集。例如，file_number 为1表示备份媒体上的第一个备份集，file_number 为2表示第二个备份集。

➢ NORECOVERY：指示恢复操作不回滚任何未提交的事务。如果需要应用另一个事务日志，则必须指定 NORECOVERY 或 STANDBY 选项。如果 NORECOVERY、RECOVERY 和 STANDBY 均未指定，则默认为 RECOVERY。

➢ RECOVERY：指示恢复操作回滚未提交的事务。在恢复进程后即可随时使用数据库。

➢ STANDBY：指定部分还原操作。

➢ STOPAT = date_time | @date_time_var：将数据库恢复到指定的日期和时间的状态。只有在指定的日期和时间前写入的事务日志记录才能应用于数据库。

（2）恢复数据库部分内容的语法

```
RESTORE DATABASE { database_name | @database_name_var }
< file_or_filegroup > [ ,...n ]
[ FROM < backup_device > [ ,...n ] ]
[ WITH
    { PARTIAL }
    [[ , ] FILE = { file_number | @file_number } ]
    [[ , ] NORECOVERY]
]
```

主要参数说明如下：

➢ PARTIAL：指定为部分恢复操作。

其他参数说明参考恢复整个数据库参数说明。

（3）恢复特定的文件或文件组的语法

```
RESTORE DATABASE { database_name | @database_name_var }
< file_or_filegroup > [ ,...n ]
[ FROM < backup_device > [ ,...n ] ]
[ WITH
    [ FILE = { file_number | @file_number } ]
    [[ , ] NORECOVERY]
]
```

（4）恢复事务日志的语法

```
RESTORE LOG { database_name | @database_name_var }
[ FROM < backup_device > [ ,...n ] ]
[ WITH
    [ FILE = { file_number | @file_number } ]
     [[ , ] { NORECOVERY | RECOVERY | STANDBY = undo_file_name }]
    [ [ , ] STOPAT = { date_time | @date_time_var } ]
]
```

主要参数说明如下：

➢ { database_name | @database_name_var }：指定了将日志或整个数据库备份还原后新数据库名称。

➢ < backup_device >：指定还原操作要使用的逻辑或物理备份设备。

➢ < file_or_filegroup >：指定包括在数据库还原中的逻辑文件或文件组的名称，可以指定多个文件或文件组。

➢ FILE = { file_number | @file_number }：标识要还原的备份集。例如，file_number 为 1 表示备份媒体上的第一个备份集，file_number 为 2 表示第二个备份集。

➢ NORECOVERY：指示还原操作不回滚任何未提交的事务。如果需要应用另一个事务日志，则必须指定 NORECOVERY 或 STANDBY 选项。如果 NORECOVERY、RECOVERY 和 STANDBY 均未指定，则默认为 RECOVERY。

➢ RECOVERY：指示还原操作回滚未提交的事务。在恢复进程后即可随时使用数据库。

➢ PARTIAL：指定部分还原操作。

➢ STOPAT = date_time | @date_time_var：将数据库还原到指定的日期和时间的状态。只有在指定的日期和时间前写入的事务日志记录才能应用于数据库。

例题 11-6 从完整数据库备份中恢复数据库信息。

```
USE Vehicle_DB
RESTORE DATABASE Vehicle_DB  FROM full_backupVehicle1
GO
```

例题 11-7 从差异数据库备份中恢复数据库信息。

```
USE Vehicle_DB
RESTORE DATABASE Vehicle_DB FROM difference_backupVehicle1
WITH NORECOVERY
GO
RESTORE DATABASE Vehicle_DB FROM difference_backupVehicle1
WITH FILE = 2, RECOVERY
GO
```

从差异数据库备份中恢复数库信息时，必须首先执行RESTORE DATABASE，并指定NORECOVERY子句，以恢复差异数据库备份之前的完整数据库备份信息，然后再执行一次RESTORE DATABASE恢复差异数据库备份，并同时需要指定数据库名称和要从其中恢复差异数据库备份的备份设备以及其中的文件序号。

注意：

恢复差异数据库备份的顺序为：先还原最新的完整数据库备份，然后还原最后一次的差异数据库备份。

例题 11-8 从差异数据库备份、日志备份中恢复数据库数据。

```
USE Vehicle_DB
RESTORE DATABASE Vehicle_DB FROM difference_backupVehicle1
```

```
WITH NORECOVERY
GO
RESTORE DATABASE Vehicle_DB FROM difference_backupVehicle1
WITH FILE = 2, NORECOVERY
GO
RESTORE LOG Vehicle_DB FROM log_backupVehicle1
WITH FILE =3 , RECOVERY
GO
```

执行RESTORE LOG语句，可进行由事务日志备份恢复数据库的工作。在RESTORE LOG需要指定事务日志将应用到的数据库名称和要从其中恢复事务日志备份的备份设备及其文件序号。如果恢复当前事务日志备份后还要应用其他事务日志备份，则在执行RESTORE LOG时必须还要指定NORECOVERY子句，否则指定RECOVERY子句以恢复服务器的运行状态。

注意：

可采用以下步骤从差异数据库备份、事务日志备份中恢复数据库信息。

① 必须首先还原事务日志备份之前的完整数据库备份或差异数据库备份。

② 按序恢复自完整数据库备份或差异数据库以后创建的所有事务日志。

③ 撤销所有未完成的事务。

2. 使用SQL Server Management Studio实现

① 启动SQL Server Management Studio，在对象资源管理器窗口选定操作的服务器并展开树型目录，选定要操作的数据库Vehicle_DB。

② 右击Vehicle_DB，在弹出的快捷菜单里选择“任务”→“还原”→“数据库”，弹出如图11-8所示“还原数据库”对话框。

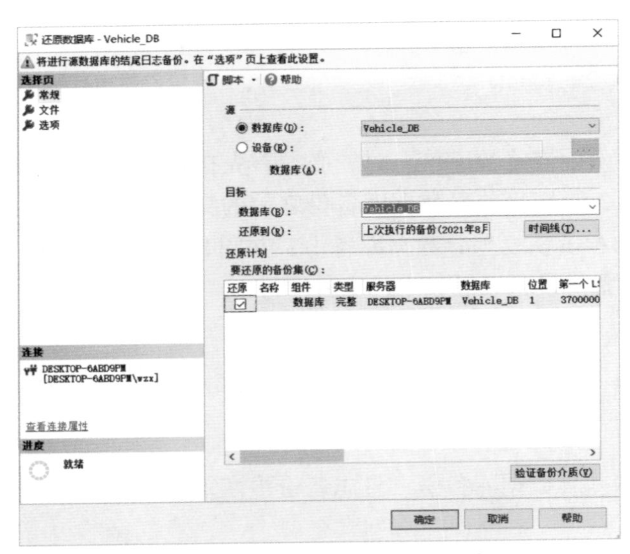

图 11-8　“还原数据库”对话框

③ 在图 11-8 所示对话框中输入“目标数据库”名称。如果要还原的数据库名称与显示的数据库默认名称不同，则需要单击下拉列表进行数据库选择，此外如果使用新数据库名称完成还原的任务，则需要输入新数据库的名称。注意在目标数据库下拉列表中包含了除 master 和 tempdb 之外的所有数据库名称。

④ 在数据库还原过程中，需要完成如下设置：

➢ 目标时间点：将数据库还原到备份最近可用的时间或还原到特定时间点。默认为“最近状态”。若要指定特定时间点，则单击右边的“…”按钮即可。

➢ 目标的源：在“源数据库”对应的下拉列表中选择要还原的数据库名称，或者单击“源设备”单选按钮，再单击右边的“…”按钮来选择一个或者多个磁盘或磁带作为备份集的源。

➢ 选择用于还原的备份集：显示用于数据库还原的备份信息。

⑤ 单击“确定”按钮完成数据库还原任务。

如果需要恢复的是数据库文件和文件组信息，则需要在上述①②步骤中完成“任务”→“还原”→“文件和文件组”操作，在恢复过程中的参数设置同步骤④。

11.4 数据库备份和恢复综合规划方案

在日常工作中，数据的备份和恢复都很重要，而且通常频率很高，但是如果效率很低，会占用很多时间，并且会对使用者的数据恢复和使用产生很糟糕的影响。那么如何让数据库数据备份与恢复的效率更高呢？在规划数据库的备份和恢复时，必须结合两者一起考虑。一般来说，用户设计的操作方案将受到数据库实际运行情况和可使用的数据库备份资源的限制。正因要考虑企业数据具有重要价值，所以数据库管库员才需要设计规划数据库备份和恢复方案来保护数据库数据。

通常情况下，规划数据库备份与恢复可按照下面的步骤完成：

① 事先考虑据库系统遇到所有可能的意外事故，包括人为因素和非人为因素。

③ 针对可能发生的不同的意外事故一一设计应对的数据库备份方案。

要设计常规备份数据内容，如每周进行相应的完整数据库备份，再根据数据实际更新情况设计差异数据库备份和事务日志备份。这里需要注意数据库备份方式的确定和数据库恢复模式选择两者之间的关系。

③ 设计合理的恢复方案完成数据库恢复。

恢复方案的设计是和数据库备份实现紧密相关的，例如简单恢复模式是不能完成事务日志备份操作的。此外，还要考虑恢复系统所能承受的时间限制。例如，超市交易系统的数据库一旦出现问题，必须要求在较短的时间内恢复正常，较长的恢复时间将造成极大的损失。

④ 确定备份资源，并将设计的备份方案在有限时间内进行测试。

规划方案的测试是非常重要而且必须进行的工作，对于没有进行过测试的方案是不可行的方案。在测试阶段可能会遇到很多意想不到的问题，如备份时间过长、没有达到实际

数据恢复效果、恢复过程烦琐等情况，这些问题都需要在方案投入正式实施之前就得到解决。这样做可以将企业数据信息损失降为最低。

注意：

建议用户在规划备份和恢复方案时考虑以下因素：

① 对备份的设备和资源进行安全存放和管理，建议不要和数据文件放在一起存放。

② 制定备份日程表，分析数据库现有数据量、数据增量、备份设备容量等因素，制定可行的备份日程表，并规划合理的覆盖备份设备的时间间隔。

③ 在多服务器的情况下，选择进行集中式或分布式的备份。

11.5 并发控制与封锁

并发控制的任务：对并发操作进行正确调度（可串行化调度），保证事务隔离度，保证数据库一致性。

并发操作带来的不一致性：丢失修改、脏读和不可重复读（包括幻读）。

1. 丢失修改

两个事务同时更新一行数据，最后一个事务的更新会覆盖掉第一个事务的更新，从而导致第一个事务更新的数据丢失，这是由于没有加锁造成的。

2. 脏读

脏读就是指当一个事务正在访问数据，并且对数据进行了修改，而这种修改还没有提交到数据库中，这时，另外一个事务也访问这个数据，然后使用了这个修改过的数据。

3. 不可重复读

不可重复读是指在一个事务内，多次读同一数据。在这个事务还没有结束时，另外一个事务也访问该同一数据。那么，在第一个事务中的两次读数据之间，由于第二个事务的修改，第一个事务两次读到的数据可能是不一样的。这样在一个事务内两次读到的数据不一样，因此称为不可重复读。

小　结

本章介绍了数据库备份和恢复的重要性、操作和策略方案，可以保证数据库在崩溃的情况下快速进行恢复。针对常见的数据库管理系统应用环境提供了可靠的实施方案，并以Microsoft SQL Server为例，详细介绍了备份和恢复的方法。

下面对本章所讲主要内容进行小结：

① 介绍了数据库备份的重要性以及备份策略。

② 介绍了数据库备份设备的创建以及管理方法。

③ 介绍了完整数据库备份、差异数据库备份、事务日志备份、文件和文件组备份的方法以及如何实施备份策略。

④ 介绍了在不同还原模式下数据库恢复的方法。

习　题

1. 为什么要进行数据库备份？常用的备份策略有哪些？

2. 用 Transact-SQL 如何创建数据库备份设备？

3. 如果你是一个数据库管理员，将如何规划一周的备份方案？其中要求使用完整数据库备份、差异数据库备份和事务日志备份。

4. 进行数据库恢复时，SQL Server 2019 提供了哪几种恢复模式？如何使用？

5. 如果你是一个数据库管理员，上班时某一时间数据库瘫痪，你将如何实施数据库恢复操作？

实验 9：数据库的备份和恢复

1. 实验目的和任务

（1）了解 SQL Server 提供的备份、恢复功能。

（2）熟练掌握完整数据库备份、差异数据库备份、事务日志备份的方法。

（3）熟练掌握数据库恢复的方法。

2. 实验实例

实验实例 1：创建备份设备

实验知识点：使用 SQL Server Management Studio 和 Transact_SQL 创建备份设备。

实验步骤：

（1）在 SQL Server Management Studio 中创建备份设备。

① 启动 SQL Server Management Studio 工具，在“对象资源管理器”中展开服务器实例。

② 展开“服务器对象”，选择“备份设备”。

③ 右击弹出快捷菜单，选择“新建备份设备”命令，输入备份设备名称 backup_OrderMag。

④ 重复①、②步骤再创建备份设备 log_OrderMag。

（2）使用 Transact-SQL 语句创建备份设备，输入并执行下面语句：

```
USE OrderMag
sp_addumpdevice 'disk','backup2_OrderMag','c:\ backup2_OrderMag.bak'
```

（3）在 SQL Server Management Studio“服务器对象”下面可以查看 backup2_OrderMag 备份设备。

注意：

使用 SQL Server Management Studio 创建备份设备的默认路径是 SQL Server 2019 的安装路径。

实验实例2：备份数据库

实验知识点：完整数据库备份概念和备份设备的使用。

实验步骤：

（1）在SQL Server Management Studio中进行完整数据库备份。

① 启动SQL Server Management Studio工具，在数据库中右击“OrderMag”数据库，弹出快捷菜单，选择“属性”。

② 在“选项”选项卡中选择“恢复模式”为“简单”，然后单击“确定”按钮。

③ 再右击“OrderMag”数据库，弹出快捷菜单，选择“任务”下面的“备份”。

④ 在备份窗口中的备份中选择备份类型为“完整”选项，备份集名称自拟。

⑤ 在备份目标中，先单击“添加”按钮，选择“备份设备”中的“backup_OrderMag”备份设备。

⑥ 单击备份数据库窗口左侧的“选项”，在右侧“备份到现有媒体集”中选择“覆盖所有现有媒体集”选项。

⑦ 单击“确定”按钮开始备份。

（2）使用Transact-SQL语句进行完整数据库库备份，输入并执行下面语句：

```
backup database Store to backup2_OrderMag
```

实验实例3：查看备份设备

实验知识点：查看备份设备中的备份内容，掌握备份信息。

实验步骤：

（1）启动SQL Server Management Studio工具，在“对象资源管理器”中展开服务器实例。

（2）展开“服务器对象”，选择“备份设备”。

（3）右击备份设备“backup_OrderMag”，弹出快捷菜单，选择“属性”。

（4）单击“媒体内容”来查看备份信息。

（5）同样的方法查看“backup2_OrderMag”备份设备。

实验实例4：执行差异备份

实验知识点：进行差异备份的概念，掌握备份信息内容。

实验步骤：

（1）在SQL Server Management Studio中进行差异数据库备份。

① 启动SQL Server Management Studio工具，在数据库中展开“OrderMag”数据库，打开“表”，向数据表Store中添加2条记录信息。

② 在数据库中右击“OrderMag”数据库，弹出快捷菜单，选择“属性”。

③ 在“选项”选项卡中选择“恢复模式”为“全”，然后单击“确定”按钮。

④ 再右击“OrderMag”数据库，弹出快捷菜单，选择“任务”下面的“备份”。

⑤ 在备份窗口中的备份中选择备份类型为“差异”选项，备份集名称自拟。

⑥ 在备份目的中，先单击“添加”按钮，选择“备份设备”中的“backup_OrderMag”备份设备。

⑦ 单击备份数据库窗口左侧的“选项”，在右侧“备份到现有媒体集”中选择“追加

到现有媒体集”选项。

⑧ 单击“确定”按钮进行备份。

⑨ 可以重复实验实例3查看备份设备中的内容。

（2）使用Transact-SQL语句进行完整数据库库备份，输入并执行下面语句：

```
backup database Store to backup2_OrderMag WITH DIFFERENTIAL
```

实验实例5：备份事务日志

实验知识点：备份事务日志的概念，掌握备份信息，从而熟悉三个恢复模式的区别和使用条件。

实验步骤：

（1）在SQL Server Management Studio中进行事务日志备份。

① 在数据库中展开“OrderMag”数据库，打开“表”，向数据表Store中再添加2条记录信息。

② 在数据库中右击“OrderMag”数据库，弹出快捷菜单，选择“属性”。

③ 在“选项”选项卡中选择“恢复模式”为“完全”，然后单击“确定”按钮。

④ 再右击“OrderMag”数据库，选择“任务”下面的“备份”。

⑤ 在备份窗口中的备份中选择备份类型为“事务日志”选项，备份集名称自拟。

⑥ 在备份目的中，先单击“添加”按钮，选择“备份设备”中的“log_OrderMag”备份设备。

⑦ 单击备份数据库窗口左侧的“选项”，再右侧“备份到现有媒体集”中选择“覆盖所有现有媒体集”选项。

⑧ 单击“确定”按钮开始备份事务日志。

（2）使用Transact-SQL语句进行完整数据库库备份，输入并执行下面语句：

① 启动SQL Server Management Studio工具，在数据库中右击“OrderMag”数据库，弹出快捷菜单，选择“属性”。

② 在“选项”选项卡中选择“恢复模式”为“完全”，然后单击“确定”按钮。

③ 在查询分析器中输入并执行use master backup log northwind to backup2_OrderMag with noinit

重复实验实例3查看备份设备内容。

> **注意：**
> 必须将“选项”选项卡中的恢复模型设为“完全”才能进行事务日志备份。

实验实例6：恢复完整数据库备份

实验知识点：从备份设备中恢复完整数据库备份。

实验步骤：

（1）在SQL Server Management Studio中恢复完整数据库备份。

① 启动SQL Server Management Studio工具，在数据库中展开“OrderMag”数据库，

打开“表”，新建表Store1，结构同Store。

② 右击“OrderMag”数据库，弹出快捷菜单，选择“任务”→“还原”→“数据库”。

③ 在还原窗口中的下方列表中显示两个备份信息，第一个为完整备份，第二个为差异备份。

④ 只选择第一个完整备份，去掉第二个差异备份。

⑤ 单击“确定”按钮即可。

思考：执行完恢复完整数据库备份后，表Store1是否存在？随后右击“OrderMag”数据库，弹出快捷菜单，选择“刷新”，这时表Store1是否存在？

（2）使用Transact-SQL语句进行恢复完整数据库库备份。

① 启动SQL Server Management Studio工具，在数据库中展开“OrderMag”数据库，打开“表”，新建表Store2，结构同Store。

② 在查询分析器中输入并执行语句：

```
RESTORE DATABASE Store FROM backup_ OrderMag
WITH FILE=1, RECOVERY, REPLACE
```

思考：执行完恢复完整数据库备份后，表Store1是否存在？随后右击“OrderMag”数据库，弹出快捷菜单，选择“刷新”，这时表Store1是否存在？

实验实例7：恢复完整数据库和日志备份

实验知识点：综合使用恢复数据库备份的方法，区别“RECOVERY”和“NORECOVERY”选项的差别。

实验步骤：

（1）在SQL Server Management Studio中恢复数据库备份。

① 启动SQL Server Management Studio工具，右击“OrderMag”数据库，弹出快捷菜单，选择“任务”下面的“还原”→“数据库”。

② 在还原窗口中的“还原的源”中选择“源设备”，在其后面的“…”中指定备份的设备。

③ 在指定备份的“备份媒体”中选择“备份设备”，再选择“添加”按钮。

④ 选择“backup_OrderMag”设备。

⑤ 单击“选项”，在“恢复状态”中选择“不对数据库执行任何操作，不回滚未提交的事务，可以还原其他事务日志”。

⑥ 单击“确定”按钮。

⑦ 重复①到④步骤。

⑧ 选择“log_OrderMag”设备。

⑨ 单击“选项”，在“恢复状态”中选择“使数据库处于可以使用的状态，无法还原其他事务日志”。

⑩ 单击“确定”按钮。

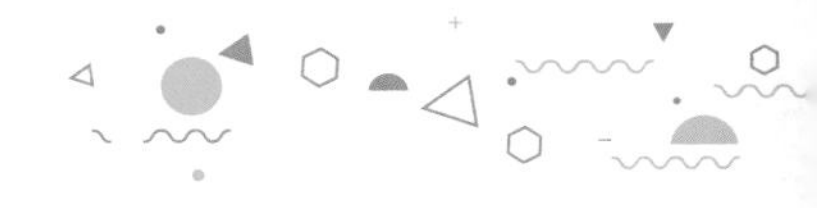

（2）使用Transact-SQL语句进行恢复数据库备份。

① 输入并执行语句：

```
RESTORE DATABASE ORDER FROM backup_OrderMag
WITH FILE=1, NORECOVERY, REPLACE
```

② 输入并执行语句：

```
RESTORE LOG ORDER FROM log_OrderMag WITH FILE=1, RECOVERY
```

实验实例8：恢复为其他数据库

实验知识点：将现有数据库的备份恢复为一个新的数据库中。

实验步骤：

（1）在SQL Server Management Studio中恢复数据库备份。

① 启动SQL Server Management Studio工具，右击“OrderMag”数据库，弹出快捷菜单，选择“任务”下面的“还原”→“数据库”。

② 在“还原目标”中的目标数据库中输入新的数据库名称“NewOrderMag”。

③ 在还原窗口中的“还原的源”中选择“源设备”，在其后面的“…”中指定备份的设备。

④ 在指定备份的“备份媒体”中选择“备份设备”，再选择“添加”按钮。

⑤ 选择“backup_OrderMag”设备。

⑥ 在还原数据库窗体中单击“确定”按钮。

⑦ 数据库是否能恢复?

⑧ 如果有错误对话框弹出，单击“确定”按钮关闭对话框。

⑨ 单击“选项”选项卡，将恢复模式设置为“完全”，然后再单击“确定”按钮。

⑩ 数据库是否能恢复?

（2）使用Transact-SQL语句进行恢复数据库备份。

输入并执行语句：

```
RESTORE DATABASE NewOrderMag
   FROM Store2
   WITH RECOVERY,
      MOVE 'OrderMag' TO 'c:\ "NewOrderMag.mdf',
      MOVE 'OrderMag_Log' TO 'c:\ "NewOrderMag.ldf'
```

在资源管理器中查看c:\“NewOrderMag.mdf’和c:\“NewOrderMag.ldf是否存在，在企业管理器中查看新数据库NewOrderMag是否创建成功。

3. 实验思考

（1）“覆盖”和“追加”选项有何区别?

（2）简述差异备份概念和差异备份的使用策略。

（3）恢复数据库的方法有哪些?

（4）简述RECOVERY和NONRECOVERY选项的差别。

本章参考文献

[1]张永奎. 数据库原理与设计[M]. 北京：人民邮电出版社, 201909.260.

[2]王珊, 萨师煊. 数据库系统概论[M]. 5版. 北京：高等教育出版社, 2014.

[3]VALLATH M. Oracle 10g RAC Grid, Services and Clustering[M]. Amsterdam, Netherlands: Elsevier, 2006.

[4]俞海, 顾金媛. 数据库基本原理及应用开发教程[M]. 南京：南京大学出版社, 2017.

[5]CARTER P A, CARTER P A, GENNICK. Securing SQL Server[M]. Berkeley, California, USA: Apress, 2018.

[6]王英英. SQL Server 2019从入门到精通[M]. 北京：清华大学出版社, 202103.

[7]Microsoft. 通过备份和还原来复制数据库[EB/OL]. [2021-11-10].https://docs.microsoft.com/zh-cn/sql/relational-databases/databases/copy-databases-with-backup-and-restore?view=sql-server-ver15.

[8]TARANIN S M. Deduplication in the Backup System with Information Storage in a Database[J]. Automatic Control and Computer Sciences, 2018, 52(7): 608-614.

[9]SON Y, KIM M, KIM S, et al. Design and implementation of SSD-assisted backup and recovery for database systems[J]. IEEE Transactions on Knowledge and Data Engineering, 2018, 32(2): 260-274.

第4篇

数据库系统智能应用篇

本篇主要介绍云数据的发展和特点、基于MVC架构的应用系统设计，并基于云管理的无人驾驶园区智能交互系统为例介绍云数据库系统设计与开发过程。

第12章 云端数据库智能应用与管理

Gartner Group公司是第一家信息技术研究和分析的公司，它发布的最新报告中指出，在智能时代，云将主导数据库市场应用的未来，越来越多的公司转向使用云来托管的数据库，云基础设施和服务正迅速成为数据管理的默认选择。文献指出，2022年75%的数据库将被部署或迁移至云平台，只有5%的数据库会考虑部署在本地。引起这一趋势的主要原因是数据库被用于做分析和软件即服务（Saftware-as-a-Service，SaaS）的模式。在智能时代云端数据库对IT信息产业生态重构至关重要。本章首先介绍了云数据库的发展、优势及其应用等，然后介绍云数据库的部分功能和MVC架构，最后以基于云管理的无人驾驶园区智能交互系统为例介绍云端数据库管理系统设计与开发过程。

学习目标

- 掌握云端数据库结构的特点、优势及应用。
- 掌握SQL Server云数据库部分功能及配置。
- 熟悉MVC架构。
- 通过无人驾驶网约车管理系统熟悉基于云端数据库的应用系统开发。

12.1 云数据库概述

1. 云计算影响着数据库的发展

随着云计算的快速发展，数据库技术正在进行“云化”转型之路，传统各类软件产品都开始由独自部署模式向云服务模式转变。越来越多的数据库厂商加入“云”数据库的队伍中。AWS Aurora、Redshift、Azure SQL Database、Google F1/Spanner以及阿里云的POLARDB和AnalyticDB等都应用了云计算技术。数据从结构化数据在线处理到海量数据分析，从SQL+OLTP的RDBMS到ETL+OLAP的Data Warehouse，再到今天NoSQL+Data Lake异构多源的数据类型发展历程，见证了像Google、Amazon、阿里巴巴这些云计算厂商成为这个时期数据库发展的主要源动力，创造了主要的核心数据库新技术，推动技术发展不断向前。数据库从早先的原始阶段，到关系型数据库再到NoSQL、NewSQL，在不断地向云原生、分布式、多模和HTAP的能力演进。

2. 云数据库的特点

云数据库是指被优化或部署到一个虚拟计算环境中的数据库，可以实现按需付费、按需扩展、高可用性以及存储整合等优势。将数据库部署到云可以通过Web网络连接业务进程，支持和确保云中的业务应用程序作为软件即服务（Software-as-a-Service，SaaS）部署的一部分。另外，将企业数据库部署到云还可以实现存储整合。比如，一个有多个部门的大公司肯定也有多个数据库，可以把这些数据库在云环境中整合成一个DBMS。云数据库实现专业、高性能、高可靠的云数据库服务，不仅提供Web界面进行配置、操作数据库实例，还提供可靠的数据备份和恢复、完备的安全管理、完善的监控、轻松扩展等功能支持。相对传统的数据库，云数据库具有更经济、更专业、更高效、更可靠、更安全、简单易用等特点，使用户能更专注于核心业务，主要具有如下特点：

① 自建本地数据库需要配备DBA，即数据库运维人员，但使用云数据库几乎可认为是免运维的，云平台可提供数据库优化及运维工作。

② 云数据库使系统的开放性得到很大的改善，系统对将要访问的用户数限制有所放松。一个应用程序只需要被安装在一个服务器上，用户可以自动接收升级，一个解决方案只需要部署一次即可。

③ 云数据库的相对集中性使系统维护和扩展变得更加容易，比如数据库存储空间不够，可再加一个数据库服务器；系统要增加逻辑应用功能，可以新增一个应用服务器来运行新功能。

④ 云端用户以浏览器方式接收应用程序，界面统一，操作相对简单。

⑤ 对业务规则和数据捕获的应用逻辑模块容易分发。

⑥ 云端数据库具有数据库自动备份、安全管理等功能，保证实例高可用和数据安全。

3. 云数据库的优势

与传统的数据库相比，云端数据库具有明显的优势。

（1）性价比高

使用基于云数据库解决方案，可从硬件、软件许可以及服务实施等方面大幅降低运营成本和支出。云数据库的资费远远比自建数据库所需的成本要低很多，企业可按照自己的需求选择不同套餐，一般情况下只需要很低的价格即可得到一套专业的数据库支持服务，性价比超高。这也是企业考虑使用云数据库的首要因素。

（2）扩展性强

云数据库可以提供近乎“不受限”的存储空间，可以随着数据存储需求的不断增加而扩展。例如，云数据库可以与数据挖掘或商务智能等现代化分析工具集成，从大量的数据中挖掘出隐含的、未知的、可能感兴趣的、对研究有价值的信息和规律，为各种研究提供依据。

（3）应用效率高

云端数据库可以做到硬件共享化，可以从任何地方，使用任何电脑、移动设备或浏览器访问数据库，能从整体上降低资源的使用。

（4）高可用性和高安全性

云数据库一般会通过主、备双节点的实例等方式，保障数据库的高安全性和可靠性，

系统还可以实现调优、备份等功能。

4. 云数据库的应用

云数据库采用的数据模型可以是关系数据库所使用的关系模型（如微软的SQL Azure云数据库、阿里云数据库），也可以是NoSQL数据库所采用非关系模型（如Amazon Dynamo云数据库）。在全面上云的大背景下，商业数据库因其昂贵、高运维难度以及低扩展性和可用性受到挑战。而云数据库则因天然为云定制，具备云计算的弹性能力，兼具开源数据库的易用、开放特点，拥有传统数据库的管理和处理性能等优势，因此成为企业的最佳选择。表12-1所示为典型云服务商产品数据库部署情况。

表12-1 典型云服务商产品数据库部署情况列表

云服务商	数据库实例架设在云资源上					云原生
	MySQL	PostgreSQL	SQL Sever	MariaDB	分布式	
AWS	√	√	√	√		Auraro
阿里云	√	√	√	√	DRDS	PolarDB
腾讯云	√	√	√	√	TDSQL	CynosDB
百度云	√	√	√		DRDS	
华为云	√	√	√		DDM	
UCloud	√	√	√		UDDB	
京东云	√	√	√	√	DRDS	
电信云	√	√	√			
金山云	√	√	√		KDRDS	
浪潮云	√	√				

其中，AWS是Amazon Web Services；DRDS是阿里云分布式关系型数据库服务；TDSQL是腾讯云分布式数据库；DDM是分布式数据库中间件；UDDB是UCloud分布式数据库；KDRDS是金山云分布式数据库服务。

亚马逊AWS是亚马逊于2006年推出提供的专业云计算服务。亚马逊提供关系型数据库和NoSQL数据库。

（1）主流云数据库——关系型数据库

阿里云关系型数据库服务（Relational Database Service，RDS）：是一种稳定可靠、可弹性伸缩的在线数据库服务。基于阿里云分布式文件系统和SSD盘高性能存储，RDS支持MySQL、SQL Server、PostgreSQL、PPAS（Postgre Plus Advanced Server，高度兼容Oracle数据库）和MariaDB TX引擎，并且提供了容灾、备份、恢复、监控、迁移等方面的全套解决方案，彻底解决数据库运维的烦恼。

亚马逊Redshift：这是跨一个主节点和多个工作节点实施分布式数据库。管理员通过使用AW管理控制台，能够在集群内增加或删除节点，以及按实际需要调整数据库规模。所有的数据都存储在集群节点或机器实例中。Redshift集群的实施可通过两种类型的虚拟

机实现：密集存储型和密集计算型。密集存储型虚拟机是专为大数据仓库应用而进行优化的，而密集计算型为计算密集型分析应用提供了更多的CPU。

亚马逊关系型数据库服务（Amazon Relational Database Service，RDS）：是专为使用SQL数据库的事务处理应用而设计的。规模缩放和基本管理任务都可使用AWS管理控制台来实现自动化。AWS可以执行很多常见的数据库管理任务，例如备份。

（2）主流云数据库——非关系型数据库（NoSQL）

云数据库MongoDB版（ApsaraDB for MongoDB）：基于飞天分布式系统和高可靠存储引擎，采用高可用架构，提供容灾切换、故障迁移透明化、数据库在线扩容、备份回滚、性能优化等功能。云数据库MongoDB支持灵活的部署架构，针对不同的业务场景提供不同的实例架构，包括单节点实例、副本集实例及分片集群实例。

亚马逊DynamoDB：是亚马逊公司的NoSQL数据库产品。其数据库还可与亚马逊Lambda集成以帮助管理人员对数据和应用的触发器进行设置。

DynamoDB特别适用于具有大容量读/写操作的移动应用。用户可创建存储JavaScript对象符号（JSON）文档的表格，而用户可指定键值对其进行分区。与定义如何分割数据不同，这里无须定义一个正式的架构。

12.2 SQL Server的云功能

本节是以Microsoft SQL Server为例介绍云数据库的部分功能。由于腾讯云数据库SQL Server（TencentDB for SQL Server）具有即开即用、稳定可靠、安全运行、弹性扩缩容等特点，同时也具备高可用架构、数据安全保障和故障秒级恢复功能，所以下面通过腾讯云数据库SQL Server阐述SQL Server的云功能。

12.2.1 创建SQL Server实例

创建SQL Server的步骤如下：

① 进入腾讯云创建私有网络。在IE浏览器地址栏输入网址https://console.cloud.tencent.com/vpc/vpc?rid=8，按【Enter】键进入页面，打开网页后，在浏览器中单击“私有网络”进行创建，单击“+新建”填写名称，配置IPv4等，如图12-1所示。

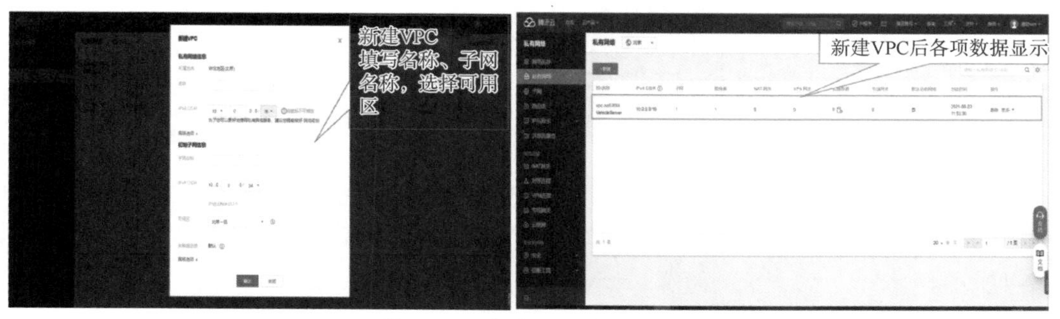

图12-1 私有网络创建界面

② 配置腾讯云数据库SQL Server。在IE浏览器地址栏输入https://cloud.tencent.com/act/free，按【Enter】键进入页面。打开网页后，在浏览器中寻找“云数据库SQL Server”进行创建。在网址https://console.cloud.tencent.com/sqlserver中实例状态变为“运行中”，表示实例创建成功。

③ 创建账号。在实例列表中，单击实例名或“操作”列的“管理”，进入实例管理页面。选择“账号管理”→“创建账号”，在弹出的对话框中填写相关信息，确认无误后单击“确定”按钮，如图12-2所示。

> **注意：**
> 此账号名和密码在连接SQL Server云数据库时使用。

图12-2　账户创建界面

④ 创建数据库。在实例列表中，单击实例名或“操作”列的“管理”，进入实例管理页面。选择“数据库管理”→“创建数据库”，在弹出的对话框填写相关信息，确认无误后单击“确定”按钮，如图12-3所示。

图12-3　数据库创建界面

12.2.2　SQL Server云功能

1. 系统监控功能

方便用户查看和掌握实例的运行信息，云数据库SQL Server提供了丰富的性能监控项与便捷的监控功能（自定义视图、时间对比、合并监控项等）。系统监控功能查看界面如图12-4所示。

2. 告警功能

在SQL Server状态改变时触发警报并发送相关消息。

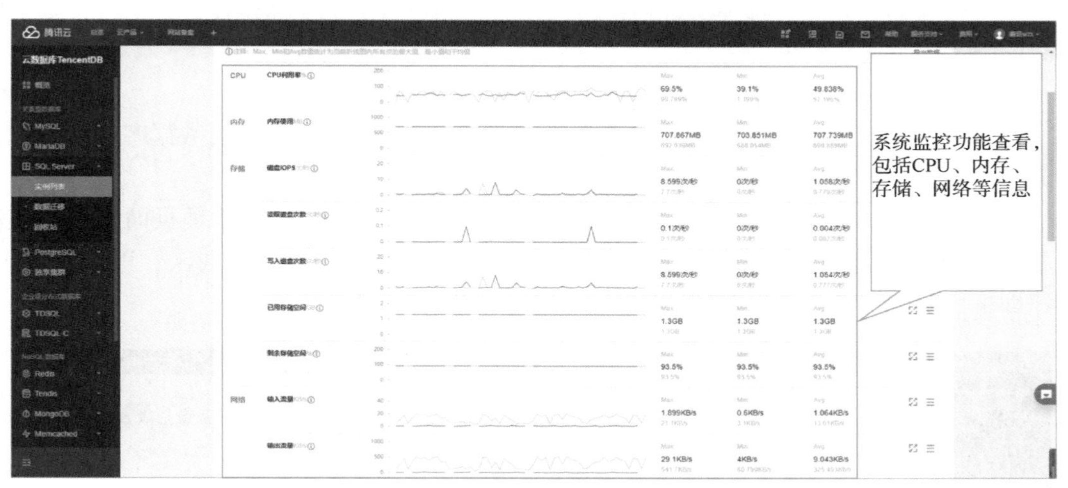

图 12-4 系统监控功能查看界面

在浏览器中输入网址 https://console.cloud.tencent.com/monitor/alarm2/policy，按【Enter】键进入云监控控制台，在左侧导航选择"告警配置"→"告警策略"页。在告警策略列表页中，单击"新建"按钮。在新建策略页中，设置策略名称、策略类型、所属项目、告警对象、触发条件等内容。确认无误后，单击"完成"按钮即可。系统告警功能查看界面如图 12-5 所示。

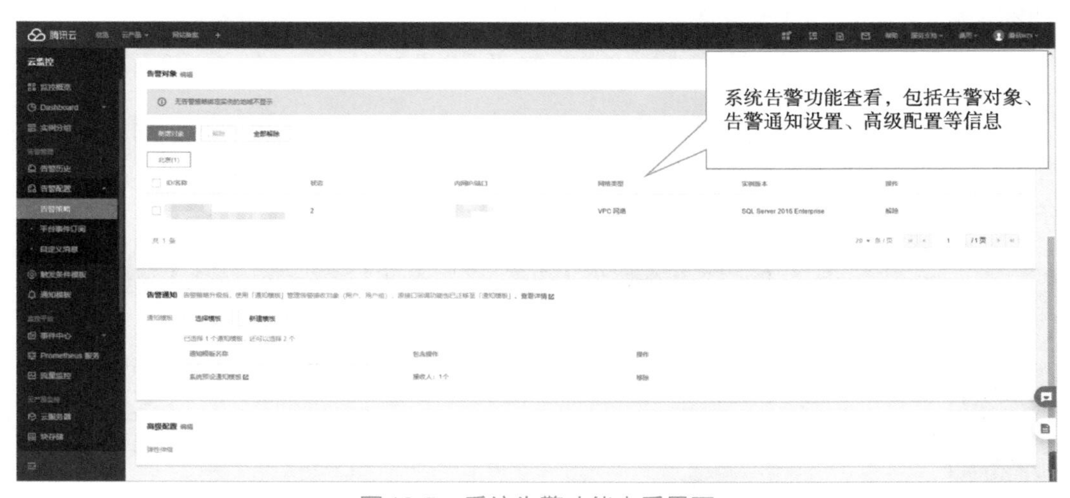

图 12-5 系统告警功能查看界面

策略类型：选择云数据库 SQL Server。

告警对象：可通过选择对象所在的地域或搜索对象的实例 ID 找到需要关联的对象实例。

触发条件：指标、比较关系、阈值、统计周期和持续周期组成的一个有语义的条件。例如：指标为磁盘使用率、比较关系为>、阈值为 80%、统计周期为 5 分钟、持续周期为 2 个周期。表示：每 5 分钟收集一次磁盘使用率数据，若某台云数据库的磁盘使用率连续两次大于 80% 则触发告警。告警建议阈值请参见监控功能的指标优化建议。

配置告警通知：支持选择系统预设通知模板和用户自定义通知模板，每个告警策略最多只能绑定三个通知模板。

3. 安全可靠

云数据库 SQL Server 支持自动备份，可以通过设置备份策略调整云数据库 SQL Server 的备份周期，也可以手动备份云数据库 SQL Server 的数据。

在实例列表中，单击实例名或“操作”列的“管理”，进入实例管理页面。选择“备份管理”→“备份设置”页，单击“编辑”按钮，选择定时备份的时间段，单击“保存”按钮即可。备份设置界面如图 12-6 所示。

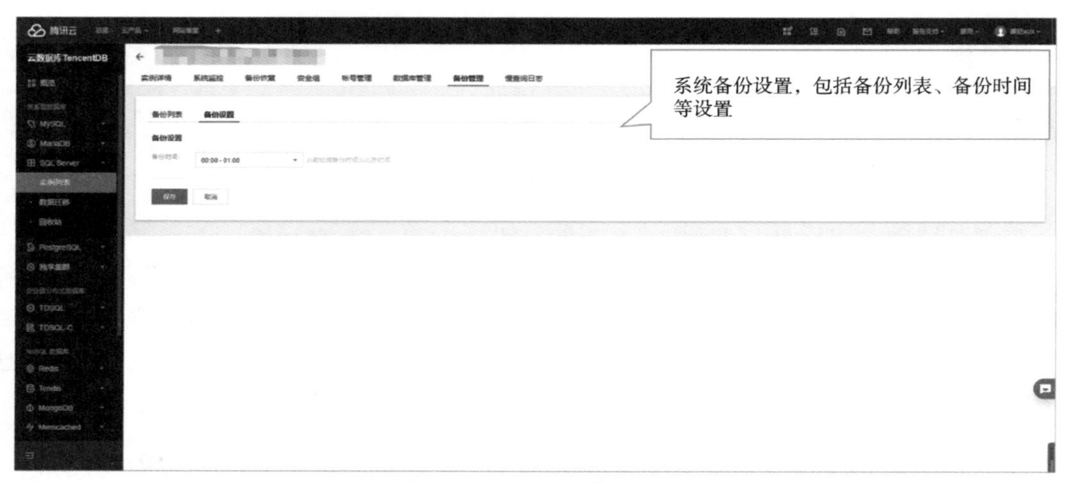

图 12-6　备份设置界面

在实例列表中，单击实例名或“操作”列的“管理”，进入实例管理页面。选择“备份管理”→“备份列表”页，可查看备份任务的创建时间、状态、文件大小、策略等。查看备份界面如图 12-7 所示。

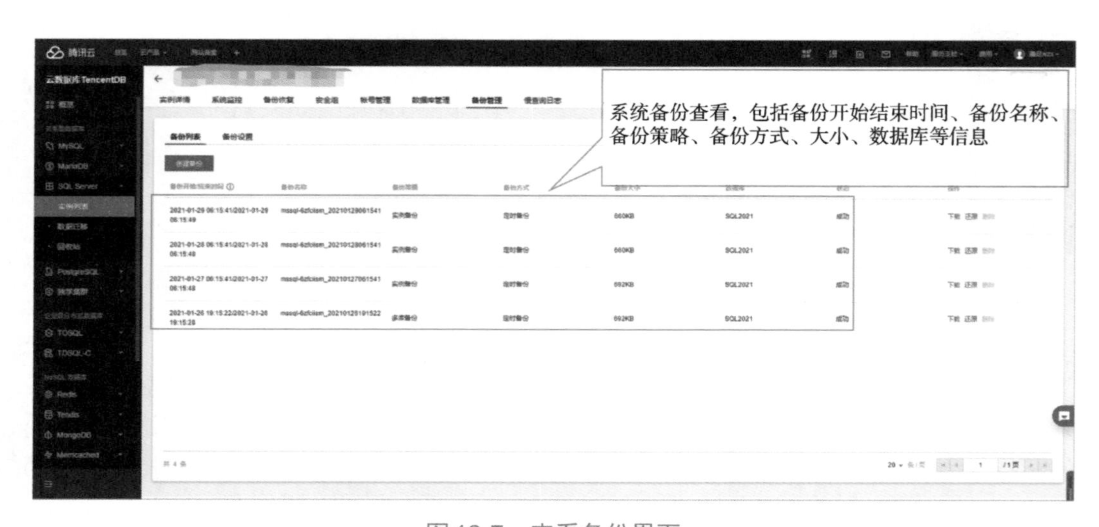

图 12-7　查看备份界面

12.3 基于MVC架构的系统概述

12.3.1 MVC架构

MVC 模式代表 Model-View-Controller（模型 - 视图 - 控制器）模式。这种模式用于应用程序的分层开发。MVC 关系图如图 12-8 所示。

Model（模型）代表一个存取数据的对象或 JAVA POJO，它也可以带有逻辑，在数据变化时更新控制器。

View（视图）代表模型包含的数据的可视化。

Controller（控制器）作用于模型和视图上。它控制数据流向模型对象，并在数据变化时更新视图。它使视图与模型分离开。

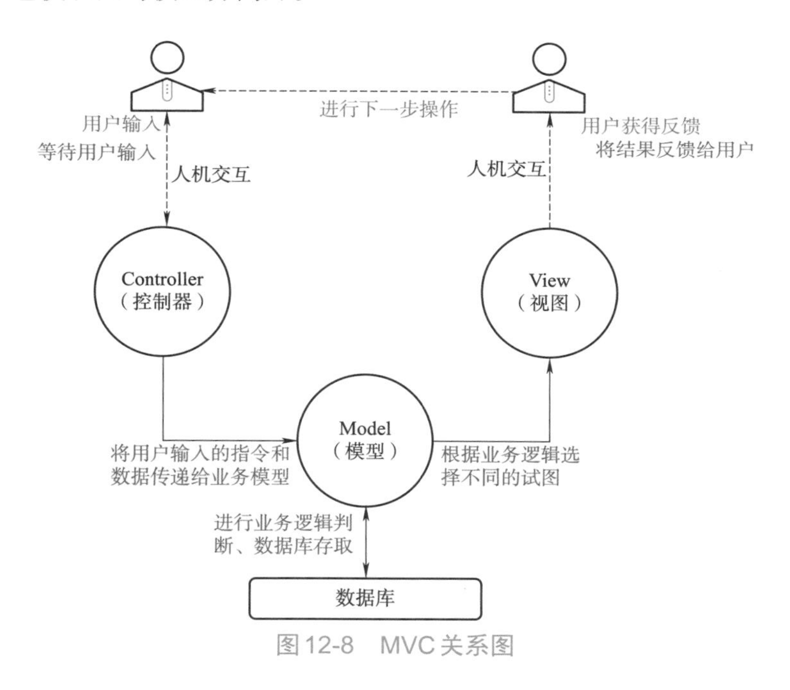

图 12-8 MVC 关系图

12.3.2 基于Django的MVC设计模式系统基础创建

Django 是用 Python 开发的一个免费开源的 Web 框架，几乎囊括了 Web 应用的方方面面，可用于快速搭建高性能、优雅的网站。Django 提供了许多网站后台开发经常用到的模块，使开发者能够专注于业务部分。下面以 Django 框架中 MVC 设计模式为例，对 MVC 架构进行详细阐述。

1. Django的安装

首先配置 Python 环境，在 IE 浏览器地址栏输入 http://www.python.org/download/ 去下载最新的 Python 版本，单击“Download Python xxx”进行下载，如图 12-9 所示。

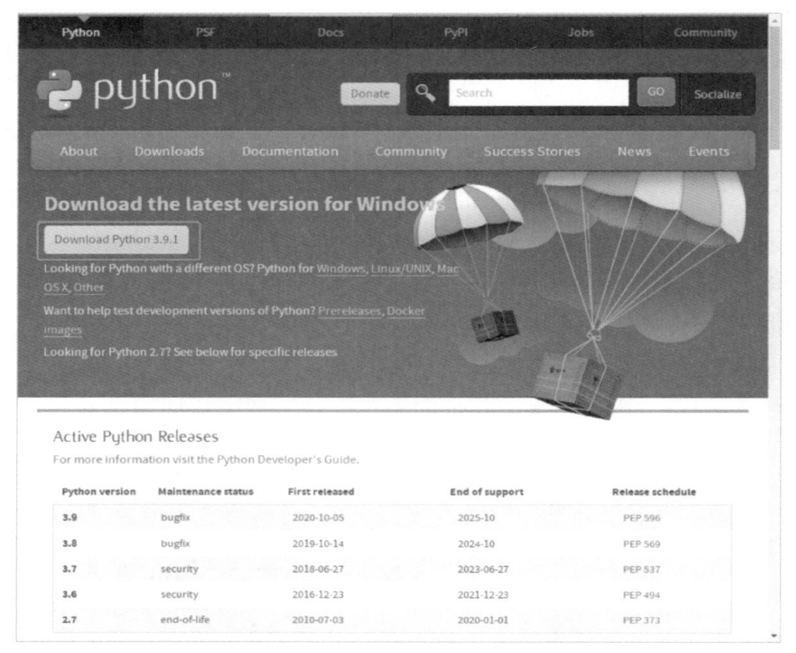

图 12-9　Python 下载界面图

为计算机添加安装目录设置环境变量，把 Python 的安装目录添加到 path 系统变量中即可，如图 12-10 所示。

图 12-10　Python 环境变量配置图

测试Python安装是否成功，cmd打开命令行输入Python命令，如图12-11所示即成功。

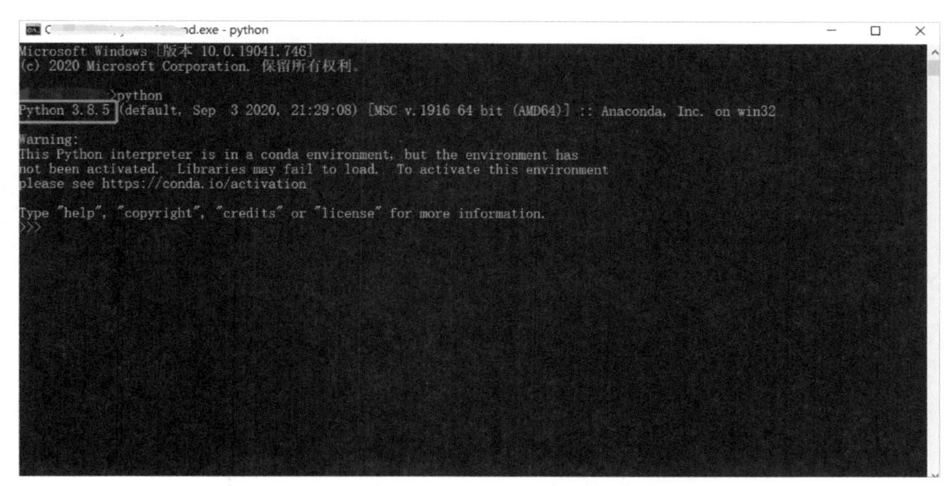

图 12-11 Python测试图

使用pip install django进行Django的安装。

2. 创建Django项目

在Django中，项目的组织结构为一个项目包含多个应用，一个应用对应一个业务模块。

创建项目的命令：django-admin startproject 项目名称。

例如，创建一个项目，项目名为djangotest。

```
django-admin startproject djangotest
```

然后我们查看下djangotest的目录，如图12-12所示。

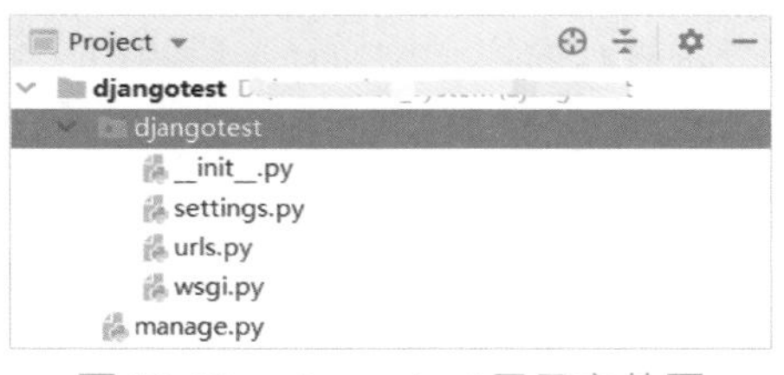

图 12-12 djangotest目录文件图

3. Django默认目录说明

➢ manage.py是项目管理文件，通过它管理项目。

➢ __init__.py是一个空文件，作用是这个目录可以被当作包使用。

➢ settings.py是Django 的设置文件，即配置文件，比如 DEBUG 的开关、静态文件的位置等。

➢ urls.py网址入口，关联到对应的views.py中的一个函数（或者generic类），访问网址就对应一个函数。

➢ wsgi.py是项目与WSGI兼容的Web服务器入口。

4. Django创建应用

由于在Django中一个应用对应一个业务模块，在此处使用项目中的一个应用创建一个新的业务模块，并将其命名为VMS，完成无人驾驶汽车信息维护，如图12-13所示。

```
python manage.py startapp VMS
```

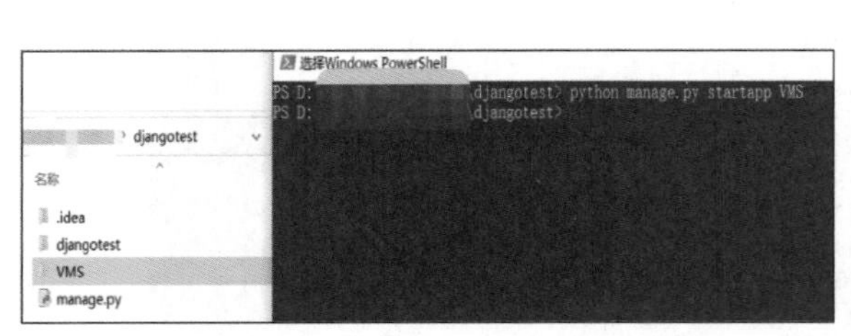

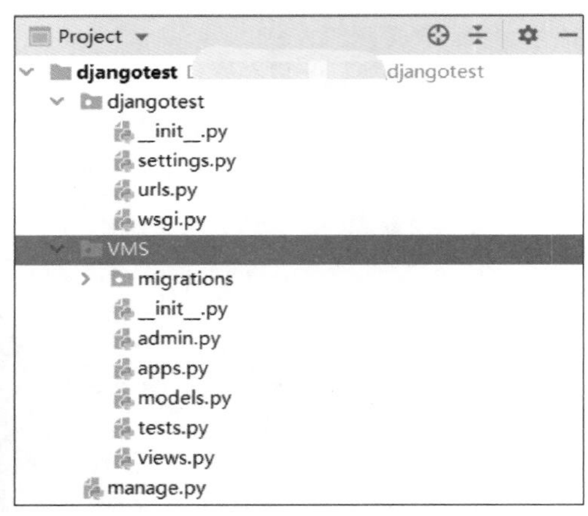

图 12-13　VMS 创建图

➢ __init.py__是一个空文件，表示当前目录VMS可以当作一个Python包使用。

➢ admin.py后台，可以用很少量的代码就拥有一个强大的后台。

➢ apps文件夹是django1.10之后增加的，通常里面包含对应用的配置。

➢ models.py与数据库操作相关，存入或读取数据时用到这个。

➢ tests.py文件用于开发测试用例，在实际开发中会有专门的测试人员，这个事情不需要我们来做。

➢ views.py处理用户发出的请求，从urls.py中对应过来，通过渲染templates中的网页可以将显示内容，比如登录后的用户名、用户请求的数据，输出到网页。

5. Django应用安装

应用创建成功后，需要安装才可以使用，也就是建立应用和项目之间的关联，在djangotest/settings.py中INSTALLED_APPS下添加应用的名称就可以完成安装，如图12-14所示。

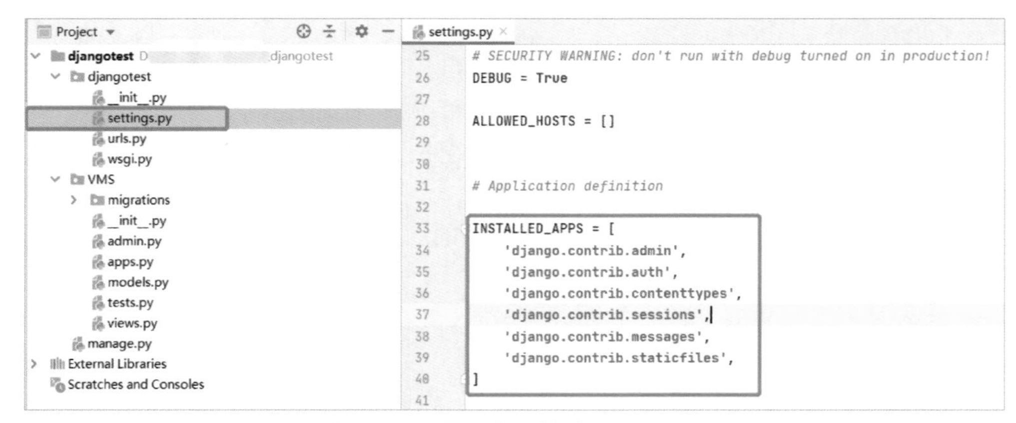

图 12-14　添加应用前的settings.py

接下来在元组中添加一个新的项，当前示例为VMS，如图12-15所示。

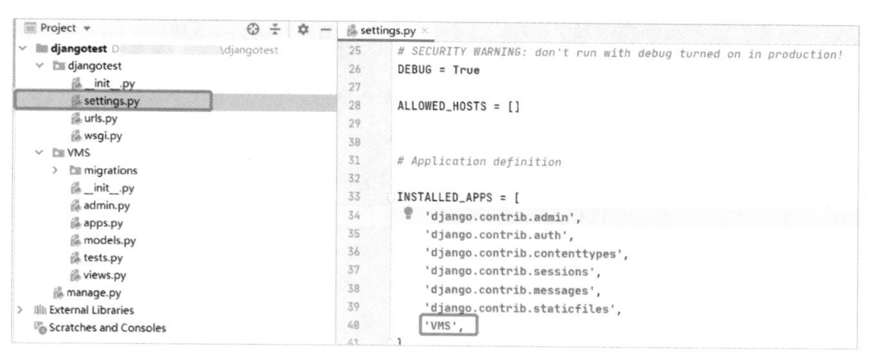

图 12-15　添加应用后的 settings.py

6. Django 开发服务器

在开发阶段，为了能够快速预览到开发效果，Django 提供了一个纯 python 编写的轻量级 Web 服务器，仅在开发阶段使用。运行服务器命令：python manage.py runserver ip: 端口，如图 12-16（a）所示。若为图 12-16（b）所示即为成功。

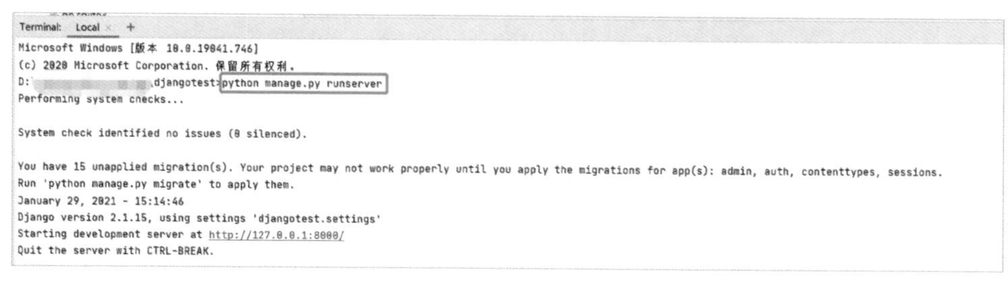

（a）运行服务器命令

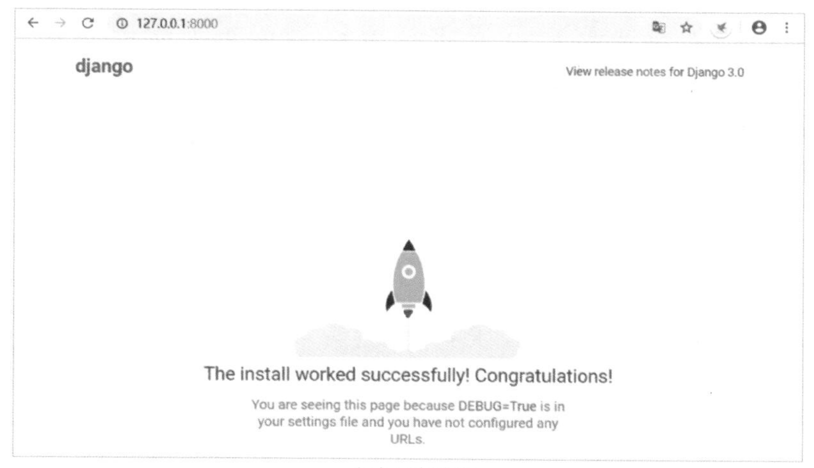

（b）运行成功

图 12-16　开发服务器

注意：

可以不写 IP 和端口，默认 IP 是 127.0.0.1，默认端口为 8000。

12.3.3　基于Django的MVC设计模式系统之Model

Model是Django表示数据的模式，以Python的类为基础在models.py中设置数据项与数据格式。基本上每个类对应数据库中的数据表。因此，定义每个数据项时，除了数据项名称外，还要定义此项目的格式以及这张表格和其他表格相互之间的关系（即数据关联）。网站其他数据就可以使用Python语句来操作这些数据内容，而不必关心实际使用的SQL指令。

图12-17所示是车辆信息Model的设计代码。

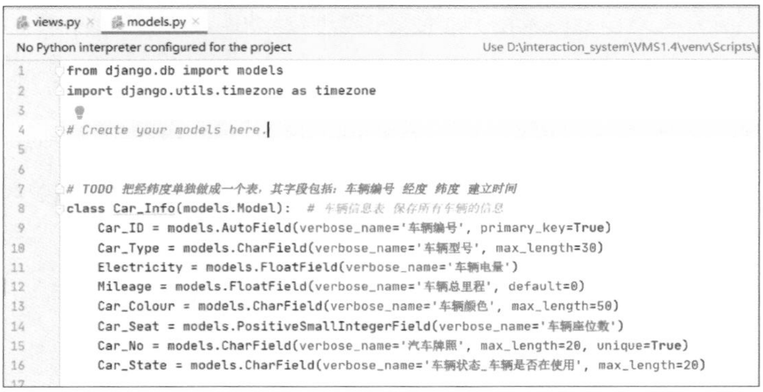

```
views.py × models.py ×
No Python interpreter configured for the project        Use D:\interaction_system\VMS1.4\venv\Scripts\
1  from django.db import models
2  import django.utils.timezone as timezone
3
4  # Create your models here.
5
6
7  # TODO 把经纬度单独做成一个表，其字段包括：车辆编号 经度 纬度 建立时间
8  class Car_Info(models.Model):  # 车辆信息表 保存所有车辆的信息
9      Car_ID = models.AutoField(verbose_name='车辆编号', primary_key=True)
10     Car_Type = models.CharField(verbose_name='车辆型号', max_length=30)
11     Electricity = models.FloatField(verbose_name='车辆电量')
12     Mileage = models.FloatField(verbose_name='车辆总里程', default=0)
13     Car_Colour = models.CharField(verbose_name='车辆颜色', max_length=50)
14     Car_Seat = models.PositiveSmallIntegerField(verbose_name='车辆座位数')
15     Car_No = models.CharField(verbose_name='汽车牌照', max_length=20, unique=True)
16     Car_State = models.CharField(verbose_name='车辆状态_车辆是否在使用', max_length=20)
17
```

图12-17　车辆信息Model设计代码

车辆信息Model设计代码为：

```
from django.db import models
import django.utils.timezone as timezone
# Create your models here.
# TODO 把经纬度单独做成一个表，其字段包括：车辆编号 经度 纬度 建立时间
class Car_Info(models.Model):  # 车辆信息表 保存所有车辆的信息
    Car_ID = models.AutoField(verbose_name='车辆编号', primary_key=True)
    Car_State = models.CharField(verbose_name='车辆状态_车辆是否在使用',
max_length=20)
    Electricity = models.FloatField(verbose_name=’车辆电量')
    Mileage = models.FloatField(verbose_name='车辆总里程', default=0)
    Car_Seat = models.PositiveSmallIntegerField(verbose_name='车辆座位数')
Car_Colour = models.CharField(verbose_name='车辆颜色', max_length=50)
    Car_Type = models.CharField(verbose_name='车辆型号', max_length=30)
    Car_No = models.CharField(verbose_name='汽车牌照', max_length=20, unique=True)
           class Meta:
    db_table = 'Car_Info'
```

首次设置Model的内容要先执行python manage.py makemigrations，目的是将数据库创建写入Django缓存，如图12-18所示。

```
管理员: 命令提示符
(venv) D:\...\VMS1.2>python manage.py makemigrations
python: can't open file 'manage.py': [Errno 2] No such file or directory

(venv) D:\VMS1.2>cd .\VMS

(venv) D:\...\VMS1.2\VMS>python manage.py makemigrations
o changes detected

(venv) D:\VMS1.2\VMS>
```

图 12-18　写入 Django 缓存

python manage.py migrate 的目的是将缓存同步到 sqlserver 中。

若要修改数据库中的内容，需要在 models.py 中修改，之后需要执行 python manage.py makemigrations 以及 python manage.py migrate 记录下这个修改操作。

12.3.4　基于 Django 的 MVC 设计模式系统之 View

View 是 Django 最重要的程序逻辑所在的地方，网站大部分程序设计都放在此。这里放了许多需要操作的数据，以及安排哪些数据需要被显示出来的函数。在函数中把这些数据传送给网页服务器或交给 Template 的渲染器，再发送到网页服务器中。这些放在 views.py 中的函数，再由 urls.py 中的设计进行对应和派发。

例如登录界面（见图 12-19），需要在 views.py 中导入用来处理 HTTP 协议的模块，index() 函数需要接收 request 参数。具体代码如下：

```
from django.shortcuts import render, HttpResponse, HttpResponseRedirect
from login import models
# Create your views here.
def index(request):
    if request.method == 'POST':
        # 处理POST请求的逻辑
        # 获取用户提交的用户名与密码
        user = request.POST.get('user')
        pwd = request.POST.get('pwd')
        DB_user = models.User_Info.objects.filter(User_Name=user)
        # 校验
        if DB_user.count() == 0:
            return HttpResponse('用户名有误！')
        DB_pwd = models.User_Info.objects.filter(User_Name=user)[0].User_PW
        if DB_pwd != pwd:
            return HttpResponse('密码有误')
        elif DB_pwd == pwd:
            request.session['user'] = user
            return HttpResponseRedirect('/controller/')
    return render(request, 'login/login.html')
```

编写 login.html 文件进行界面的设计，具体代码如下：

```
<!DOCTYPE html>
<html lang="en">
```

```
<head>

    <meta charset="UTF-8">
     <title>Login</title>

    <link rel="stylesheet" type="text/css" href="login.css" />
</head>

<body >
     <div id="login">
         <h1>基于云管理员的无人驾驶园区智能交互系统</h1>
         <form method="post">
             <label>
                 <input type="text" required="required" placeholder="用户
名" name="user" />
                 </label>
             <label>
                 <input type="password" required="required" placeholder="
密码" name="pwd" />
                 </label>
             <button class="but" type="submit">登录</button>
            <img src="img/1.png" alt="1" class="img" />

             </form>
         </div>
</body>

</html>
```

图 12-19　登录界面

12.3.5　基于Django的MVC设计模式系统之Controller

首先在当前的项目目录下创建一个名为controller的文件夹，它的等级与manage.py属同一层。接着在settings.py中设置TEMPLATES，如图12-20所示。

图 12-20　设置 templates

接着在 templates 文件夹中创建 controller 文件夹，再对每个数据表创建 .html 文件，如图 12-21 所示。

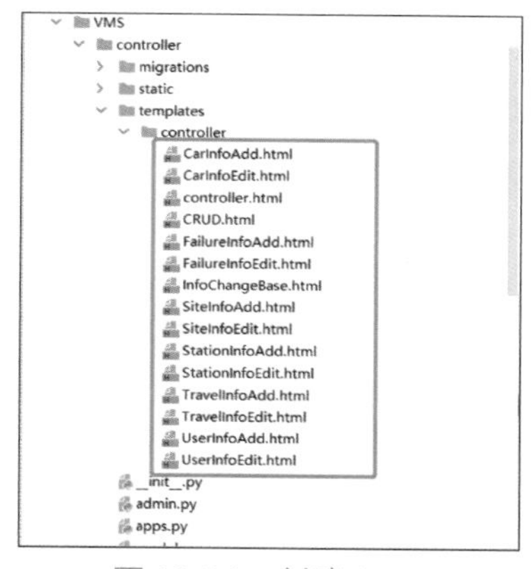

图 12-21　创建 .html

最后在 views.py 中载入，代码如下：

```
return render(request, 'controller/CarInfoAdd.html')
```

12.4　基于云管理的无人驾驶园区智能交互系统

基于云管理的无人驾驶园区智能交互系统的主要任务是实现对园区的无人驾驶车辆运行状态的实时监控与交互，通过系统向园区用户呈现无人车运行情况和实时变化状态。基于云管理的无人驾驶园区智能交互系统数据库存储通过车联网、无线通信设备等采集的数据，园区内无人驾驶车辆的实时定位、行驶状态等实时数据上传到云端平台进行统一分析或处理，并反馈给车辆管理人员。

12.4.1　基于云管理的无人驾驶园区智能交互系统分析

本系统主要分为两大模块：无人驾驶园区交互展示模块、园区无人驾驶车辆数据后

台管理模块。无人驾驶园区交互展示模块主要负责展示园区地图、车辆信息、车辆行驶情况、车辆故障信息、站点信息、场地信息；园区无人驾驶车辆数据后台管理模块主要负责管理车辆信息、车辆行驶记录、车辆故障信息、站点信息、场地信息、用户信息、约车记录，可进行的操作有：增加、删除、修改、查找。

图 12-22 所示是基于云管理的无人驾驶园区智能交互系统数据库模块层次方框图。

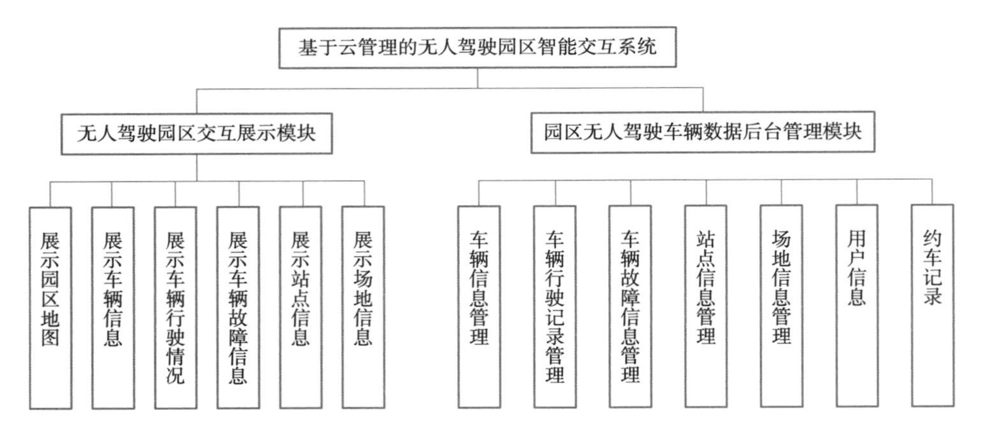

图 12-22　基于云管理的无人驾驶园区智能交互系统数据库模块层次方框图

1. 硬件环境

本系统的硬件环境由笔记本电脑搭建，具体信息如表 12-2 所示。

表 12-2　基于云管理的无人驾驶园区智能交互系统数据库的硬件环境信息表

组　成	说　明
CPU 型号	第六代智能英特尔酷睿 i7–6500U
显卡	NVIDIA GeForce 940MX
内存	2 400 MHz DDR4，8 GB，板载内存
硬盘	256 GB M.2 固态硬盘（PCI-E 协议）
显示屏分辨率	1 920 × 1 080

2. 软件环境

本系统的软件环境信息如表 12-3 所示。

表 12-3　基于云管理的无人驾驶园区智能交互系统数据库的软件环境信息表

组　成	说　明
操作系统	Windows 10 64 位
数据库	SQL Server 2016
开发语言	Python
框架	Django 框架

12.4.2　基于云管理的无人驾驶园区智能交互系统数据库概念模型

图 12-23 所示是基于云管理的无人驾驶园区智能交互系统数据库 E-R 图。

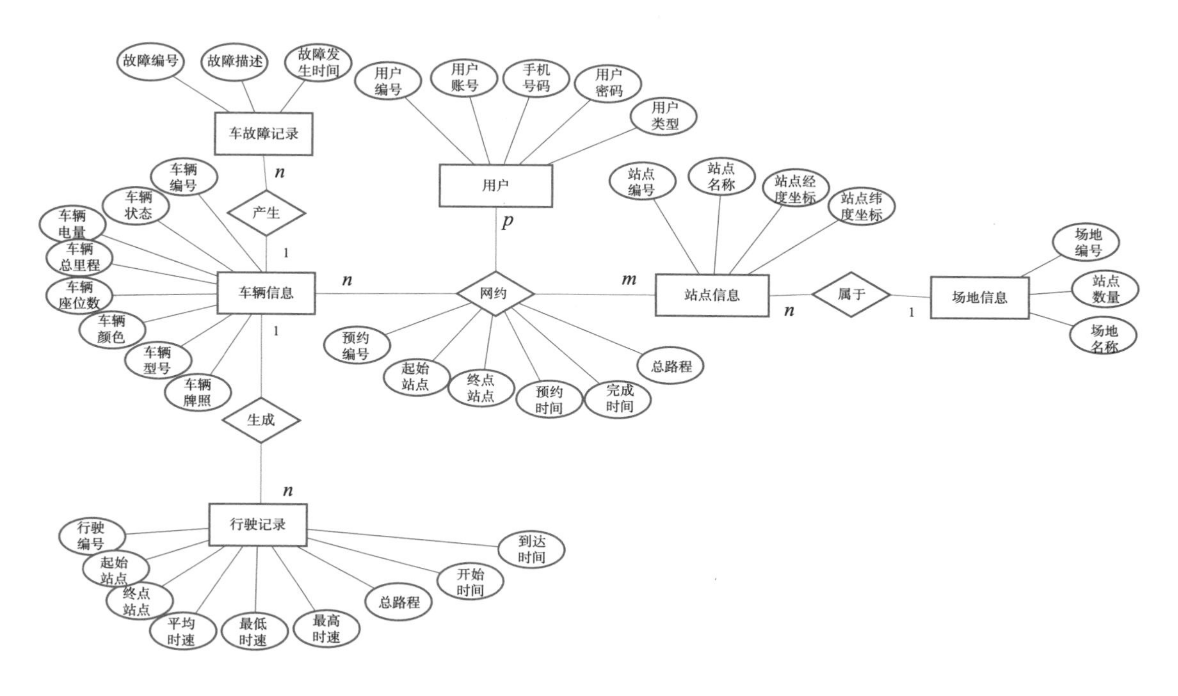

图 12-23　基于云管理的无人驾驶园区智能交互系统数据库 E-R 图

12.4.3　基于云管理的无人驾驶园区智能交互系统数据库逻辑结构设计

① 车辆信息（车辆编号，车辆状态，车辆电量，车辆总里程，车辆座位数，车辆颜色，车辆型号，车辆牌照）。

② 行驶记录（行驶编号，车辆编号，起始站点，终点站点，平均时速，最低时速，最高时速，总路程，开始时间，到达时间）。

③ 车故障信息（故障编码，车辆编号，故障描述，故障发生时间）。

④ 站点信息（站点编号，场地编号，站点名称，站点经度坐标，站点纬度坐标）。

⑤ 场地信息（场地编号，场地名称，站点数量）。

⑥ 用户（用户编号，用户账号，手机号码，用户密码，用户类型）。

⑦ 约车记录（预约编号，用户编号，车辆编号，起始站点，终点站点，总路程，预约时间，完成时间）。

12.4.4　基于云管理的无人驾驶园区智能交互系统数据库表

1. 车辆信息表（Car_Info）：保存所有车辆的信息

字段名称	数据类型	主　键	外　键	字段描述
Car_ID	varchar(30)	是	否	车辆编号
Car_State	varchar(20)	否	否	车辆状态
Electricity	float	否	否	车辆电量
Mileage	float	否	否	车辆总里程
Car_Seat	small int	否	否	车辆座位数
Car_Colour	varchar(50)	否	否	车辆颜色
Car_Type	varchar(30)	否	否	车辆型号
Car_No	varchar(20)	否	否	车辆牌照

2. 行驶记录表（Car_RunRecord）：保存车辆行驶时得所有记录

字段名称	数据类型	主　键	外　键	字段别名
Run_ID	varchar(30)	是	否	行驶编号
Car_ID	varchar(30)	否	是	车辆编号
StartStation_ID	varchar(30)	否	是	起始站点
EndStation_ID	varchar(30)	否	是	终点站点
Avg_Speed	float	否	否	平均时速
Min_Speed	float	否	否	最低时速
Max_Speed	float	否	否	最高时速
EndTime	datetime	否	否	到达时间
Mileage	float	否	否	总路程
StartTime	datetime	否	否	开始时间

3. 车故障信息表（Car_Trouble）：记录车辆的故障信息

字段名称	数据类型	主　键	外　键	字段别名
Trouble_Code	varchar(30)	是	否	故障编码
Car_ID	varchar(30)	否	是	车辆编号
Trouble_Name	varchar(100)	否	否	故障描述
Trouble _Time	datetime	否	否	故障发生时间

4. 站点信息表（Station_Info）：保存所有站点的信息

字段名称	数据类型	主　键	外　键	字段别名
Station_ID	varchar(30)	是	否	站点编号
Space_ID	varchar(30)	否	是	场地编号
Station_Name	varchar(50)	否	否	站点名称
Station_X	float	否	否	站点经度坐标
Station_Y	float	否	否	站点纬度坐标

5. 场地信息表（Space_Info）：保存车辆运行的场地信息

字段名称	数据类型	主　键	外　键	字段别名
Space_ID	varchar(30)	是	否	场地编号
Space_Name	varchar(50)	否	否	场地名称
Station_Num	small int	否	否	站点数量

6. 用户表（User_Info）

字段名称	数据类型	主　键	外　键	字段别名
User_ID	varchar(30)	是	否	用户编号
User _Name	varchar(50)	否	否	用户账号
User_Mobilephone	varchar(20)	否	否	手机号码
User_PW	varchar(50)	否	否	用户密码
User_Type	varchar(30)	否	否	用户类型

7. 约车记录表（Car_ Hailing）

字段名称	数据类型	主　键	外　键	字段别名
Hailing _ID	varchar(30)	是	否	预约编号
User_ID	varchar(30)	否	是	用户编号
Car_ID	varchar(30)	否	是	车辆编号
StartStation_ID	varchar(30)	否	是	起始站点
EndStation_ID	varchar(30)	否	是	终点站点
Hire_Time	datetime	否	否	预约时间
Finsh_Time	datetime	否	否	完成时间
Mileage	float	否	否	总路程

12.4.5　基于云管理的无人驾驶园区智能交互系统实现

基于云管理的无人驾驶园区智能交互系统数据库设计步骤请参见12.4.2-12.4.3内容。

1. 无人驾驶园区交互展示模块

进入系统登录界面（见图12-24），使用用户账号和密码登录系统。

图12-24　用户登录界面展示图

进入无人驾驶园区交互展示界面（见图12-25），可以查看园区地图、园区信息、车辆总览信息、可约车辆、故障车辆、车辆总数、车辆使用数、行驶里程总数、行驶里程平均数、行驶时长总数、行驶平均数等信息。

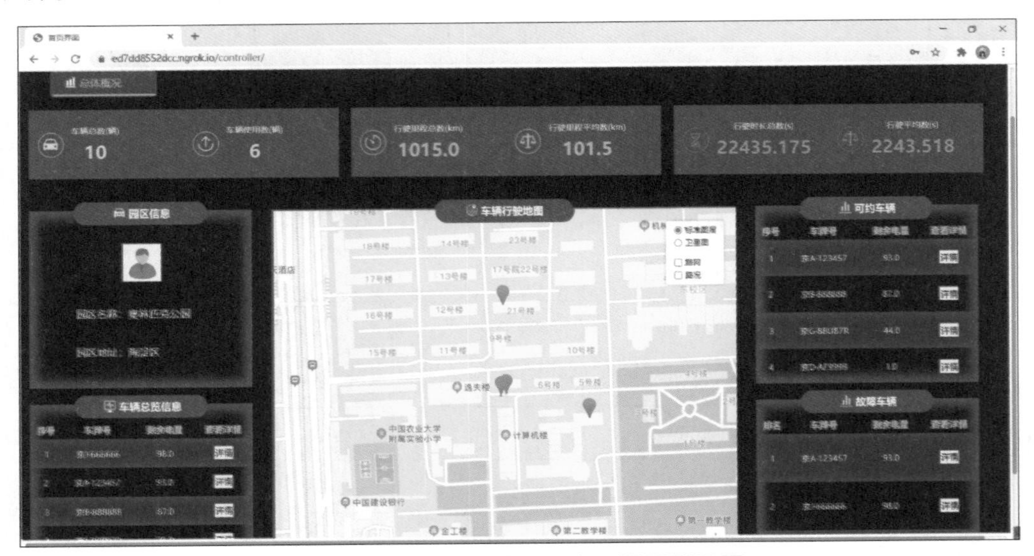

图12-25　无人驾驶园区交互界面展示图

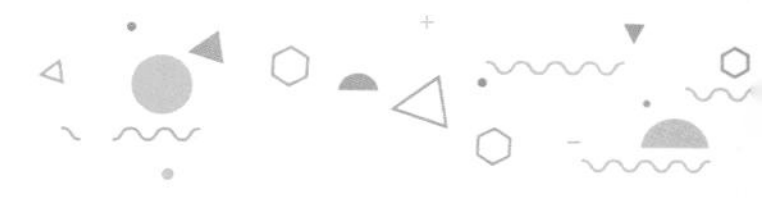

2. 园区无人驾驶车辆数据后台管理模块

管理员登录功能：已经在本系统授权过的管理员输入用户名和密码，单击“登录”按钮即可成功登录本系统，如图 12-26 所示。

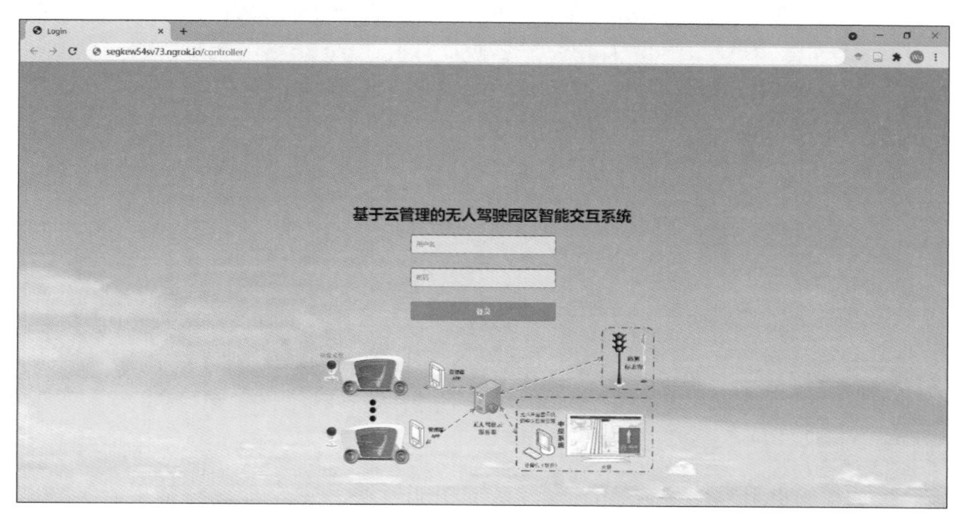

图 12-26　管理员登录界面展示图

登录成功后，进入园区无人驾驶车辆数据展示界面，可以看到后台数据的总体概况，如图 12-27 所示。

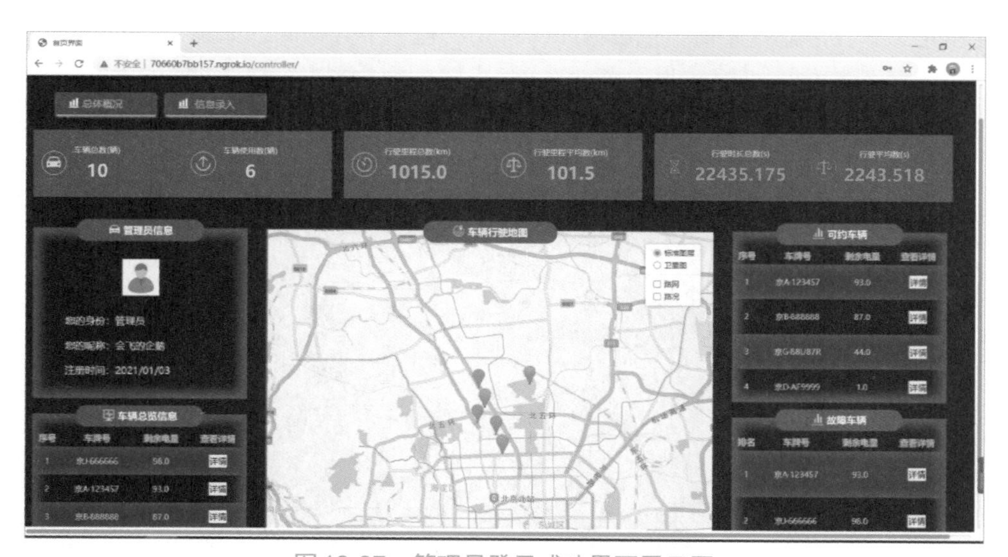

图 12-27　管理员登录成功界面展示图

管理员可以对车辆基本信息、故障信息、用户信息、行驶记录、场地信息、站点信息等进行管理，包括每台无人驾驶智能车的基本信息的修改、添加和删除，如图 12-28 所示。

下面分别以按车辆信息表信息录入为例，说明访问数据库的过程。其他模块功能的实现有待同学在实验课中完成。

图 12-28　信息管理展示图

例题 12-1　使用本地协议程序编写系统功能模块，主要实现对基于云管理的无人驾驶园区智能交互系统数据库中车辆信息的增加、删除、修改、查找。

（1）运行环境准备

Windows操作系统下要求安装SQL Server、Python，下载Django（pip install django）。

（2）项目部署步骤

在SQL Server中配置并初始化数据库，首先新建一个数据库，如图12-29所示。

图 12-29　新建数据库

然后新建一个登录名，如图12-30所示。

再选择取消强制密码策略，设置登录名与密码；在用户映射中打开用户操作权限（即设置Django服务器可操作的权限），如图12-31所示。

图 12-30　新建登录名

图 12-31　数据库账户密码设置

3. 项目代码

创建Django文件的过程如12.3.2节所述。

① 找到djangotest/settings.py，设置数据库账号和密码，找到DATABASES配置项，如图12-32所示。

```
        'NAME': '这里填sqlserver中新建的数据库名称',
        'USER': '这里填数据库登录用户名',
        'PASSWORD': '这里填密码',
        'HOST': '127.0.0.1',
        'PORT': '1433',

        'OPTIONS': {
            'driver': 'ODBC Driver 13 for SQL
Server',
            },
    }
}
```

图 12-32　数据库配置

② 找到VMS/models.py文件，写入代码：

```
from django.db import models
import django.utils.timezone as timezone
# Create your models here.
# TODO 把经纬度单独做成一个表，其字段包括：车辆编号 经度 纬度 建立时间
class Car_Info(models.Model):  # 车辆信息表 保存所有车辆的信息
    Car_ID = models.AutoField(verbose_name='车辆编号', primary_key=True)
    Car_State = models.CharField(verbose_name='车辆状态_车辆是否在使用',
max_length=20)
    Electricity = models.FloatField(verbose_name='车辆电量')
    Mileage = models.FloatField(verbose_name='车辆总里程', default=0)
    Car_Seat = models.PositiveSmallIntegerField(verbose_name='车辆座位数')
    Car_Colour = models.CharField(verbose_name='车辆颜色', max_length=50)
    Car_Type = models.CharField(verbose_name='车辆型号',max_length=30)
    Car_No = models.CharField(verbose_name='汽车牌照',max_length=20,
unique=True)
        class Meta:
    db_table = 'Car_Info
```

首次设置Model的内容，要先执行python manage.py makemigrations以及python manage.py migrate，然后系统就会把我们设置的NewTable数据表建立到数据库中，默认是SQLite，也就是存在于同一文件夹下的db.sqlites文件，会看到0001_initial.py以及__init__.py这两个文件。0001文件就是记录第一次Model设置的数据表内容，因为一开始只有一个设置，所以只有0001这个版本，如图12-33所示。

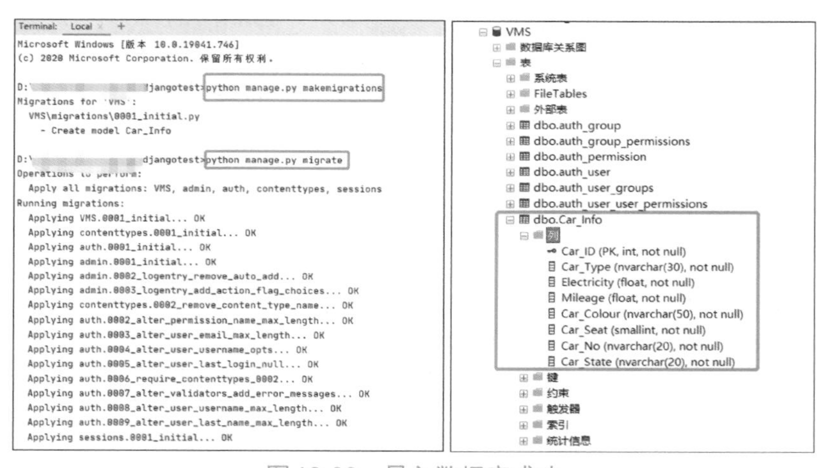

图12-33　导入数据库成功

③ 当前的项目目录下创建一个名为templates的文件夹，它的等级与manage.py属于同一层。接着在settings.py中设置templates。

④ 接着在templates文件夹中创建CarInfoAdd.html和CarInfoEdit.html文件。

新增车辆信息代码如下：

```
<!DOCTYPE html>
<html lang="en">
```

```
<head>

    <meta charset="UTF-8">
        <title>新增车辆信息</title>
    <link rel="stylesheet" type="text/css" href="login.css" />
</head>
<body >
    <div id="addInfor" style="width:1500px">
        <div id="header" style="clear:both;text-align: center;">
        <h1 >新增车辆信息</h1>
        </div>
        <div class=" label" >

        <form method="POST" style="margin-right: 27%;margin-left: 30%;">
            <label>车牌号 :</label>
                 <input type="text" name="Car_b" required><br>
            <label>车型：</label>
                    <input type="text" name="Car_Type" required><br>
            <label>电量：</label>
                <input type="text" name="Car_Electric_Quantity" required><br>
            <label> 里  程 数 : </label>
                <input type="text" name="Car_Mileage" required><br>

            <label>是否在使用：</label>
                <input type="text" name="Car_Mileage" required><br>
                <!-- <label>是</label><input type="radio" name="Car_
IsUse" value="Yes" required>
                <label>否</label><input type="radio" name="Car_IsUse"
value="No" style="width: 150px;" required><br> -->
           <label>汽车颜色：</label>
                <input type="text" name="Car_Colour" required><br>
           <label>汽车座位数：</label>
                <input type="text" name="Car_Seat" required><br>
           <label>当前经度：</label>
                <input type="text" name="Car_Current_PosX" required><br>
           <label>当前纬度：</label>
                <input type="text" name="Car_Current_PosY" required><br>


        </form>
        </div>

    <div id="image_1" style="margin-left: 85%;"><img src="img/1.png" alt=
"0.5" class="img"></div>
    </div>

</body>

</html>
```

新增车辆信息运行结果如图 12-34 所示。

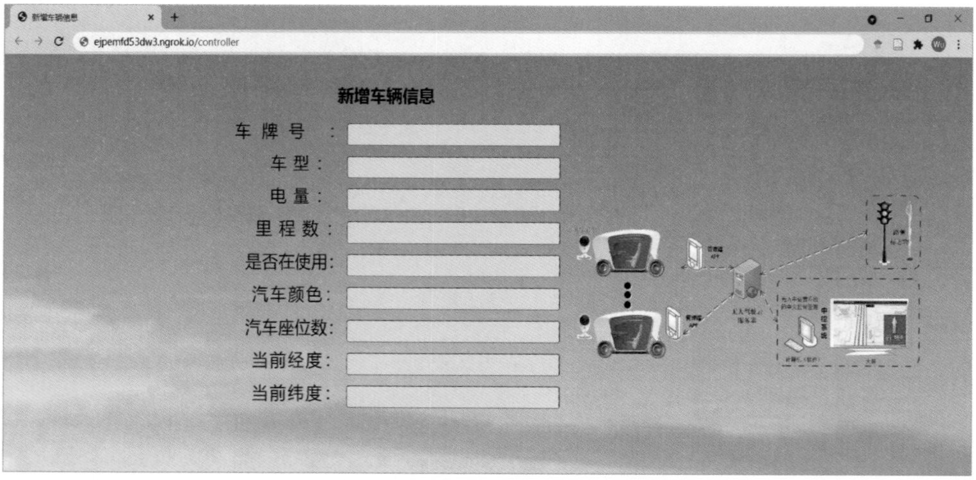

图 12-34　新增车辆信息运行结果

编辑车辆信息代码如下：

```
<!DOCTYPE html>
<html lang="en">

<head>

    <meta charset="UTF-8">
        <title>编辑车辆信息</title>
    <link rel="stylesheet" type="text/css" href="login.css" />
</head>
<body >
    <div id="addInfor" style="width:1500px">
        <div id="header" style="clear:both;text-align: center;">
        <h1 >编辑车辆信息</h1>
        </div>
        <div class="label">

        <form method="POST"style="margin-right: 27%;margin-left: 30%;">
            <label>车辆牌照 :</label>
                 <input type="text" name="Car_b" required><br>
            <label>车辆型号: </label>
                    <input type="text" name="Car_Type" required><br>
            <label>车辆电量: </label>
                <input type="text" name="Car_Electric_Quantity" required><br>
            <label> 车辆总里程 : </label>
                <input type="text" name="Car_Mileage" required><br>
```

```
            <label>是否在使用：</label>
                <input type="text" name="Car_Mileage" required><br>
                <!-- <label>是</label><input type="radio" name="Car_
IsUse" value="Yes" required>
                <label>否</label><input type="radio" name="Car_IsUse"
value="No" style="width: 150px;" required><br> -->
            <label>车辆颜色：</label>
                <input type="text" name="Car_Colour" required><br>
            <label>车辆座位数：</label>
                <input type="text" name="Car_Seat" required><br>
            <label>当前经度：</label>
                <input type="text" name="Car_Current_PosX" required><br>
            <label>当前纬度：</label>
                <input type="text" name="Car_Current_PosY" required><br>


        </form>
        </div>

    <div id="image_1" style="margin-left: 85%;"><img src="img/1.png"
alt="0.5" class="img"></div>
    </div>

</body>

</html>
```

编辑车辆信息运行结果如图 12-35 所示。

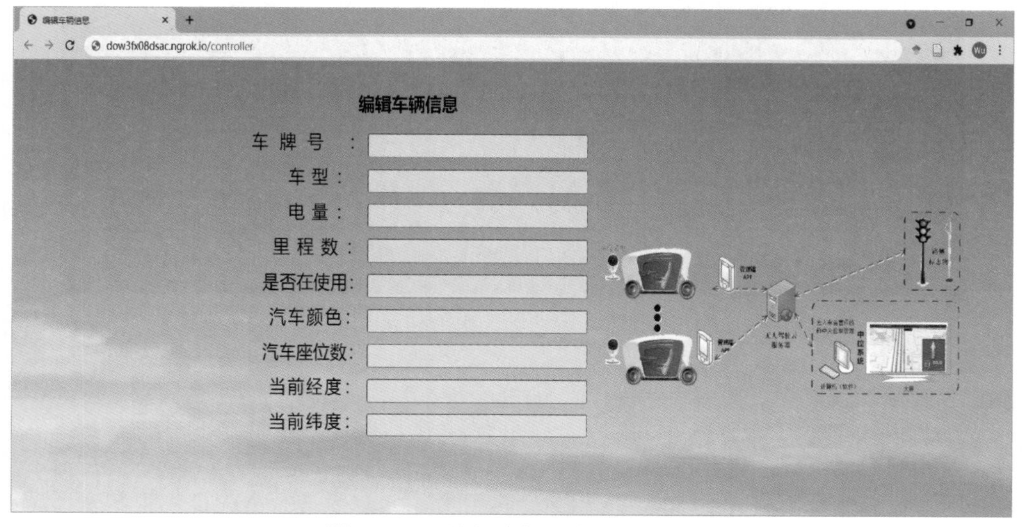

图 12-35　编辑车辆信息运行结果

4.设置网络连接属性

修改djangotest目录下的urls.py文件，代码如下：

```
from django.urls import path
from, import views

app_name: str = 'VMS'

urlpatterns = [

    path('CarInfoAdd/', views.CarInfoAdd, name='CarInfoAdd'),
    path('CarInfoEdit/', views.CarInfoEdit, name='CarInfoEdit'),
]
```

修改VMS目录下的urls.py文件，代码如下：

```
from django.contrib import admin
from django.urls import path, include

urlpatterns = [
    path('admin/', admin.site.urls),
    path('VMS/', include('VMS.urls')),
]
```

最终运行结果如图12-36所示。

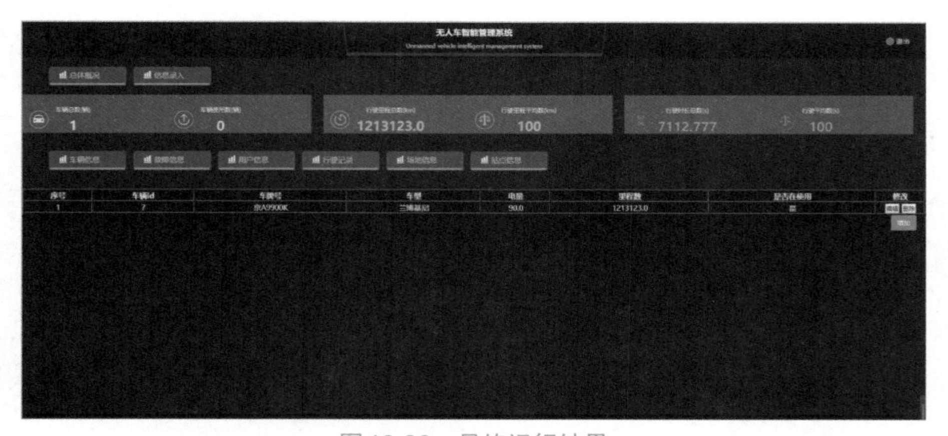

图12-36　最终运行结果

小　结

本章介绍了对云数据库的发展、优势及其应用等，以及基于MVC架构和基于云管理的无人驾驶园区智能交互系统数据库设计与开发过程。MVC系统简化了客户端，节省了系统的开发和维护时间，使用户操作更简单；MVC特别适用于网上信息发布，使得传统的管

理信息系统的功能有所扩展。

下面对本章所讲主要内容进行小结：

① 介绍了云数据库的发展、优势及其应用等特点。

② 以SQL Server2019为例介绍了云数据库的部分功能。

③ 介绍了MVC架构，以Django为例介绍了Python、Django下载与安装和基于Django的MVC架构模式。

④ 介绍了基于云管理的无人驾驶园区智能交互系统数据库设计与开发过程，进行了系统分析、数据库分析等。

习　题

1. 什么是云数据库？简述云数据库与传统数据库的区别。
2. 什么是MVC架构？简述MVC架构的特点。
3. 简述搭建Python安装环境的系统变量如何进行设置。

实验10：基于MVC架构的无人驾驶车辆管理与约车系统设计

1. 实验目的和任务

（1）掌握云数据库的开发步骤与方法。

（2）掌握基于MVC架构的系统环境搭建，包括Python与Django的下载与安装。

（3）掌握基于Django的系统设计。

2. 实验实例

实验知识点：掌握MVC架构的系统搭建过程，及基于Django的系统开发方法。

实验步骤：

（1）无人驾驶车辆管理与约车系统功能分析

通过调研无人驾驶车辆管理与约车常规工作内容，分析用户需求，和用户一起共同确定系统功能，以满足用户业务要求，撰写用户需求报告。本次开发的是一个模拟的小型车辆信息管理系统。要求使用Microsoft SQL Server作为云数据库，使用MVC架构开发程序。

（2）无人驾驶车辆管理与约车系统数据库设计

① 数据库系统需求分析。根据已经确定的用户需求，收集车辆数据信息，对收集信息进行分析和整理。设计一个车辆系统数据库，库中包括车辆基本信息、车辆行驶信息、用户信息等，具体内容学生自拟。

② 数据库概念结构设计。根据数据库系统需求分析的内容，确定系统实体个数，采用E-R方法进行设计并画出系统E-R模型。

基本操作步骤如下：

第一步为设计局部E-R模型。局部E-R模型的设计内容包括确定局部E-R模型的范围，定义实体、联系以及它们的属性。

第二步为设计全局E-R模型。这一步是将所有局部E-R图集成为一个全局E-R图，即

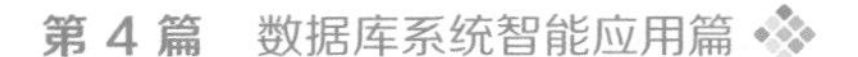

全局E-R模型。

第三步为优化全局E-R模型，规范化实体属性信息。

③ 逻辑结构设计。根据E-R模型设计无人驾驶车辆管理与约车系统的数据库逻辑结构，包含下面两个步骤：

第一步是将概念模型（E-R模型）转换为某种组织层数据模型，即系统关系模式。

第二步是对数据模型进行优化。

在本步骤中，注意要进行数据完整性设计，包括考虑主键、外键、唯一约束、核查约束、默认值、规则设计。

④ 物理结构设计。本步骤中要设计数据库的大小，注意考虑数据库的增长频率；设计数据表的结构，每字段所占用空间的大小。具体数据库及数据表内容学生自拟。

> **注意：**
> 将数据库设置为只读，不能在数据库中创建对象或写入数据。

（3）功能模块设计

请参考图12-22设计无人驾驶车辆管理与约车系统的功能图。系统可主要包括信息安全功能，即使用密码验证进行登录；数据录入功能，包括对车辆基本信息、车辆行驶信息的录入等；数据查询功能，可以实现全面查询和按要求查询要求；数据更新功能，可以按照车辆编号进行数据更新；数据删除功能等。

功能设计结束后，可使用12.4节介绍的技术编写代码，来访问云数据库无人驾驶车辆管理与约车数据库系统。

3. 实验思考

（1）在进行本数据库逻辑结构设计时，如何对数据模型进行优化?

（2）使用Django技术如何实现更新数据库信息？其核心代码是什么？

（3）使用Django技术如何实现添加数据库信息？其核心代码是什么？

本章参考文献

[1]崔建伟，赵哲，杜小勇．支撑机器学习的数据管理技术综述[J/OL]．软件学报,2021,32(3):604-621[2021-01-21].http://www.jos.org.cn/jos/article/abstract/6182?st=article_issue. DOI:10.13328/j.cnki.jos.006182.

[2]水治禹，卢卫，赵展浩，等．分布式数据库多级一致性统一建模理论研究[J/OL]．软件学报，2022:1-21[2022-10-14].http://jos.org.cn/jos/article/abstract/6460. doi: 10.13328/j.cnki.jos.006753]

[3] DOI:10.13328/j.cnki.jos.006460.

[4]MERV A, ADAM R，DONALD F. The Future of the DBMS Market Is Cloud, 2019, ID: G00347472, https://www.gartner.com/en/documents/3941821.

[5]DITTRICH J，MALTRY M. Database. Streams on the Cloud[J]. Datenbank Spektrum 21, 11–18, 2021.

[6]CSDN. 到 2022 年，75% 的数据库将托管在云端[EB/OL]. [2021-11-10].https://blog.csdn.

net/mzl87/article/details/94596141.

[7]IYENGAR A. Enhanced clients for data stores and cloud services[J]. IEEE Transactions on Knowledge and Data Engineering, 2018, 31(10): 1969-1983.

[8]CSDN.从数据库技术的40年发展历程看新征程[EB/OL]. https://blog.csdn.net/qq_39918081/article/details/105090149.

[9]云数据库[EB/OL]. https://baike.baidu.com/item/云数据库/4626630?fr=aladdin.

[10]ARORA V, NAWAB F, AGRAWAL D, et al. Janus: A hybrid scalable multi-representation cloud datastore[J]. IEEE Transactions on Knowledge and Data Engineering, 2017, 30(4): 689-702.

[11]中国信息通信研究院云计算与大数据研究会.中国信通院：关系型云数据库应用白皮书[EB/OL]. [2021-11-10]. http://www.199it.com/archives/887421.html.

[12]SAKTHIVEL S，GNANA J J. (2020) Cloud Database：A Technical Review. In: Kumar L., Jayashree L., Manimegalai R. (eds) Proceedings of International Conference on Artificial Intelligence, Smart Grid and Smart City Applications. AISGSC 2019 2019. Springer, Cham.

[13]华为云.华为技术支持文档[EB/OL]. [2021-11-10].https://www.huaweicloud.com/theme/84497-1-H.

[14]ALELAIWI A. Evaluating distributed IoT databases for edge/cloud platforms using the analytic hierarchy process[J]. Journal of Parallel and Distributed Computing, 2019, 124: 41-46.

[15]阿里云.十分钟了解云数据库RDS[EB/OL]. [2021-11-10].https://help.aliyun.com/document_detail/67687.html.

[16]YANG W, GENG Y, LI L, et al. Achieving Secure and Dynamic Range Queries Over Encrypted Cloud Data[J]. IEEE Transactions on Knowledge and Data Engineering, 2020: 107-121.

[17]电脑商情报.云数据库选Azure还是AWS？[EB/OL].（2015-10-14）[2021-11-10]. https://www.sohu.com/a/35535625_118794.

[18]KELAREV A, YI X, BADSHA S, et al. A multistage protocol for aggregated queries in distributed cloud databases with privacy protection[J]. Future Generation Computer Systems, 2019, 90: 368-380.

[19]DABOWSA N I A, MAATUK A M, ELAKEILI S M, et al. Converting Relational Database to Document-Oriented NoSQL Cloud Database[C]//2021 IEEE 1st International Maghreb Meeting of the Conference on Sciences and Techniques of Automatic Control and Computer Engineering MI-STA. IEEE, 2021: 381-386.

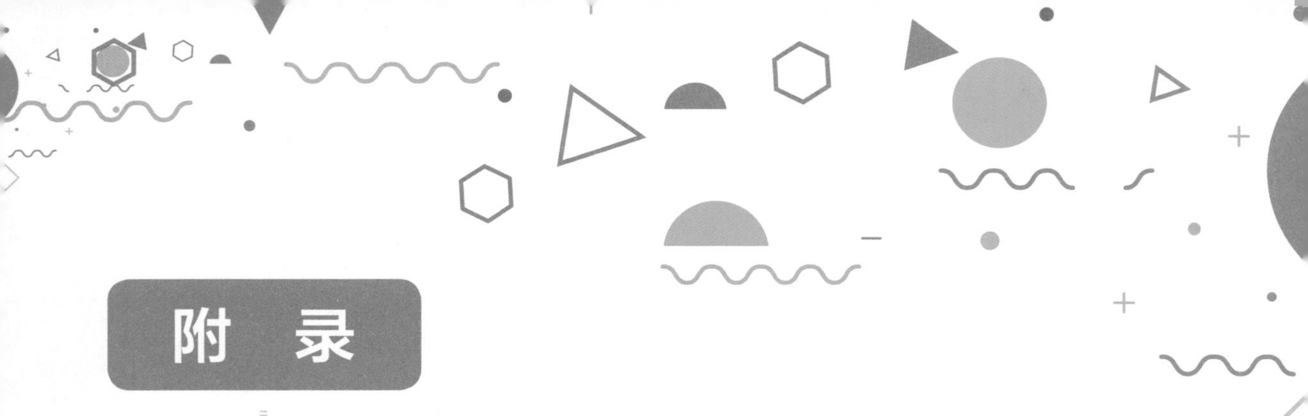

附　录

基于云管理的无人驾驶园区智能交互系统数据库

1. 数据库概念结构设计（E–R 图）

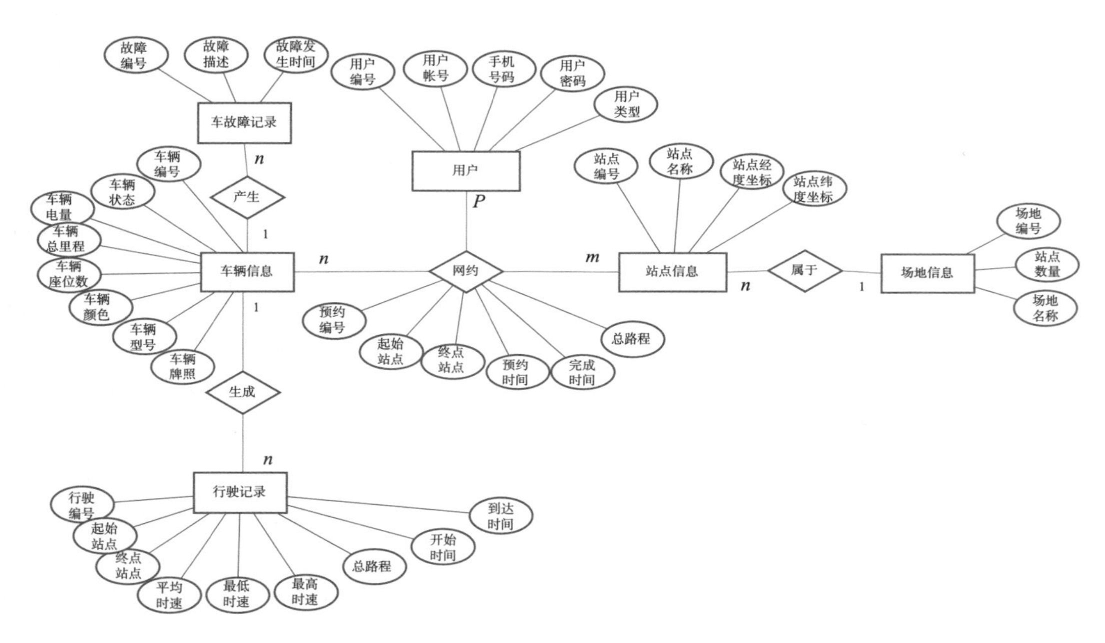

2. 数据库逻辑结构设计（关系模式）

① 车辆信息（车辆编号，车辆状态，车辆电量，车辆总里程，车辆座位数，车辆颜色，车辆型号，车辆牌照）。

② 行驶记录（行驶编号，车辆编号，起始站点，终点站点，平均时速，最低时速，最高时速，总路程，开始时间，到达时间）。

③ 车故障信息（故障编码，车辆编号，故障描述，故障发生时间）。

④ 站点信息（站点编号，场地编号，站点名称，站点经度坐标，站点纬度坐标）。

⑤ 场地信息（场地编号，场地名称，站点数量）。

⑥ 用户（用户编号，用户账号，手机号码，用户密码，用户类型）。

⑦ 约车记录（预约编号，用户编号，车辆编号，起始站点，终点站点，总路程，预约

时间，完成时间）。

3. 数据表设计

（1）车辆信息表（Car_Info）：保存所有车辆的信息

字段名称	数据类型	主键	外键	字段描述
Car_ID	varchar(30)	是	否	车辆编号
Car_State	varchar(20)	否	否	车辆状态
Electricity	float	否	否	车辆电量
Mileage	float	否	否	车辆总里程
Car_Seat	small int	否	否	车辆座位数
Car_Colour	varchar(50)	否	否	车辆颜色
Car_Type	varchar(30)	否	否	车辆型号
Car_No	varchar(20)	否	否	车辆牌照

（2）行驶记录表 (Car_RunRecord)：保存车辆行驶时得所有记录

字段名称	数据类型	主键	外键	字段别名
Run_ID	varchar(30)	是	否	行驶记录编号
Car_ID	varchar(30)	否	是	车辆编号
StartStation_ID	varchar(30)	否	是	起始站点
EndStation_ID	varchar(30)	否	是	终点站点
Avg_Speed	float	否	否	平均时速
Min_Speed	float	否	否	最低时速
Max_Speed	float	否	否	最高时速
EndTime	datetime	否	否	到达时间
Mileage	float	否	否	总路程
StartTime	datetime	否	否	开始时间

（3）车故障信息表 (Car_Trouble)：记录车辆的故障信息

字段名称	数据类型	主键	外键	字段别名
Trouble_Code	varchar(30)	是	否	故障编码
Car_ID	varchar(30)	否	是	车辆编号
Trouble_Name	varchar(100)	否	否	故障描述
Trouble _Time	datetime	否	否	故障发生时间

（4）站点信息表 (Station_Info)：保存所有站点的信息

字段名称	数据类型	主键	外键	字段别名
Station_ID	varchar(30)	是	否	站点编号
Space_ID	varchar(30)	否	是	场地编号
Station_Name	varchar(50)	否	否	站点名称
Station_X	float	否	否	站点经度坐标
Station_Y	float	否	否	站点纬度坐标

（5）场地信息表 (Space_Info)：保存车辆运行的场地信息

字段名称	数据类型	主　键	外　键	字段别名
Space_ID	varchar(30)	是	否	场地编号
Space_Name	varchar(50)	否	否	场地名称
Site_Num	small int	否	否	站点数量

（6）用户表（User_Info）

字段名称	数据类型	主　键	外　键	字段别名
User_ID	varchar(30)	是	否	用户编号
User _Name	varchar(50)	否	否	用户账号
User_Mobilephone	varchar(20)	否	否	手机号码
User_PW	varchar(50)	否	否	用户密码
User_Type	varchar(30)	否	否	用户类型

（7）约车记录表（Car_ Hailing）

字段名称	数据类型	主　键	外　键	字段别名
Hailing _ID	varchar(30)	是	否	预约编号
User_ID	varchar(30)	否	是	用户编号
Car_ID	varchar(30)	否	是	车辆编号
StartStation_ID	varchar(30)	否	是	起始站点
EndStation_ID	varchar(30)	否	是	终点站点
Hire_Time	datetime	否	否	预约时间
Finsh_Time	datetime	否	否	完成时间
Mileage	float	否	否	总路程